普通高等教育"十二五"规划教材

全国水利行业规划教材（高职高专适用）

节水灌溉技术

主　编　罗全胜　汪明霞

副主编　田　静　冯　峰　张　瑞

主　审　王勤香

中国水利水电出版社
www.waterpub.com.cn

内 容 提 要

本书在介绍了节水灌溉的基础知识、基本理论基础上以实际的工程案例引入详细介绍喷灌、低压管道输水、微灌等节水灌溉的规划、设计方法及相关工程的施工与维护。全书共十一个项目，分别是：绪论、节水灌溉理论基础、喷灌技术、微灌技术、低压管道灌溉技术、雨水集蓄灌溉、渠系灌溉技术、地面灌溉节水技术、节水灌溉自动化技术、管道灌溉的施工和运行管理、灌溉水源和取水方式。

本书可作为全国水利类高职高专院校和农业类职业院校水利工程、农业水利技术等专业的通用教材，也可供本科院校及地、市（县）水利部门从事农田水利工作的技术人员参考。

图书在版编目（CIP）数据

节水灌溉技术 / 罗全胜，汪明霞主编. -- 北京：
中国水利水电出版社，2014.8(2021.7重印)
全国水利行业规划教材. 高职高专适用
ISBN 978-7-5170-2364-7

Ⅰ. ①节… Ⅱ. ①罗… ②汪… Ⅲ. ①节约用水—农
田灌溉—高等职业教育—教材 Ⅳ. ①S275

中国版本图书馆CIP数据核字(2014)第195075号

书 名	普通高等教育"十二五"规划教材 全国水利行业规划教材（高职高专适用） **节水灌溉技术**
作 者	主 编 罗全胜 汪明霞 副主编 田静 冯峰 张瑞 主 审 王勤香
出版发行	中国水利水电出版社 （北京市海淀区玉渊潭南路1号D座　100038） 网址：www.waterpub.com.cn E-mail：sales@waterpub.com.cn 电话：(010) 68367658（营销中心）
经 售	北京科水图书销售中心（零售） 电话：(010) 88383994、63202643、68545874 全国各地新华书店和相关出版物销售网点
排 版	中国水利水电出版社微机排版中心
印 刷	北京瑞斯通印务发展有限公司
规 格	184mm×260mm　16开本　16.5印张　391千字
版 次	2014年8月第1版　2021年7月第3次印刷
印 数	3501—5500册
定 价	**54.00**元

凡购买我社图书，如有缺页、倒页、脱页的，本社营销中心负责调换

前 言

JIESHUIGUANGAIJISHU

本书是全国水利行业规划教材。本书在编写中充分考虑了教材的专业适用性，广泛征求了相关企业和用人单位对本专业学生的专业知识和能力素质要求，并吸收了本学科工程技术的最新成果和进展。本书有如下特点：

（1）认真贯彻了"以项目化教学为主导，以单元教学为主线"的主导思想，按照突出实用性、突出理论知识的应用和有利于实践能力培养的原则，体现了项目的学习内容与工作过程相吻合、项目的技能培养与具体岗位相适合、项目的理论教学与实践环节相融合的思想。

（2）培养了学生的自学能力和创新能力，每个项目前面都有教学基本要求、能力培养目标、学习重点与难点、项目的专业定位等内容，有利于学生有的放矢，掌握学习重点。项目后都附有小结和思考题，有利于学生理解、掌握和巩固专业知识。

（3）充分反映了近年来节水灌溉技术方面的新理论、新技术、新经验、新成就，具有一定的针对性，实用性强。

本书共十一个项目，在介绍了节水灌溉的基础知识、基本理论基础上以实际的工程案例引入详细介绍喷灌、低压管道输水、微灌等节水灌溉的规划、设计方法及相关工程的施工与维护。全书编写人员及编写分工如下：黄河水利职业技术学院罗全胜编写项目一、项目二；黄河水利职业技术学院汪明霞编写项目三、项目九；黄河水利职业技术学院汪明霞、冯峰、罗全胜编写项目四；黄河水利职业技术学院罗全胜、张鹏飞、华北水利水电大学许新勇编写项目五；吉林农业科技学院张瑞、黄河水利职业技术学院冯峰、杨春景编写项目六；黄河水利职业技术学院冯峰、靳晓颖、华北水利水电大学许新勇编写项目七；吉林农业科技学院张瑞编写项目八；黄河水利职业技术学院罗全胜、田静编写项目十；黄河水利职业技术学院田静编写项目十一。

本书在编写过程中，得到张尧旺老师的大力帮助和指导，在此表示衷心的感谢。编写中参考和借鉴有关教材和科技文献资料的内容，在此一并表示感谢。

由于水平所限，书中难免有错误或不妥之处，敬请各位专家、同行和广大读者批评指正。

作者

2014 年 3 月

目 录

JIESHUIGUANGAIJISHU

项目一 绪 论

一、节水灌溉技术的含义及内容

节水灌溉是指用尽可能少的水投入，取得尽可能多的农作物产量的一种灌溉模式。它是技术进步的产物，也是现代化农业的重要内涵。其核心是在有限的水资源条件下，通过采用先进的水利工程技术、适宜的农作物技术和用水管理等综合技术措施，充分提高灌溉水的利用率和水分生产率。节水灌溉技术体系包括工程技术、农艺技术以及这些技术相应的节水新材料新设备等。

（一）工程节水技术

工程节水即通过各种工程手段，达到高效节水的目的。常用的工程节水技术有渠道防渗、低压管道输水灌溉、喷灌、微灌、地面节水灌溉等。

1. 渠道防渗

渠道防渗是指为了减少输水渠道渠床的透水或建立不易透水的防护层面而采取的各种技术措施。根据所使用的防渗材料，可分为土料压实防渗、三合土料护面防渗、石料衬砌防渗、混凝土衬砌防渗、塑料薄膜防渗、沥青护面防渗等。渠道是我国农田灌溉主要输水方式。传统的土渠输水渗漏损失大，占引水量的 $50\%\sim60\%$，一些土质较差的渠道渗漏损失高达 70% 以上，是灌溉水损失的重要方面。据有关资料分析，全国渠系每年渗漏损失水量约为 1700 多亿 m^3，水量损失非常严重。所以，在我国大力发展渠道防渗技术、减小渠道输水损失，是缓解我国水资源紧缺的重要途径，是发展节水农业不可缺少的技术措施。渠道防渗不仅可以显著地提高渠系水利用系数，减少渠水渗漏，节约大量灌溉用水，而且可以提高渠道输水安全保证率，提高渠道抗冲性能，增加输水能力等。

2. 低压管道输水灌溉

低压管道输水灌溉是指利用低压输水管道代替土渠将水直接送到田间沟畦灌溉作物，以减少水在输送过程中的渗漏和蒸发损失的技术措施，低压管道输水灌溉具有省水、节能、少占耕地、管理方便、省工省时等优点。由于低压管道输水灌溉技术的一次性投资较低，要求设备简单，管理也很方便，农民易于掌握，故特别适合我国农村当前的经济状况和土地经营管理模式，深受广大农民的欢迎。这项技术在我国北方地区发展 266.7 万 hm^2，在这些地区的井灌区农业持续发展中发挥了重要作用。实践证明，低压管道输水灌溉是我国北方地区发展节水灌溉的重要途径之一，是一项很有发展前途的节水灌溉新技术。

3. 喷灌

喷灌是利用自然水头落差或机械加压把灌溉水通过管道系统输送到田间，利用喷洒器（喷头）将水喷射到空中，并使水分散成细小水滴后均匀地洒落在田间进行灌溉的一种灌水方法。同传统的地面灌溉方法相比，它具有适用性强、节水、省电、灌水均匀、有利于实现自动化等优点。因此，世界许多国家都非常重视这项节水技术的应用。

4. 微灌

微灌是根据作物需水要求，通过低压管道系统与安装在末级管道上的灌水器，将作物生长所需的水分和养分以较小的流量均匀、准确地直接输送到作物根部附近土层中的灌水方法，包括滴灌、微灌和涌泉灌等。与地面灌和喷灌相比，它属于局部灌溉，具有省水节能、灌水均匀、适应性强、操作方便等优点。微灌是一些水资源贫乏的地区和发达国家非常重视的一项灌水技术。

5. 地面节水灌溉

地面节水灌溉主要有小畦灌、长畦分段灌、宽浅式畦沟结合灌、水平畦灌、波涌灌溉等优化畦灌技术；封闭式直形沟、文形沟、锁链沟、八字沟、细流沟、沟垄灌水、沟畦灌、波涌沟灌等节水型沟灌技术；膜上灌、膜孔沟（畦）灌等地膜覆盖灌水技术等。

（二）管理节水技术

节水灌溉管理技术是根据作物的需水规律控制、调配水源，以最大限度地满足作物对水分的需求，实现区域效益最佳的农田水分调控管理技术。管理方面的节水技术措施主要有实施灌溉用水总量控制和定额管理、节水型灌溉制度、土壤墒情监测和灌溉预报技术、灌区配水技术、灌区量测水技术、灌区自动化监测技术等。

1. 灌溉用水总量控制和定额管理

按照灌区水源的承载能力，确定不同降水年份灌溉用水总量控制指标；用水者根据分配的用水指标，按节水灌溉定额，计划用水，科学用水；灌区实行按方收费，超定额用水加价收费。

2. 节水型灌溉制度

由于农作物需水规律不同，各自的灌溉制度及管理措施也不同。灌溉制度包括作物播种前（或插秧前）以及全生育期内的灌水次数、每次灌水的日期、灌水定额与灌溉定额几方面。节水灌溉制度是根据作物的需水规律把有限的灌水量在灌区内及作物生育期内进行最优分配，达到高产高效的目的，主要包括不充分灌溉技术、抗旱灌溉和低定额灌溉技术、调亏灌溉技术、水稻"薄、浅、湿、晒"灌溉技术等。

在干旱和半干旱地区，采用非充分灌溉、抗旱灌溉和低定额灌溉等，合理减少灌水次数，降低灌水定额，巧灌关键水。同时采用"蹲苗""促控"等技术，减少田间腾发量；在水稻种植区，推广"薄、浅、湿、晒"等节水灌溉制度，大幅度地减少灌溉用水。

3. 土壤墒情监测和灌溉预报技术

配合天气预报，用张力计、中子计、电阻法等技术手段检测土壤墒情，对适宜灌水时间、灌水量进行预报。

4. 灌区配水技术

按照灌溉水源可供水量，灌区各级输配水渠道技术参数，作物需水量及水分生产函数，以输配水水量损失较小而增产较多为目标，应用系统工程手段，编制灌区水量优化调度方案。

5. 灌区量测水技术

用明渠测流、超声波测流、电磁测流等量水技术，对灌溉用水量进行优化配水和计量、收费，增强农民节水观念，提高灌区用水效率。

6. 灌区自动化监测技术

随着信息化技术的发展，利用自动化监测仪器仪表，对灌区渠道水位、流量、含沙量、土壤墒情、水泵运行工况等技术参数，进行实时采集和处理；按照预先编制好的软件选择最优方案，用有线或无线传输方式，控制水泵运行台数或闸门开启度，配合田间节水技术，实现对作物的科学灌溉，提高灌溉用水利用效率。

（三）农艺节水技术

农艺节水包括选用抗旱品种；应用耕作需水保墒技术、覆盖保墒技术、水肥耦合技术和施用化学制剂等。其中以肥、水、作物产量为核心的耦合模型和技术，在不断增加施肥量和水量情况下可使肥料利用率提高 3%～5%，产量增加 20%～30%。

合理施用保水剂、复合包衣剂、黄腐酸及多功能抑蒸抗旱剂和"ABT"生根粉等，抑制作物生长发育中的过度蒸腾、奢侈耗水，促进根系对土壤深层储水的利用，减轻干旱危害。

此外，还可利用各种化学制剂调控土壤表面及作物叶面蒸发达到节水的目的，如地面增温保湿剂、抗旱剂、保水剂、种子包衣剂等；利用植物基因工程手段培养高效节水品种等。

二、节水灌溉的意义

水是人类生存和发展不可替代的资源，是实现经济社会可持续发展的基础。我国是一个水资源相对不足的国家，淡水资源只占世界总量的 8%。我国多年平均河川年径流量为27115m³，多年平均年地下水资源为 8288 亿 m³，扣除重复计算水量，多年平均年水资源总量为 28412 亿 m³，居世界第六位，而人均年水资源占有量约为 2100m³，只相当世界人均占有量的 1/4，居世界第 109 位；我国北方地区人均水资源占有量仅为世界人均占有量的 1/21，是全球 13 个人均水资源量最贫乏的国家之一。

随着人口的增长和经济的快速发展，我国水资源短缺矛盾更加突出。我国水土资源不匹配，南方地区水资源量占全国总量的 81%，耕地面积占全国总量的 40%，人口占全国总数的 54%；北方地区水资源量占全国总量的 19%，耕地面积占全国总量的 60%，人口占全国总数的 46%，如图 1－1 所示。

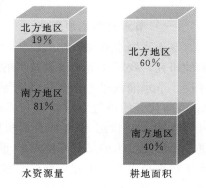

图 1－1 全国水土资源匹配图

水资源紧缺和水土资源组合不平衡，导致了我国水旱灾害频繁发生。旱灾给农业生产造成巨大损失，因旱灾损失的粮食产量占各种自然灾害损失粮食总产量的 50% 以上。据统计，进入 21 世纪以来，全国农业因旱受灾面积年平均为 2570 万 hm²。从东南到西北几乎所有耕地的绝大多数作物都需要不同程度的灌溉。目前灌溉面积仅占全国耕地面积的

42%，干旱缺水限制了灌溉，也限制了农业和农村经济发展。据统计，1949～1993年，全国平均每年受旱面积为 20160 万 hm²，约占全国播种面积的 17%，其中成灾面积 873 万 hm²，占全国播种面积的 7%。1988～1998 年的 10 年间，全国每年受旱面积达 1000 万～1333 万 hm²，减产粮食 100 亿～200 亿 kg。2000 年我国发生了严重的旱灾，东北西部、华北大部、西北东部、黄淮及长江中下游地区旱情极为严重，受害范围广，受害程度重，旱灾造成的损失巨大。农作物受旱灾面积 4053 万 hm²，成灾面积 2680 万 hm²，因旱灾损失粮食近 599.6 亿 kg，经济作物损失 511 亿元。受灾面积、成灾面积和旱灾损失都是新中国成立以来最大的。随着国民经济迅速发展和人口急剧增长，干旱缺水状况呈不断加剧之势。20 世纪 90 年代以来，正常年份全国灌区每年缺水 300 亿 m³，城市缺水 60 亿 m³。预计到 2030 年左右，我国人口将达 16 亿，人均占有水资源量将减少 1/5，降至 1700m³ 左右，是世界公认的警戒线；2050 后前后将更加严峻。

干旱缺水的基本国情决定了我国农业必须走节水的道路。我国目前水资源紧缺，除与水资源本身特性、水污染严重有关外，还与水资源的浪费有关。我国用水大户是农业，2002 年全国总用水量为 5497 亿 m³，农田灌溉用水量占总用水量的 68%，农田灌溉亩均用水量为 465m³。由此可见，农田灌溉用水量占绝大多数，农业水资源持续利用将对水资源的可持续利用产生重大影响。长期以来，我国自然资源特别是农业水资源无偿使用，已造成资源严重浪费。由于灌溉技术和管理水平落后、灌溉设施老化失修等原因，目前我国灌溉水的利用率仅为 0.4 左右，发达国家的灌溉水的利用率可以达到 0.7；吨粮耗水 1330m³，比发达国家高 300～400m³，农业节水潜力很大。节水灌溉是提高灌溉水利用率的有效措施，是农业持续发展的重要内涵。21 世纪，节水灌溉的实施，对实现我国水资源可持续利用、保障我国经济社会可持续发展，具有十分重要的意义。

三、我国节水灌溉发展现状

（一）节水灌溉发展现状

鉴于我国水资源短缺的形势，早在 20 世纪 50～60 年代，水利部就开展了节水灌溉技术的研究，我国在节水灌溉技术的研究推广、节水灌溉设备的开发生产、节水示范工程的建设、节水灌溉服务体系的建立等方面做了大量的工作，取得了较为显著的成绩。20 世纪 90 年代开始进行节水灌溉技术试验研究；20 世纪 70 年代大面积推广应用渠道防渗、畦田改造；20 世纪 80 年代大面积推广低压管道输水并大范围进行喷灌、滴灌、微喷等先进节水灌溉技术的试点示范；20 世纪 90 年代节水灌溉技术全面推广普及，节水灌溉技术水平越来越先进，工程标准越来越高，推广范围越来越广。到 1998 年底，全国共建成各类节水灌溉工程的总面积达 0.152 亿 hm²，其中喷灌、滴灌和微喷面积 173.3 万 hm²，管道输水灌溉面积 520 万 hm²，渠道防渗面积 826.7 万 hm²。在多年的实践探索中，各地摸索总结出了一套适合各自特色的节水灌溉技术与方法。包括各种渠道防渗和管道输水技术；适合小麦、玉米等大田使用的管式、卷盘式、时针式移动喷灌以及常规的土地平整沟畦灌；适合棉花、蔬菜和果树等经济作物使用的滴灌、微喷灌、膜下滴灌、自压滴灌、渗灌等技术；节水灌溉在全国迅速推广普及，取得了显著的经济效益和社会效益。

"九五"期间是我国节水灌溉发展最迅速、最富有成效的时期。国家加大资金投入，全国用于发展节水灌溉的资金约为 430 亿元。投入的加大，促进了节水灌溉的发展。在此期间，国家有关部门组织实施了 300 个节水增产重点县和节水型井灌区建设以及 12 个节水灌溉示范市建设，对全国 402 个大型灌区中的 208 个进行以节水为中心的续建配套和技术改造，兴建了 668 个国家级节水增效示范区。在众多示范项目的带动下，"九五"期间全国新增节水灌溉工程面积为 766.67 万 hm^2（1.15 亿亩），其中：喷、微灌面积 159 万 hm^2，渠道防渗灌溉面积 423 万 hm^2，管道输水灌溉面积 184.4 万 hm^2。

节水灌溉的普及，取得了显著的节水效果，用水效率大幅度提高，抗旱能力大大增强，为我国粮食生产作出了贡献。我国平均灌溉水利用率由 20 世纪 70 年代估算的 30% 左右提高到 2007 年的 47.5%，亩均灌溉用水量从 $530m^3$/亩降到 $429m^3$/亩。1995 年，全国粮食产量是 4665 亿 kg，到 1998 年，产量增长到 5000 亿 kg，净增 335 亿 kg。2000 年，农村水利突出节水灌溉工程及经济发达地区的农村水利现代化试点示范工程建设等。大型灌区以节水为中心进行续建配套节水改造，推广喷滴灌等先进技术与改进传统地面灌水方法相结合。农田水利建设进一步加强，有效灌溉面积有所扩大，全年新增 132.5 万 hm^2，累计达到 5500 万 hm^2（8.25 亿亩）。节水灌溉面积新增 133.3 万 hm^2，累计达 1667 万 hm^2（2.5 亿亩）。灌溉事业的发展，为农业增产创造了条件。

（二）我国节水灌溉发展存在的问题

综上所述，我国的节水灌溉发展成就显著，但还不能满足农业稳定发展和产业结构调整的需要。众所周知，我国是个贫水国家，北方广大地区水资源供应已严重不足，在未来30 年内，随着人口、经济高速增长，工业和城市用水必须大幅度增加，农业供水只能保持在目前 4000 亿 m^3 的水平上，唯一的出路是节水灌溉，提高灌溉水利用率。我国现阶段的节水灌溉还处于低水平发展阶段，田间灌溉多属传统的地面灌溉方式，喷灌、微灌及管道输水灌溉等先进节水灌溉技术占有率还比较低。到 2030 年，我国人口将达到 16 亿，需要粮食 7 亿 t 左右，为保证粮食与其他农产品的供给，灌溉面积必须达到 6000 万 hm^2 左右，否则目标难以实现。我国节水灌溉存在以下问题。

1. 基础研究滞后

节水灌溉效益的充分发挥需要建立在一些基础研究上，而我国基础研究对相对比较滞后，如农田水分遥测遥感技术、SPAC 水循环运移规律、非充分灌溉理论及应用技术、水净化技术研究及应用、灌区水自动控制技术等，其总体比国外先进水平落后，这些都严重制约了节水灌溉技术在我国的大面积推广应用。

2. 设备不配套

主要表现在系列化、标准化程度低，设备种类少、配套性差，产品的性能及耐久性同国外先进技术相比存在较大差距。

3. 综合性不够

目前节水工程技术缺乏与农艺技术等的综合，由于农、水专业各自的局限性，以及各专业的技术研究、在农水两方面的适用技术如何紧密地相互配合，形成有机的统一体，使水的利用率和利用效益都能充分发挥，研究得不够深入，远远满足不了节水农业发展的需要。只有对各种节水灌溉技术条件下的水肥运动、吸收、转化利用规律；耕作保墒、覆盖保墒技术如何与节水灌溉技术的配水相结合；各种单项农艺节水技术如何在不同的作物上及不同的节水灌溉技术条件下综合应用等问题进行系统的研究，才能保证综合节水农业技术的持续发展。

4. 管理水平差

国际上公认，灌溉节水的潜力50％在管理方面，可见充分发挥灌溉管理机构的作用、调动管理人员发展节水农业的积极性具有重大的意义。目前不少灌区经费短缺，主要靠多种经营来维持，灌溉管理比较薄弱，工程老化失修，效益衰减；田间灌排工程不配套，土地平整差；推广应用上缺乏与生产责任配套的管理体制，造成不少工程效益不能发挥；适应市场经济发展要求的农业用水体制还没有建立，缺乏鼓励农业合理、高效用水的机制和调控手段等。

四、我国节水灌溉的发展方向

节水灌溉是一项综合技术，只有对灌溉系统引水、输水、配水、灌水、用水等各个环节采取节水措施，才能最大限度地提高水的利用率和利用效益。我国幅员辽阔，各地自然条件差异较大，发展节水灌溉的模式也不相同。我国节水灌溉的发展方向如下。

1. 以节水增产为目标对灌区进行技术改造

我国很多大中型灌区都是20世纪50～60年代修建的，由于工程老化失修或已到报废年限，使灌溉效益衰减，灌溉用水浪费严重。因此要根据当地自然、水资源、农业生产和社会经济特点，以节水高效为目标，对灌区实施技术改造。陕西省从1988年开始，用了3年多的时间，对泾惠渠、宝鸡峡和交口抽渭三大灌区实施节水改造，收到明显效果，减少渠道占地约386hm²，每年可节约用水5300万m³，灌溉效益提高31％，创造单产9195kg/m³的历史最高水平。

2. 因地制宜继续推广节水灌溉技术

在加强工程管理的同时，积极研究和推广节水灌溉制度，把有限的水量集中用于农作物需水的关键期，以扩大灌溉面积，使灌溉总体效益最大。目前，我国节水灌溉工程中，喷、微灌技术所占的比重还比较低，与发达国家相比较还有较大的差距。以色列在推广喷、微灌技术的过程中，研制出多种灌溉兼施肥设备，使肥料与灌溉水混合使用，实现了节水、增产和优质的统一。目前，国内外喷、微灌技术正朝着低压、节能、多目标利用、产品标准化和系列化及运行管理自动化方向发展。

任何一项节水灌溉技术都有其适用的自然条件、经济条件，普及与推广喷、微灌技术必须坚持因地制宜的原则。在有条件的地区，应大力发展地下滴灌技术，也就是在灌溉过程中，水通过地埋毛管上的灌水器缓慢渗入附近土壤，再借助毛细管作用或重力扩散到整个作物根层的灌溉技术。由于在灌溉过程中几乎没有水分蒸发损失，而且对土壤结构的破坏小，因此在各项节水灌溉技术中，该项技术的节水增产效果最为明显，而且便于农田作业和管理，特别适合在我国西北地区干旱、高温、风大的自然条件下推广应用。

3. 开展田间工程改造

地面灌溉是我国目前采用最多的一种灌水方式，预计在今后较长的一段时间内，仍将占主导地位。据分析，地面灌溉用水损失中，因田间工程不配套、耕地不平整等引起的用水损失约占到30％，说明田间节水有较大潜力。近年来，我国北方不少省、市、自治区都狠抓了田间工程改造工作,收到节水增产的良好效果。因地制宜开展田间工程改造、平整土地,减少深层渗漏,提高灌水均匀度,花钱少、见效快。

土地平整是改进地面灌溉的基础和关键,由于我国地面灌溉量大、面广,急需推广应用激光控制平地技术、水平畦田灌溉技术、田间闸管灌溉系统以及土壤墒情自动监测技术等一切改进地面灌溉的措施,逐步实现田间灌溉水的有效控制和适时适量的精细灌溉。激光控制平地技术是目前世界上最先进的土地平整技术,在发达国家已被广泛应用。

4. 重视节水农业技术的应用

各种节水工程技术只有与相应的节水农业技术相结合,才能发挥综合优势,达到节水、高产、优质、高效的最终目标。节水型农业技术措施包括抗旱节水品种、秸秆覆盖、少耕免耕、节水增产栽培、农业结构调整等,都具有投资少、节水增产效果显著、技术成熟等特点,推广前景广阔。

5. 由单向技术向综合技术发展

目前我国节水灌溉技术的推广应用仍以单项技术为主,虽然已开始重视研究节水综合技术,但应用尚不普遍。节水灌溉综合技术的目标是不但要提高灌溉水的利用率,而且也要使灌溉水的利用效率得到提高,真正起到节水增产的作用。因此节水灌溉技术今后发展的主要方向是将工程技术、农业技术与管理技术因地制宜进行有机组合,形成节水高效的节水灌溉综合技术体系。

五、本课程的任务和要求

本课程是高职高专农业水利工程(技术)专业、水利工程专业的一门专业课。它的基本任务是传授喷灌技术、微灌技术、低压管道灌溉技术、渠道防渗技术、地面灌溉节水技术,以及管道灌溉工程施工与运行的基本知识、基本理论和基本方法,结合课程实习、课程设计等实践技能训练,使学生获得一定的生产实际知识和技能,具有节水灌溉工程规划、设计、施工与管理的初步能力。具体要求是:了解节水灌溉的重要意义;了解喷灌系统的组成及其主要设备的性能特点,掌握喷灌技术要素、喷灌工程规划设计步骤和方法,具有喷灌工程规划设计的初步能力;了解微灌系统的组成及其主要设备的性能特点,掌握微灌工程规划设计方法和思路,具有规则设计的初步能力;了解渠道防渗的重要性、渠道衬砌的类型、优缺点及适用条件,掌握管道灌溉工程施工、安装与调试方法,以及运行、管理和维护的基本知识,具有管道灌溉工程施工、运行管理的初步能力;了解地面灌溉节水技术类型。了解灌溉水源的类型及特点,灌溉取水方式的类型、特点。理解灌溉设计保证率和抗旱天数的概念。掌握设计灌溉面积、设计引水流量、闸前设计水位、闸后设计水位和进水闸尺寸的确定方法。了解地下水的类型,掌握地下水允许开采量的确定方法。了解自动量水技术的基本原理及其在灌区管理中的应用。理解实行节水灌溉自动化控制的意义。了解节水灌溉常用的自动控制模式及基本原理。明确灌区常用的自动监测技术。

项目二　节水灌溉理论基础

教学基本要求

　　单元一：理解农田水分存在形式，掌握旱作地区农田水分状况，了解水稻地区农田水分状况和农田水分状况的调节措施。

　　单元二：了解农田水分消耗的途径，掌握计算作物需水量的方法。

　　单元三：理解灌溉制度的基本概念，掌握用水量平衡分析法制定旱作物灌溉制度。

　　单元四：理解设计典型年；理解典型年灌溉用水量及用水过程线；了解多年灌溉用水量的确定和灌溉用水频率曲线。

　　单元五：理解灌水率的基本概念；掌握灌水率图的绘制及修正。

能力培养目标

　　（1）能正确计算作物需水量。

　　（2）能用水量平衡分析法制定旱作物灌溉制度。

　　（3）能绘制灌水率图。

学习重点与难点

　　重点：旱作地区农田水分状况；作物需水量的计算方法；灌水率图的绘制。

　　难点：旱作物的灌溉制度的制定。

项目专业定位

　　节水灌溉基础理论知识是学习节水灌溉理论与技术的先导知识，其主要内容来自农田水利学。通过对本项目的学习，掌握农田水利学的相关基础知识，为本课程的学习打下坚实的基础。

单元一　农田水分状况

一、农田水分存在的形式

　　农田水分存在三种基本形式，即地面水、土壤水和地下水，而土壤水是与作物生长关系最密切的水分存在形式。

　　土壤水按其形态不同可分为气态水、吸着水、毛管水和重力水等。

　　1. 气态水

　　气态水系存在于土壤空隙中的水气，有利于微生物的活动，故对植物根系有利。由于数量很少，在计算时常略而不计。

　　2. 吸着水

　　吸着水包括吸湿水和薄膜水两种形式：吸湿水被紧束于土粒表面，不能在重力和毛管力的作用下自由移动；吸湿水达到最大时的土壤含水率称为吸湿系数。薄膜水吸附于吸湿水外部，只能沿土粒表面进行速度极小的移动；薄膜水达到最大时的土壤含水率，称为土壤的最大分子持水率。

3. 毛管水

毛管水是在毛管作用下土壤中所能保持的那部分水分，亦即在重力作用下不易排除的水分中超出吸着水的部分。分为上升毛管水及悬着毛管水，上升毛管水系指地下水沿土壤毛细管上升的水分。悬着毛管水系指不受地下水补给时，上层土壤由于毛细管作用所能保持的地面渗入的水分（来自降雨或灌水）。

4. 重力水

土壤中超出毛管含水率的水分在重力作用下很容易排出，这种水称为重力水。

这几种土壤水分形式之间并无严格的分界线，其所占比重视土壤质地、结构、有机质含量和温度等而异。可以假想在地下水面以上有一个很高（无限长）的土柱，如果地下水位长期保持稳定，地表也不发生蒸发入渗，则经过很长的时间以后，地下水面以上将会形成一个稳定的土壤水分分布曲线。这个曲线反映了土壤负压和土壤含水率的关系，亦即是土壤水分特征曲线（图 2-1），这一曲线可通过一定试验设备确定。在土壤吸水和脱水过程中取得的水分特征曲线是不同的，这种现象常称为滞后现象。曲线表示吸力（负压）随着土壤水分的增大而减少的过程，曲线并不能反映水分形态的严格的界限。

根据水分对作物的有效性，土壤水也可分为无效水、有效水和过剩水（重力水）。吸着水紧附于土粒的表面，一般不能为作物所利用。低于土壤吸着水（最大分子持水率）的水分为无效水。当土壤含水率降低至吸湿系数的 1.5～2.0 倍时，就会使植物发生永久性凋萎现象。这时的含水率

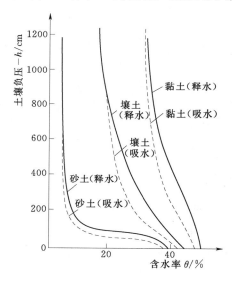

图 2-1 土壤水分特征曲线示意图

称为凋萎系数。不同土质，其永久凋萎点含水率是不相同的。相应的土壤负压变化为（7～40）$\times 10^5$ Pa，一般取为 15×10^5 Pa。凋萎系数不仅取决于土壤性质，而且还与土壤溶液浓度、根毛细胞液的渗透压力、作物种类和生育期有关。重力水在无地下水顶托的情况下，很快排出根系层；在地下水位高的地区，重力水停留在根系层内时，会影响土壤正常的通气状况，这部分水分有时称为过剩水。在重力水和无效水之间的毛管水，容易为作物吸收利用，属于有效水。一般常将田间持水率作为重力水和毛管水以及有效水分和过剩水分的分界线。在生产实践中，常将灌水两天后土壤所能保持的含水率叫作田间持水率。相应的土壤负压为（0.1～0.3）$\times 10^5$ Pa。由于土质不同，排水的速度不同，因此排除重力水所需要的时间也不同。灌水两天后的土壤含水率，并不能完全代表停止重力排水时的含水率。特别是随着土壤水分运动理论的发展和观测设备精度的提高，人们认识到灌水后相当长时间内土壤含水率在重力作用下是不断减少的。虽然变化速率较小，但在长时间内仍可

达到相当数量。因此，田间持水率并不是一个稳定的数值，而是一个时间的函数。田间持水率在农田水利实践中无疑是一个十分重要的指标，但以灌水后某一时间的含水率作为田间持水率，只能是一个相对的概念。

二、旱作地区农田水分状况

旱作地区的各种形式的水分，并非全部能被作物所直接利用。如地面水和地下水必须适时适量地转化成为作物根系吸水层（可供根系吸水的土层，略大于根系集中层）中的土壤水，才能被作物吸收利用。通常地面不允许积聚水量，以免造成淹涝，危害作物。地下水一般不允许上升至根系吸水层以内，以免造成渍害，因此，地下水只应通过毛细管作用上升至根系吸水层，供作物利用。这样，地下水必须维持在根系吸水层以下一定距离处。

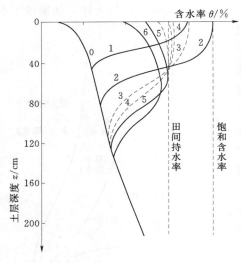

图 2-2 降雨（或灌水）后不同深度土层
的湿润过程示意图

在不同条件下，地面水和地下水补给土壤水的过程是不同的，现分别说明如下。

（1）当地下水位埋深较大和土壤上层干燥时，如果降雨（或灌水），地面水逐渐向土中入渗，在入渗过程中，土壤水分的动态如图 2-2 所示。从图中可以看出，降雨开始时，水自地面进入表层土壤，使其接近饱和，但其下层土壤含水率仍未增加。此时含水率的分布如曲线 1；降雨停止时土壤含水率分布如图中曲线 2；雨停后，达到土层田间持水率后的多余水量，则将在重力（主要的）及毛管力的作用下，逐渐向下移动，经过一定时期，各层土壤含水率分布的变化情况如曲线 3；再过一定时期，在土层中水分向下移动趋于缓慢，此时水分分布情况如曲线 4；上部各土层中的含水率均接近于田间持水率。

在土壤水分重新分布的过程中，由于植物根系吸水和土壤蒸发，表层土壤水分逐渐减少，其变化情况如图 2-2 中曲线 5 及曲线 6 所示。

（2）当地下水位埋深较小，作物根系吸水层上面受地面水补给，而下面又受上升毛管水的影响时，土层中含水率的分布和随时间的变化情况如图 2-3 所示。

图 2-3（a）中曲线 0 是还未受到地面水补给的情况，当有地面水补给土壤时，首先在土壤上层出现悬着毛管水，如曲线 1、2、3 所示。地面水补给量愈大，则入渗的水量所达到的深度愈大，直至与地下水面以上的上升毛管水衔接，如曲线 4。当地面水补给土壤的数量超过了原地下水位以上土层的田间持水能力时，即将造成地下水位的上升，如图 2-3（b）所示。在上升毛管水能够进入作物根系吸水层的情况下，地下水位的高低便直接影响着根系吸水层中的含水率，如图 2-4 所示。在地表积水较久时，入渗的水量将使地下水位升高到地表与地面水相连接。

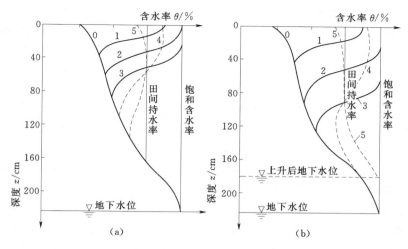

图 2-3 降雨（或灌水）后土壤含水率随时间变化示意图（地下水埋深较小时）

作物根系吸水层中的土壤水，以毛管水最容易被旱作物吸收，是对旱作物生长最有价值的水分形式。超过毛管水最大含水率的重力水，一般都下渗流失，不能为土壤所保存，因此，很少能被旱作物利用。同时，如果重力水长期保存在土壤中，也会影响到土壤的通气状况（通气不良），对旱作物生长不利。所以，旱作物根系吸水层中允许的平均最大含水率，一般不超过根系吸水层中的田间持水率。当根系吸水层的土壤含水率下降到凋萎系数以下时，土壤水分也不能为作物利用。

当植物根部从土壤中吸收的水分来不及补给叶面蒸发时，便会使植物体的含水率不断减小，特别是叶片的含水率迅速降低。这种由于根系吸

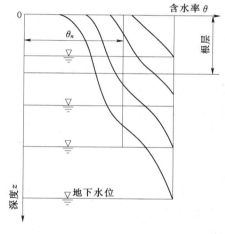

图 2-4 地下水位对作物根系吸水层内土壤含水率分布的影响示意图

水不足以致破坏了植物体水分平衡和协调的现象，即谓之干旱。由于干旱产生的原因不同，可分大气干旱和土壤干旱两种情况。在农田水分尚不妨碍植物根系的吸收，但由于大气的温度过高和相对湿度过低，阳光过强，或遇到干热风造成植物蒸腾耗水过大，都会使根系吸水速度不能满足蒸发需要，这种情况谓之大气干旱。我国西北、华北均有大气干旱。大气干旱过久会造成植物生长停滞，甚至使作物因过热而死亡。若土壤含水率过低，植物根系从土壤中所能吸取的水量很少，无法补偿叶面蒸发的消耗，则形成所谓土壤干旱的情况。短期的土壤干旱，会使作物产量显著降低，干旱时间过长，即会造成植物的死亡，其危害要比大气干旱更为严重。为了防止土壤干旱，最低的要求就是使土壤水的渗透压力不小于根毛细胞液的渗透压力，凋萎系数便是这样的土壤含水率临界值。

土壤含水率减小，使土壤溶液浓度增大，从而引起土壤溶液渗透压力增加，因此，土

壤根系吸水层的最低含水率，还必须能使土壤溶液浓度不超过作物在各个生育期所容许的最高值，以免发生凋萎。这对盐渍土地区来说，更为重要。土壤水允许的含盐溶液浓度的最高值视盐类及作物的种类而定。按此条件，根系吸水层内土壤含水率应不小于

$$\theta_{\min}=\frac{S}{C}\times100\%$$ （2-1）

式中　$\theta_{\min}$——按盐类溶液浓度要求所规定的最小含水率（占干土重的百分数）；

　　　　S——根系吸水土层中易溶于水的盐类数量（占干土重的百分数）；

　　　　C——允许的盐类溶液浓度（占水重的百分数）。

养分浓度过高也会影响到根系对土壤水分的吸收，甚至发生枯死现象。因此在确定最小含水率时还需考虑养分浓度的最大限度。

根据以上所述，旱作物田间（根系吸水层）允许平均最大含水率不应超过田间持水率，最小含水率不应小于凋萎系数。为了保证旱作物丰产所必需的田间适宜含水率范围，应在研究水分状况与其他生活要素之间的最适关系的基础上，总结实践经验，并与先进的农业增产措施相结合来加以确定。

三、水稻地区的农田水分状况

由于水稻的栽培技术和灌溉方法与旱作物不同，因此农田水分存在的形式也不相同。我国水稻灌水技术，传统采用田面建立一定水层的淹灌方法，故田面经常（除烤田外）有水层存在，并不断地向根系吸水层中入渗，供给水稻根部以必要的水分。根据地下水埋藏深度，不透水层位置，地下水出流情况（有无排水沟、天然河道、人工河网）的不同，地面水、土壤水与地下水之间的关系也不同。

当地下水位埋藏较浅，又无出流条件时，由于地面水不断下渗，使原地下水位至地面间土层的土壤空隙达到饱和，此时地下水便上升至地面并与地面水连成一体。

当地下水位埋藏较深，出流条件较好时，地面水虽然仍不断入渗，并补给地下水，但地下水位常保持在地面下一定的深度。此时，地下水位至地面间土层的土壤空隙不一定达到饱和。

水稻是喜水喜湿性作物，保持适宜的淹灌水层，能对稻作水分及养分的供应提供良好的条件；同时，还能调节和改善其他如湿、热及气候等状况。但过深的水层（不合理的灌溉或降雨过多造成的）对水稻生长也是不利的，特别是长期的深水淹灌，更会引起水稻减产，甚至死亡。因此，灌溉水层上下限的确定，具有重要的实际意义。通常与作物品种发育阶段，自然环境及人为条件有关，应根据实践经验来确定。

四、农田水分状况的调节措施

在天然条件下，农田水分状况和作物需水要求通常是不相适应的。在某些年份或一年中某些时间，农田常会出现水分过多或水分不足的现象。

农田水分过多的原因，不外以下几方面：

（1）降雨量过大。

（2）河流洪水泛滥，湖泊漫溢，海潮侵袭和坡地水进入农田。

（3）地形低洼，地下水汇流和地下水位上升。

（4）出流不畅等。

而农田水分不足的原因则有：

（1）降雨量不足。

（2）降雨形成的地表径流大量流失。

（3）土壤保水能力差，水分大量渗漏。

（4）蒸发量过大等。

农田水分过多或不足的现象，可能是长期的，也可能是短暂的，而且可能是前后交替的。同时，造成水分过多或不足的上述原因，在不同情况下可能是单独存在，也可能同时产生影响。

农田水分不足，通常叫作"干旱"；农田水分过多，如果是由于降雨过多，使旱田地面积水，稻田淹水过深，造成农田歉收的现象，则谓之"涝"；由于地下水位过高或土壤上层滞水，因而土壤过湿，影响作物生长发育，导致农作物减产或失收现象，谓之"渍"；至于因河、湖泛滥而形成的灾害，则称为洪灾。

当农田水分不足时，一般应采取增加来水或减少去水的措施，增加农田水分的最主要措施就是灌溉。这种灌溉按时间不同，可分为播前灌溉、生育灌溉和为了充分利用水资源提前在农田进行储水的储水灌溉。此外，还有为其他目的而进行的灌溉，例如培肥灌溉（借以施肥）、调温灌溉（借以调节气温、土温或水温）及冲洗灌溉（借以冲洗土壤中有害盐分）等。减少农田去水量的措施也是十分重要的。在水稻田中，一般可采取浅灌深蓄的办法，以便充分利用降雨。旱地上亦可尽量利用田间工程进行蓄水或实行深翻改土、免耕、塑料膜和秸秆覆盖等措施，减少棵间蒸发，增加土壤蓄水能力。无论水田或旱地，都应注意改进灌水技术和方法，以减少农田水分蒸发和渗漏损失。

当农田水分过多时，应针对其不同的原因，采取相应的调节措施。排水（排除多余的地面水和地下水）是解决农田水分过多的主要措施之一，但是在低洼易涝地区，必须与滞洪滞涝等措施统筹安排，此外还应该注意与农业技术措施相结合，共同解决农田水分过多的问题。

单 元 二 　 作 物 需 水 量

农田水分消耗的途径主要有植株蒸腾、株间蒸腾和深层渗漏（或田间渗漏）。

植株蒸腾是指作物根系从土壤中吸入体内的水分，通过叶片的气孔扩散到大气中去的现象。试验证明，植株蒸腾要消耗大量水分，作物根系吸入体内的水分有99％以上是消耗于蒸腾，只有不足1％的水量是留在植物体内，成为植物体的组成部分。

株间蒸发是指植株间土壤或田间的水分蒸发。株间蒸发或植株蒸腾都受气象因素的影响，但蒸腾因植株的繁茂而增加，株间蒸发因植株造成的地面覆盖率加大而减小，所以蒸腾与株间蒸发二者互为消长。一般作物生育初期植株小，地面裸露大，以株间蒸发为主；随着植株增大，叶面覆盖率增大，植株蒸腾逐渐大于株间蒸发，到作物生育后期，作物生理活动减弱，蒸腾耗水又逐渐减少，株间蒸发又相对增加。

深层渗漏是指旱田中由于降雨量或灌溉水量太多，使土壤水分超过了田间持水量，向根系活动层以下的土层产生渗漏的现象。深层渗漏一般是无益的，且会造成水分和养分的流失。田间渗漏是指水稻田的。由于水稻田经常保持一定的水层，所以水稻田经常产生渗漏，且数量较大。在丘陵地区的梯田，稻田的日平均渗漏量一般为 2～6mm，冲田 0～1mm，畈田 0.5～2.0mm。平原圩区稻田多为轻黏土，但地下水位高，日平均渗漏量一般为 0.5～1.0mm。对土质黏重，地下水位高且排水不畅的地区，长期淹灌的稻田，由于土壤中氧气不足，容易产生硫化氢、氧化亚铁等有毒物质，影响作物的生长发育，造成减产。因此近年来，认为稻田应有适当的渗漏量，可以促进土壤通气，改善还原条件，消除有毒物质，有利于作物生长。但是渗漏量过大，会造成水量和肥料的流失，与开展节水灌溉有一定矛盾。

在上述几项水量消耗中，植株蒸腾和株间蒸发合称为蒸发，两者消耗的水量合称为腾发量，通常又把腾发量称为作物需水量。腾发量的大小及其变化规律，主要取决于气象条件、作物特性、土壤性质和农业技术措施等，而渗漏量的大小与土壤性质、水文地质条件等因素有关，它和腾发量的性质完全不同。因此，一般都是将腾发量与渗漏量分别进行计算。对水稻田来说，也有将稻田渗漏量计入需水量之内，通常则称之为"田间耗水量"，以使与需水量概念有所区别。

作物需水量是农业用水的主要组成部分，也是整个国民经济中消耗水分的最主要部分。因此，它是水资源开发利用时的必需资料，同时也是灌排工程规划、设计、管理的基本依据。目前全世界的用水量不断增长，水资源不足日益突出，因此，对作物需水量的研究和估算，已成为一个重要研究课题。

根据大量灌溉试验资料分析，作物需水量的大小与气象条件（温度、日照、湿度、风速）、土壤含水状况、作物种类及其生长发育阶段、农业技术措施、灌溉排水措施等有关。这些因素对需水量的影响是相互联系的，也是错综复杂的，目前尚难从理论上对作物需水量进行精确的计算。在生产实践中，一方面是通过田间试验的方法直接测定作物需水量，另一方面常采取某些计算方法确定作物需水量。

现有计算作物需水量的方法，大致可归纳为两类，一类是直接计算出作物需水量，另一类是通过计算参照作物需水量来计算实际作物需水量。

一、直接计算需水量的方法

一般是先从影响作物需水量的诸因素中，选择几个主要因素（例如水面蒸发、气温、湿度、日照、辐射等），再根据试验观测资料分析这些主要因素与作物需水量之间存在的数量关系，最后归纳成某种形式的经验公式。目前常见的这类经验公式大致有以下几种。

1. 以水面蒸发为参数的需水系数法（简称"α 值法"或称蒸发皿法）

大量灌溉试验资料表明，各种气象因素都与当地的水面蒸发量之间有着较为密切的关系，而水面蒸发量又与作物需水量之间存在一定程度的相关关系。因此，可以用水面蒸发量这一参数来衡量作物需水量的大小。这种方法的计算公式一般为

$$ET=\alpha E_0 + a \tag{2-2}$$

或

$$ET=\alpha E_0 + b \tag{2-3}$$

式中 ET——某时段内的作物需水量，以水层深度 mm 计；

E_0——与 ET 同时段的水面蒸发量，以水层深度 mm 计，E 一般采用 80cm 口径蒸发皿的蒸发值；

a、b——经验常数；

α——需水系数，或称蒸发系数，为需水量与水面蒸发量之比值。

由于"α值法"只要水面蒸发量资料，易于获得且比较稳定，所以该法在我国水稻地区曾被广泛采用。多年来的实践证明，用 a 值法时除了必须注意使水面蒸发皿的规格、安设方式及观测场地规范化外，还必须注意非气象条件（如土壤、水文地质、农业技术措施、水利措施等）对 a 值的影响，否则将会给资料整理工作带来困难，并使计算成果产生较大误差。

2. 以产量为参数的需水系数法（简称"K值法"）

作物产量是太阳能的累积与水、土、肥、热、气诸因素的协调及农业措施的综合结果。因此，在一定的气象条件下和一定范围内，作物田间需水量将随产量的提高而增加，如图 2-5 所示，但是需水量的增加并不与产量成比例。由图 2-5 还可看出，单位产量的需水量随产量的增加而逐渐减小，说明当作物产量达到一定水平后，要进一步提高产量就不能仅靠增加水量，必须同时改善作物生长所必需的其他条件。作物总需水量的表达式为：

$$\left. \begin{array}{l} ET=KY \\ ET=KY^n+c \end{array} \right\} \qquad (2-4)$$

式中 ET——作物全生育期内总需水量，m^3/亩；

Y——作物单位面积产量，kg/亩；

K——以产量为指标的需水系数。对于 $ET=KY$ 公式，则 K 代表单位产量的需水量，m^3/kg；

n、c——经验指数和常数。

式（2-4）中的 K、n 及 c 值可通过试验确定。此法简便，只要确定计划产量后便可算出需水量；同时，此法使需水量与产量相联系，便于进行灌溉经济分析。对于旱作物，在土壤水分不足而影响高产的情况下，需水量随产量的提高而增大，用此法推算较可靠。但对于土壤水分充足的旱田以及水稻田，需水量主要受气象条件控制，产量与需水量关系不明确，用此法推算的误差较大。

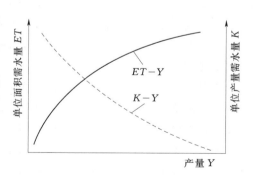

图 2-5 作物需水量与产量关系示意图

上述诸公式都可估算全生育期作物需水量，也可估算各生育阶段的作物需水量。在生产实践中，过去常习惯采用所谓模系数法估算作物各生育阶段的需水量，即先确定全生育期作物需水量，然后按照各生育阶段需水规律，以一定比例进行分配，即

$$ET_i = \frac{1}{100}K_i ET \qquad (2-5)$$

式中　ET_i——某一生育阶段作物需水量；

　　　　K_i——需水量模比系数，即生育阶段作物需水量占全生育期作物需水量的百分数，可以从试验资料中取得。

然而，这种按模比系数法估算作物各生育阶段需水量的方法存在较大的缺点。例如水稻整个生育期的需水系数 α 值和总需水量的时程分配即模比系数 K_i 均非常量，而是各年不同的。所以按一个平均的 α 值和 K_i 值计算水稻各生育阶段的需水量，计算结果不仅失真，而且导致需水时程分配均匀化而偏于不安全。因此，近年来，在计算水稻各生育阶段的需水量时，一般根据试验求得的水稻阶段需水系数 α_i 直接加以推求。

必须指出，上述直接计算需水量的方法，虽然缺乏充分的理论依据，但我国在估算水稻需水量时尚有采用，因为方法比较简便，水面蒸发量资料容易取得。

二、通过计算参照作物需水量来计算实际作物需水量的方法

近代需水量的理论研究表明，作物腾发耗水过程是通过土壤—植物—大气系统的连续传输实现的，大气、土壤、作物三个组成部分中的任何一部分的有关因素都影响需水量的大小。根据理论分析和试验结果，在土壤水分充分的条件下，大气因素是影响需水量的主要因素，其余因素的影响不显著。在土壤水分不足的条件下，大气因素和其余因素对需水量都有重要影响。目前对需水量的研究主要是在土壤水分充足条件下的各项大气因素与需水量之间的关系。普遍采取的方法是通过计算参照作物的需水量来计算实际需水量。相对来说理论上比较完善。

所谓参照作物需水量 ET_0 是指土壤水分充足、地面完全覆盖、生长正常、高矮整齐的开阔（地块的长度和宽度都大于 200m）矮草地（草高 8～15cm）上的蒸发量，一般是指在这种条件下的苜蓿草的需水量而言。因为这种参照作物需水量主要受气象条件的影响，所以都是根据当地的气象条件分阶段（月和旬）计算。

有了参照作物需水量，然后再根据作物系数 k_c 对 ET_0 进行修正，即可求出作物的实际需水量 ET，作物实际需水量则可根据作物生育阶段分段计算。

1. 参照作物需水量的计算

在国外，对于这一方法的研究较多，有多种理论和计算公式。其中以能量平衡原理比较成熟、完整。其基本思想是：将作物蒸发看作能量消耗的过程，通过平衡计算求出腾发所消耗的能量，然后再将能量折算为水量，即作物需水量。

作物腾发过程中，无论是体内液态水的输送，或是田间腾发面上水分的汽化和扩散，均需克服一定阻力。这种阻力越大，需要消耗的能量也越大。由此可见，作物需水量的大小，与腾发消耗能量有较密切的关系。腾发过程中的能量消耗，主要是以热能形式进行的，例如气温为 25℃时，每腾发 1 克重的水大约需消耗 2468.6J 的能量。如果能在农田中测算出腾发消耗的总热量，便能由此推算出相应的作物需水量数值。

作物腾发所需的热能，主要由太阳辐射供给。所以能量平衡原理，实际上是计算"土壤—作物—大气"连续系统中的热量平衡。根据这一理论以及水汽扩散等理论，在国外曾

研究有许多计算参照作物需水量的公式。其中最有名的、应用最广的是英国的彭曼（Penman）公式。公式是 1948 年提出来的，后来经过多次的修正。1979 年，联合国世界粮农组织对彭曼公式又作了进一步修正，并正式认可向各国推荐作为计算参照作物需水量的通用公式。其基本形式如下：

$$ET_0 = \frac{\dfrac{p_0}{p}\dfrac{\Delta}{\gamma}R_n + E_a}{\dfrac{p_0}{p}\dfrac{\Delta}{\gamma} + 1} \tag{2-6}$$

式中　ET_0——参照作物需水量，mm/d；

　　　$\dfrac{\Delta}{\gamma}$——标准大气压下的温度函数，其中 Δ 为平均气温时饱和水汽压随温度之变率。即 $\dfrac{de_a}{dt}$；其中 e_a 为饱和水汽压，t 为平均气温；γ 为湿度计常数，$\gamma = 0.66\text{hPa}/℃$；

　　　$\dfrac{p_0}{p}$——海拔高度影响温度函数的改正系数。其中 p_0 为海平面的平均气压，$p_0 = 1013.25\text{hPa}$；p 为计算地点的平均气压，hPa；

　　　R_n——太阳净辐射，以蒸发的水层深度计，mmd。可用经验公式计算，从有关表格中查得或用辐射平衡表直接测取；

　　　E_a——干燥力，mm/d，$E_a = 0.26(1 + 0.54\mu)(e_a - e_d)$，其中 e_d 为当地的实际水汽压，μ 为离地面 2m 高处的风速，m/s。

近些年来，我国在计算作物需水量和绘制作物需水量等值线图时多采用上述公式。在农田水利工程设计规范中也推荐采用这一公式。由于该公式计算复杂，一般都用计算机完成。有关 Penman 公式的计算机程序可参考有关书籍。

2. 实际需水量的计算

已知参照作物需水量 ET_0 后，则采取"作物系数"k_c 对 ET_0 进行修正，即得作物实际需水量 ET，即

$$ET = k_c(ET_0) \tag{2-7}$$

式中的 ET 与 ET_0 应取相同单位。

根据各地的试验，作物需水系数 k_c 不仅随作物而变化，更主要的是随作物的生育阶段而异。生育初期和末期的 k_c 较小，而中期的 k_c 较大。表 2-1 为山西省冬小麦作物需水系数 k_c 值；表 2-2 为湖北省中稻作物需水系数 k_c 值。

表 2-1　　　　　　　　　　山西省冬小麦作物需水系数 k_c 值

生育阶段	播种～越冬	越冬～返青	返青～拔节	拔节～抽穗	抽穗～灌浆	灌浆～收割	全生育期
k_c	0.86	0.48	0.82	1.00	1.16	0.87	0.87

表 2-2　　　　　　　　　　湖北省中稻作物需水系数 k_c 值

月　份	5	6	7	8	9
k_c	1.03	1.35	1.50	1.40	0.94

单元三 作物灌溉制度

农作物的灌溉制度是指作物播种前（或水稻栽秧前）及全生育期内的灌水次数、每次的灌水日期和灌水定额以及灌溉定额。灌水定额是指一次灌水单位灌溉面积上的灌水量，各次灌水定额之和，叫灌溉定额。灌水定额和灌溉定额常以 m³/亩或 mm 表示，它是灌区规划及管理的重要依据。

一、充分灌溉条件下的灌溉制度

充分灌溉条件下的灌溉制度，是指灌溉供水能够充分满足作物各生育阶段的需水量要求而设计制定的灌溉制度。长期以来，人们都是按充分灌溉条件下的灌溉制度来规划、设计灌溉工程。当灌溉水源充足时，也是按照这种灌溉制度来进行灌水。因此，研究制定充分灌溉条件下的灌溉制度有重要意义。常采用以下三种方法来确定灌溉制度。

1. 总结群众丰产灌水经验

多年来进行灌水的实践经验是制定灌溉制度的重要依据。灌溉制度调查应根据设计要求的干旱年份，调查这些年份的不同生育期的作物田间耗水强度（mm/d）及灌水次数、灌水时间间距、灌水定额及灌溉定额。根据调查资料，可以分析确定这些年份的灌溉制度。一些实际调查的灌溉制度举例见表 2-3。

表 2-3　　　　　湖北省水稻泡田定额及生育期灌溉定额调查成果表（中等干旱年）

项　目	早稻	中稻	一季晚稻	双季晚稻
泡田定额/(m³·亩⁻¹)	70～80	80～100	70～80	30～60
灌溉定额/(m³·亩⁻¹)	200～250	250～350	350～500	240～300
总灌溉定额/(m³·亩⁻¹)	270～330	330～450	420～580	270～360

对于旱作物，湿润年份及南方地区的灌水次数少，灌溉定额小；干旱年份及北方地区的灌水次数多，灌溉定额大。我国北方地区几种主要作物的灌溉制度见表 2-4。

表 2-4　　　　　我国北方地区几种主要旱作物的灌溉制度（调查）

作　物	生育期灌溉制度			备　注
	灌水次数	灌水定额/(m³·亩⁻¹)	灌溉定额/(m³·亩⁻¹)	
小麦	3～6	40～80	200～300	
棉花	2～4	30～40	80～150	干旱年份
玉米	3～4	40～60	150～250	

2. 根据灌溉试验资料制定灌溉制度

我国许多灌区设置了灌溉试验站，试验项目一般包括作物需水量、灌溉制度、灌水技术等。试验站积累的试验资料，是制定灌溉制度的主要依据。但是，在选用试验资料时，必须注意原试验的条件，不能一概照搬。

3. 按水量平衡原理分析制定作物灌溉制度

根据农田水量平衡原理分析制定作物灌溉制度时，一定要参考群众丰产灌水经验和田间试验资料。这三种方法结合起来，所制定的灌溉制度才比较完善。

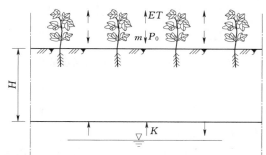

图 2-6　土壤计划湿润层水量平衡示意图

二、充分灌溉条件下的旱作物灌溉制度

用水量平衡分析法制定旱作物的灌溉制度时，通常以作物主要根系吸水层作为灌水时的土壤计划湿润层，并要求该土层内的储水量能保持在作物所要求的范围内。

（一）水量平衡方程

对于旱作物，在整个生育期中任何一个时段 t，土壤计划湿润层（H）内储水量的变化可以用下列水量平衡方程表示（图 2-6）：

$$W_t - W_0 = W_r + P_0 + M - ET \qquad (2-8)$$

式中　W_0、W_t——时段初和任一时间 t 时的土壤计划湿润层内的储水量；

$\quad\quad\quad W_r$——由于计划湿润层增加而增加的水量，如计划湿润层在时段内无变化则无此项；

$\quad\quad\quad P_0$——保存在土壤计划湿润层内的有效雨量；

$\quad\quad\quad M$——时段 t 内的灌溉水量；

$\quad\quad\quad ET$——时段 t 内的作物田间需水量，即 $ET = et$，e 为 t 时段内平均每昼夜的作物田间需水量。

以上各值可以用 mm 或 m^3/亩计。

为了满足农作物正常生长的需要，任一时段内土壤计划湿润层内的储水量必须经常保持在一定的适宜范围以内，即通常要求不小于作物允许的最小储水量（$W_{\min}$）和不大于作物允许的最大储水量（$W_{\max}$）。在天然情况下，由于各时段内需水量是一种经常的消耗，而降雨则是间断的补给。因此，当在某些时段内降雨很小或没有降雨量时，往往使土壤计划湿润层内的储水量很快降低到或接近于作物允许的最小储水量，此时即需进行灌溉，补充土层中消耗掉的水量。

例如，某时段内没有降雨，显然这一时段的水量平衡方程可写为：

$$W_{\min} = W_0 - ET + K \qquad (2-9)$$

式中　$W_{\min}$——土壤计划湿润层内允许最小储水量；

$\quad\quad\quad K$——时段 t 内的地下水补给量，即 $K = kt$，k 为 t 时段内平均每昼夜地下水补给量；

$\quad\quad\quad$其余符号同前。

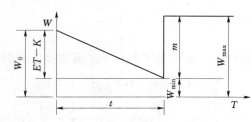

图 2-7　土壤计划湿润层（H）内储水量变化

如图 2-7 所示，设时段初土壤储水量为 W_0，则由式（2-9）可推算出开始进行储水时的时间间距为：

$$t = \frac{W_0 - W_{min}}{e - k} \qquad (2-10)$$

而这一时段末灌水定额 m 为：

$$m = W_{max} - W_{min} = 667nH(\theta_{max} - \theta_{min}) \qquad (2-11)$$

或

$$m = W_{max} - W_{min} = 667\gamma H(\theta'_{max} - \theta'_{min}) \qquad (2-12)$$

式中　m——灌水定额，m^3/亩；

　　　H——该时段内土壤计划湿润层的深度，m；

　　　n——计划湿润层内土壤的空隙率（以占土壤体积的%计）；

θ_{max}、θ_{min}——该时段内允许的土壤最大含水率和最小含水率（以占土壤空隙体积的%计）；

　　　γ——计划湿润层内土壤的干容重，t/m^3；

θ'_{max}、θ'_{min}——同 θ_{max}、θ_{min}，但以占干土重%计。

同理，可以求出其他时段在不同情况下的灌水时距与灌水定额，从而确定出作物全生育期内的灌溉制度。

（二）基本资料的收集

拟定的灌溉制度是否正确，关键在于方程中各项数据如土壤计划湿润层深度、作物允许的土壤含水量变化范围以及有效降雨量等选用是否合理。

1. 土壤计划湿润层深度（H）

土壤计划湿润层深度系指在旱田进行灌溉时，计划调节控制土壤水分状况的土层深度。它随作物根系活动层深度、土壤性质、地下水埋深等因素而变。在作物生长初期，根系虽然很浅，但为了维持土壤微生物活动，并为以后根系生长创造条件，需要在一定土层深度内有适当的含水量，一般采用 30～40cm；随着作物的成长和根系的发育，需水量增多，计划湿润层也应逐渐增加，至生长末期，由于作物根系停止发育，需水量减少，计划层深度不宜继续加大，一般不超过 1.0m。在地下水位较高的盐碱化地区，计划湿润层深度不宜继续加大 0.6m。计划湿润层深度应通过试验来确定，下面给出冬小麦、棉花不同生育阶段的计划湿润层深度，见表 2-5、表 2-6。

表 2-5　　　　　　　　　　　**冬小麦土壤计划湿润层深度和适宜含水率表**

生育阶段	土壤计划湿润层深度/cm	土壤适宜含水率（以田间持水率的百分数计）
出苗	30～40	45～60
三叶	30～40	45～60
分蘖	40～50	45～60
拔节	50～60	45～60
抽穗	50～80	60～75
开花	60～100	60～75
成熟	60～100	60～75

表 2 - 6 棉花土壤计划湿润层深度和适宜含水率表

生育阶段	土壤计划湿润层深度/cm	土壤适宜含水率（以田间持水率的百分数计）
幼苗	30～40	55～70
现蕾	40～60	60～70
开花	60～80	70～80
吐絮	60～80	50～70

2. 土壤最适宜含水率及允许的最大、最小含水率和土壤最适宜含水率（$\theta_{适}$）

这随作物种类、生育阶段的需水特点、施肥情况和土壤性质（包括含盐状况）等因素而异，一般应通过试验或调查总结群众经验确定。表 2 - 5、表 2 - 6 中数字可供参考。

由于作物需水的持续性与农田灌溉或降雨的间歇性、土壤计划湿润层的含水率不可能经常保持某一最适宜含水率数值而不变。为了保证作物正常生长，土壤含水率应控制在允许最大和允许最小含水率之间变化。允许最大含水率（θ_{max}）一般以不致造成深层渗漏为原则，所以采用 $\theta_{max} = \theta_{田}$，$\theta_{田}$ 为土壤田间持水率，见表 2 - 7。作物允许最小含水率（θ_{min}）应大于凋萎系数。具体数值可根据试验确定，缺乏试验资料时，可参考表 2 - 9 和表 2 - 10 中的下限值。

在土壤盐碱化较严重的地区，往往由于土壤溶液浓度过高，而妨碍作物吸取正常生长所需的水分，因此还要依作物不同生育阶段允许的土壤溶液浓度作为控制条件来确定允许最小含水率（θ_{min}）。

表 2 - 7 各种土壤的田间持水率 ％

土壤类别	孔隙率（体积百分比）	田间持水率	
		占土体的百分比	占孔隙率的百分比
砂土	30～40	12～20	35～50
砂壤土	40～45	17～30	40～65
壤土	45～50	24～35	50～70
黏土	50～55	35～45	65～80
重黏土	55～65	45～55	75～85

3. 降雨入渗量（P_0）

降雨入渗量指降雨量（P）减去地面径流损失（$P_{地}$）后的水量，即

$$P_0 = P - P_{地} \tag{2-13}$$

一般用以代表有效降雨量。

降雨入渗量也可用降雨入渗系数来表示：

$$P_0 = \alpha P \tag{2-14}$$

式中　α——降雨入渗系数，其值与一次降雨量、降雨强度、降雨延续时间、土壤性质、地面覆盖及地形等因素有关。一般认为一次降雨量小于 5mm 时，α 为 0；当一次降雨量在 5～50mm 时，α 为 1.0～0.8；当次降雨量大于 50mm 时，$\alpha =$ 0.7～0.8。

4. 地下水补给量（K）

地下水补给量系指地下水借土壤毛细管作用上升至作物根系吸水层而被作物利用的水量，其大小与地下水埋藏深度、土壤性质、作物种类、作物需水强度、计划湿润土层含水量等有关。地下水利用量（K）应随灌区地下水动态和各阶段计划湿润层深度不同而变化。目前由于试验资料较少，只能确定总量大小，如内蒙古灌区春小麦地下水利用量，当地下水埋深为 $1.5\sim2.5$m 时，利用量为 $40\sim80$m³/亩；河南省人民胜利渠在 1957 年、1958 年观测资料证明，冬小麦生长期内地下水埋深 $1.0\sim2.0$m 时，地下水利用量可占耗水量的 20%（中土壤）。由此可见，地下水补给量是很可观的，在设计灌溉制度时，必须根据当地或条件类似地区的试验、调查资料估算。

5. 由于计划湿润层增加而增加的水量（W_T）

在作物生育期内计划湿润层是变化的，由于计划湿润层增加，可利用一部分深层土壤的原有储水量，W_T 可按下式计算：

$$W_T=667(H_2-H_1)n\overline{\theta}\ (\text{m}^3/\text{亩}) \tag{2-15}$$

$$W_T=667(H_2-H_1)\frac{\gamma}{\gamma'}\overline{\theta}'\ (\text{m}^3/\text{亩}) \tag{2-16}$$

式中　H_1——计划时段初计划湿润层深度，m；

　　　H_2——计划时段末计划湿润层深度，m；

　　　$\overline{\theta}$——（H_2-H_1）深度的土层中的平均含水率，以占空隙率的百分数计，一般 $\overline{\theta}$ $<\theta_{\text{田}}$；

　　　n——土壤空隙率，以占土体积的百分数计；

　　　$\overline{\theta}'$——同 $\overline{\theta}$，但以占干土重的百分数计；

　　γ、γ'——土壤干容重和水的容重，t/m³。

当确定了以上各项设计依据后，即可分别计算旱作物的播前灌水定额和生育期的灌溉制度。

（三）旱作物播前的灌水定额（M_1）的确定

播前灌水的目的在于保证作物种子发芽和出苗所必需的土壤含水率或储水于土壤中以供作物生育后期之用。播前灌水往往只进行一次。一般可按下式计算：

$$M_1=667H(\theta_{\max}-\theta_0)n\ \ (\text{m}^3/\text{亩}) \tag{2-17}$$

$$M_2=667(\theta'_{\max}-\theta'_0)\frac{\gamma}{\gamma'}H\ \ (\text{m}^3/\text{亩}) \tag{2-18}$$

式中　H——土壤计划湿润层深度（m），应根据播前灌水要求决定；

　　　n——相应于 H 土层内的土壤孔隙率，以占土壤体积百分数计；

　　$\theta_{\max}$——一般为田间持水率，以占孔隙的百分数计；

　　　θ_0——播前 H 土层内的平均含水率，以占孔隙率的百分数计；

$\theta'_{\max}$、θ'_0——同 $\theta_{\max}$，θ_0，但以占干土重的百分数计。

（四）根据水量平衡图解法拟定旱作物的灌溉制度

以棉花灌溉制度为例（图 2-8）。

在采用水量平衡图解分析法拟定灌溉制度时，其步骤如下：

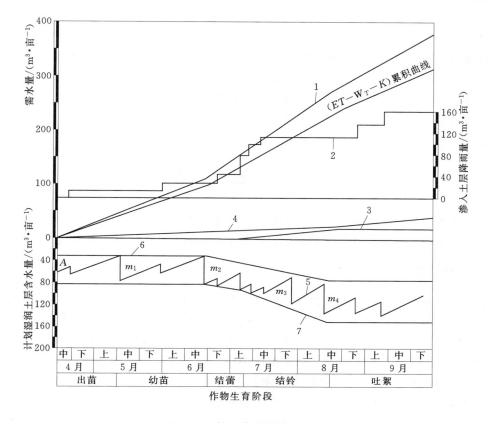

图 2-8 棉花灌溉制度设计图

1—作物需水量 E 累积曲线；2—渗入土壤内的降雨量累积曲线；3—W_T 累积曲线；4—K 值累积曲线；

5—计划湿润土层中的实际储水量 W 曲线；6—计划湿润土层允许最小储水量 W_{min} 曲线；

7—计划湿润土层允许最大储水量 W_{max} 曲线

（1）根据各旬的计划湿润层深度 H 和作物所要求的计划湿润层内土壤含水率的上限 θ_{max} 和下限 θ_{min}，求出 H 土层内允许储水量上限 W_{max} 及下限 W_{min}，并绘于图 2-8 上（$W_{max}=667nH\theta_{max}$，$W_{min}=667nH\theta_{min}$）。

（2）绘制作物田间需水量（ET）积累曲线。由于湿润层加大而获得的水量（W_T）累积曲线、地下水补给量（K）累积曲线以及净耗水量（$ET-W_T-K$）累积曲线。

（3）根据设计年雨量，求出渗入土壤的降雨量 P_0，逐时段绘于图上。

（4）自作物生长初期土壤计划湿润层储水量 W_0 逐旬减去（$ET-W_T-K$）值，即自 A 点引直线平行于（$ET-W_T-K$）曲线，当遇有降雨时在曲线上加上降雨入渗量 P_0，即得计划湿润土层实际储水量（W）曲线。

（5）当 W 曲线接近于 W_{min} 时，即进行灌水。灌水时期除考虑水量盈亏的因素外，还应考虑作物各发育阶段的生理要求，与灌水相关的农业技术措施以及灌水和耕作的劳动组织等。灌水定额的大小要适当，不应使灌水后土壤储水量大于 W_{max}，也不宜给灌水技术的实施造成困难。灌水定额值也像降雨入渗量一样加在 W 曲线上。

（6）如此继续进行，即可得到全生育期的各次灌水定额、灌水时间和灌水次数。

（7）生育期灌溉定额 $M_2 = \sum m$，m 为各次灌水定额。

根据上述原理，也可列表计算，计算时段采用一旬或五天。计算也十分简便。

把播前灌水定额加上生育期灌溉定额，即得旱作物的总灌溉定额 M，即

$$M = M_1 + M_2 \qquad\qquad (2-19)$$

按水量平衡方法估算灌溉制度，如果作物耗水量和降雨量资料比较精确，其计算结果比较接近实际情况。对于比较大的灌区，由于自然地理条件差别较大，应分区制定灌溉制度，并与前面调查和试验结果相互核对，以求比较切合实际。

单元四　灌溉用水量

灌溉用水量是指灌溉土地需从水源取用的水量，它是根据灌溉面积、作物种植情况、土壤、水文地质和气象条件等因素而定。灌溉用水量的大小直接影响着灌溉工程的规模。

一、设计典型年的选择

从上述灌溉制度的分析中可知，农作物需要消耗的水量主要来自灌溉、降雨和地下水补给。对一个灌区来说，地下水补给量是比较稳定的，而降雨量在年际之间变化很大。因此，各年的灌溉用水量就有很大的差异。在规划设计灌溉工程时，首先要确定一个特定的水文年份，作为规划设计的依据。通常把这个特定的水文年份称为"设计典型年"。根据设计典型年的气象资料计算出来的灌溉制度被称为"设计典型年的灌溉制度"，简称为"设计灌溉制度"，相应的灌溉用水量称为"设计灌溉用水量"。根据历年降雨量资料，可以用频率方法进行统计分析，确定几种不同干旱程度的典型年份，如中等年（降雨量频率为 50%）、中等干旱年（降雨量频率为 75%）以及干旱年（降雨量频率为 85%~90%）等，以这些典型年的降雨量资料作为计算设计灌溉制度和灌溉用水量的依据。

二、典型年灌溉用水量及用水过程线

对于任何一种作物的某一次灌水，须供水到田间的灌水量（称净灌溉用水量）$W_{净}$ 可用下式求得：

$$W_{净} = mA \quad (\text{m}^3) \qquad\qquad (2-20)$$

式中　m——该作物某次灌水的灌水定额，m^3/亩；

　　　A——该作物的灌溉面积，亩。

对于任何一种作物，在典型年内的灌溉面积、灌溉制度确定后［表 2-8 中之（1）~（6）项］，并可用式（2-20）推算出各次灌水的净灌溉用水量［表 2-8 中之（7）~（11）项］。由于灌溉制度本身已确定了各次灌水的时期，故在计算各种作物每次灌水的净灌溉用水量的同时，也就确定了某年内各种作物的灌溉用水量过程线［把表 2-8 中之（1）项与（7）~（11）项联系起来］。

全灌区任何一个时段内的净灌溉用水量是该时段内各种作物净灌溉用水量之和，按此可求得典型年全灌区净灌溉用水量过程［表 2-8 中的（12）项］。

灌溉水由水源经各级渠道输送到田间，有部分水量损失掉了（主要是渠道渗漏损失）。

故要求水源供给的灌溉水量（称毛灌溉用水量）为净灌溉用水量与损失水量之和，这样才能满足田间得到净灌溉水量之要求。通常用净灌溉用水量 $W_净$ 与毛灌溉用水量 $W_毛$ 之比值 $\eta_水$ 作为衡量灌溉水量损失情况的指标 $\eta_水 = W_净 / W_毛$，称灌溉水利用系数。已知净灌溉用水量 $W_净$ 后，可用 $W_毛 = W_净 \eta_水$，求得毛灌溉用水量 [表 2-8 中第（13）项]。

$\eta_水$ 的大小与各级渠道的长度、流量、沿渠土壤、水文地质条件、渠道工程状况和灌溉管理水平等有关。在管理运用过程中，可实测决定。我国南方各省，在规划设计中，对于大、中、小型灌区，一般 $\eta_水$ 分别取为 0.60～0.70、0.70～0.80。若考虑防渗措施，则 $\eta_水$ 可采取较大数值。若无防渗措施，可取较小数值。实际上，在目前管理条件下，许多已成灌区都只能达到 0.45～0.60。

某年灌溉用水量过程线还可用综合灌水定额 $m_综$ 求得，任何时段内全灌区的综合灌水定额，是该时段内各种作物灌水定额的面积加权平均值，即

$$m_{综,净} = \alpha_1 m_1 + \alpha_2 m_2 + \alpha_3 m_3 + \cdots \qquad (2-21)$$

式中　　$m_{综,净}$——某时段内综合净灌水定额，$m^3/$亩；

m_1、m_2、m_3、……——第 1 种、第 2 种、第 3 种……作物在该时段内灌水定额，$m^3/$亩；

α_1、α_2、α_3、……——各种作物灌溉面积占全灌区的灌溉面积的比值。

表 2-8　　　　　　　　某灌区中旱年灌溉用水过程推算表（直接推算法）

项目 作物及灌溉 面积/10^4亩 时间	各作物各次灌水定额/($m^3 \cdot$亩$^{-1}$)					各种作物各次净灌溉用水量/$10^4 m^3$					全灌区 净灌溉 用水量 /$10^4 m^3$	全灌区 毛灌溉 用水量 /$10^4 m^3$
	双季早 A_1= 44.1	中稻 A_2= 12.6	一季 晚 A_3= 6.3	双季晚 A_4= 37.4	旱作 A_5= 27	双季早 A_1	中稻 A_2	一季晚 A_3	双季晚 A_4	旱作 A_5		
(1)	(2)	(3)	(4)	(5)	(6)	(7)	(8)	(9)	(10)	(11)	(12)	(13)
4 月　上旬												
中旬	80（泡）					3528					3528	5428
下旬												
5 月　上旬	20	90（泡）				882	1130				2012	3095
中旬												
下旬	73.5	100				3250	1260				4510	6940
6 月　上旬	26.7	50				1180	630				1810	2790
中旬	66.7	120	80（泡）			2950	1510	500			4960	7650
下旬	40.0	70				1770	880				2650	4070
7 月　上旬		70	60	40（泡）			880	380	1500		2760	4250
中旬		60	60	50			380	2240	1350		3970	6120
下旬				80					3000		3000	4620
8 月　上旬			100					630			630	970
中旬												
下旬				60					2240		2240	3450

续表

项目 作物及灌溉面积/10⁴亩 时间		各作物各次灌水定额/(m³·亩⁻¹)					各种作物各次净灌溉用水量/10⁴m³					全灌区净灌溉用水量/10⁴m³	全灌区毛灌溉用水量/10⁴m³
		双季早 $A_1=$ 44.1	中稻 $A_2=$ 12.6	一季晚 $A_3=$ 6.3	双季晚 $A_4=$ 37.4	旱作 $A_5=$ 27	双季早 A_1	中稻 A_2	一季晚 A_3	双季晚 A_4	旱作 A_5		
9月	上旬												
	中旬												
	下旬												
全年内		307	500	300	240	50	13560	6290	1890	8980	1350	32070	49338

注　1. 全灌区面积 $A = 90 \times 10^4$ 亩。

2. 灌溉水利用系数 $\eta_水 = 0.65$。

全灌区某时段内的净灌溉用水量 $W_净$，可用下式求得：

$$W_净 = m_{综,净} A \ (\text{m}^3) \tag{2-22}$$

式中　A——全灌区的灌溉面积，亩。

计入水量损失，则综合毛灌溉定额

$$m_{综,净} = m_{综,净} / \eta_水 \ (\text{m}^3/亩) \tag{2-23}$$

全灌区任何时段毛灌溉用水量

$$W_毛 = m_{综,毛} A \ (\text{m}^3) \tag{2-24}$$

通过综合灌水定额推算灌溉用水量，与公式（2-20）直接推算方法相比，其繁简程度类似，但求得综合灌水定额有以下作用：①它是衡量全灌区灌溉用水是否合适的一项重要指标，与自然条件及作物种植面积比例类似的灌区进行对比，便于发现 $m_综$ 是否偏大或偏小，从而进行调整、修改；②若一个较大灌区的局部范围（如一些支渠控制范围）内，其各种作物种植面积比例与全灌区的情况类似，则求得 $m_综$ 后，不仅便于推算全灌区灌溉用水量，同时可利用它推算局部范围内的灌溉用水量；③有时，灌区的作物种植面积比例已根据当地的农业发展计划决定好了，但灌区总的灌溉面积还须根据水源等条件决定，此时，须利用综合毛灌溉定额推求全灌区应发展的灌溉面积

$$A = W_源 / m_{综,毛} \tag{2-25}$$

式中　$W_源$——水源每年能供给的灌溉水量，m³；

$m_{综,毛}$——综合毛灌溉定额，m³/亩。

对于小型灌区或没有以上这些要求的情况，一般可用直接推算法计算。

必须指出，对于一些大型灌区，灌区内不同地区的气候、土壤、作物品种等条件有明显差异，因而同种作物的灌溉制度也有明显的不同，此时，须先分区求出各区的灌溉用水量，而后再汇总成为全灌区的灌溉用水量。

三、多年灌溉用水量的确定和灌溉用水量频率曲线

以上是某一具体年份灌溉用水量及年灌溉用水过程的计算方法。在用长系列法进行

大、中型水库的规划设计或作多年调节水库的规划及控制运作计划时，常须求得多年的灌溉用水量系列。多年灌溉用水量可按照以上方法逐年推求。

有了多年的灌溉用水量系列，与年径流频率曲线一样，也可以应用数理统计原理求得年灌溉用水量的理论频率曲线。根据对我国23个大型水库灌区的分析，初步证实灌溉用水量频率曲线也可采用 P-Ⅲ型曲线，经验点据与理论频率曲线配合尚好，其统计参数亦有一定的规律性，一般 C_v 为 0.15～0.45，C_s 为 C_v 的 1～3 倍。在一定条件下，灌溉用水量频率曲线的统计参数应能进行地区综合，做出等值线图或分区图，这样应用起来就方便了。但是，由于影响灌溉用水量的因素十分复杂，而且随着国民经济的发展、灌溉技术及农业技术措施的改革，使得灌溉用水量的变化规律更不确定，这些问题都有待进一步深入研究。

灌溉用水量频率曲线可用于推求代表年灌溉用水量；在采用数理统计法进行多年调节计算时，可用它与来水频率曲线进行组合去推求多年调节兴利库容或用于其他水文水利计算问题。

四、乡镇供水量

乡镇供水主要包括农村人畜用水、乡镇企业和工业用水等。根据统计，农业灌溉用水是农村用水中的大户，约占总用水量的 93.0%，其余 7% 左右为农村人畜用水、乡镇企业和工业用水等。随着国民经济的全面发展，人民生活水平普遍提高，特别是改革开放以来，乡镇企业蓬勃发展，建设乡镇供水已成为广大农村生产生活的迫切需要，也是实现国民经济发展第二步战略目标，农村走上小康的必要条件。在灌区内开展乡镇供水也是水利部门开展全方位服务的主要内容之一，不仅促进了国民经济的发展和人民生活水平的提高，而且也为水利部门自身增加了经济效益。截至 1994 年年底，我国 5 万多个乡镇中已有 2.5 万多个乡镇用上自来水，乡镇供水已发展到 1.8 万多个，日供水能力达 900 多万 t，供水人口约为 1 亿人，"九五"期间，全国计划兴建乡镇供水工程 6000 处。

为此，在新建灌区设计渠道和建筑物时，必须考虑乡镇供水的问题，加大渠道的供水能力。对于已成灌区，一般来说，过去都没有考虑乡镇供水问题，或者是考虑很不够，灌区渠道都是按灌溉用水量要求设计。为了满足乡镇供水的要求，通常采用两种方式：一是在工程许可条件下，扩大渠道的供水能力；二是压缩农业用水的比例，增加乡镇供水量。如有的灌区是开展农业节水灌溉，或是调整作物种植结构，即减少需水量大的作物种植面积，改种需水量少的作物等。例如，广东省湛江市青年运河管理局就是通过渠道防渗、开展节约用水和压缩水稻面积，发展甘蔗等需水量较少的作物的办法，把节省下来的水量发展乡镇和城市供水。先后为湛江、廉江、遂溪、海康等城镇自来水公司和糖厂、纸厂等增建了一批从青年运河直接引水的供水工程。工业和生活供水量已由 1986 年的 2100 万 m³ 扩大到 1991 年的 5722 万 m³。相应地，工业和生活供水的水费收入由 1986 年的 46.5 万元，提高到 1991 年的 286.1 万元，占水费总收入的 70%。

乡镇供水的供水量指标，对于工业和乡镇企业来说，其供水量应视实际需要而定。对于人畜用水可按下述指标设计：北方农村，每人每天 20～25L；南方农村，每人每天 25～40L；在经济发达的郊区，每人每天 70～80L。大牲畜，每头每天 25～35L；中等牲畜，每头每天 8～25L。乡镇企业的用水标准则因企业的生产性质不同而有很大差异。例如制砖 1000 块，需 0.8～1.0m³ 水；豆制品加工每吨需 5～15m³ 水；酿酒每吨需 20～50m³ 水；饴糖加工每吨需 20m³ 水等。在规划时根据具体情况，可查阅有关手册。应该指出，随着农村经济的发展和人民生活水平的提高，乡镇供水的内容也相应扩大，不仅包括人畜和工业用水，而且还应考虑美化环境、游乐和消防用水等。

单元五 灌 水 率

灌水率是指灌区单位面积（例如以万亩计）上所需灌溉的净流量 $q_净$，又称灌水模数，它是根据灌溉制度确定的，利用它可以计算灌区渠首的引水流量和灌溉渠道的设计流量。

灌水率 $q_净$ 应分别根据灌区各种作物的每次灌水定额，逐一进行计算，如某灌区的面积为 A（亩），种有甲、乙、丙等各种作物，面积各为 $a_1 A$、$a_2 A$、$a_3 A$；a_1、a_2、a_3 分别为各种作物种植面积占灌区面积的百分数。如作物甲的各次灌水定额分别为 m_1、m_2（m³/亩），要求各次灌水在 T_1、T_2 昼夜内完成，则对于这一作物，各次灌水所要求的灌水率为：

$$\left.\begin{array}{ll}\text{第一次灌水时} & q_{1,净}=\alpha m_1/8.64 T_1 \quad [\text{m}^3/(\text{s}\cdot\text{万亩})]\\ \text{第二次灌水时} & q_{2,净}=\alpha m_1/8.64 T_2 \quad [\text{m}^3/(\text{s}\cdot\text{万亩})]\\ \vdots & \vdots \end{array}\right\} \quad (2-26)$$

上述灌水率计算公式中，T_1 和 T_2 均为灌水延续时间，以 d 计。对于自流灌区，每天灌水延续时间一般以 24h 计；对于抽水灌区，则每天抽灌时间以 20～22h 计，式（2-26）中系数 8.64 应相应改为 7.2～7.92。

同理，可求出灌区各种作物每次灌水的灌水率，见表 2-9。

由公式（2-26）可见，灌水延续时间 T 直接影响着灌水率的大小，从而在设计渠道时，也影响着渠道的设计流量以及渠道和渠系建筑物的造价，因此必须慎重选定。灌水延续时间与作物种类、灌区面积大小及农业生产劳动计划等有关。灌水延续时间愈短，作物对水分的要求愈容易得到及时满足，但这将加大渠道的设计流量，并造成灌水时劳动力的过分紧张。不同作物允许的灌水延续时间也不同。对主要作物的关键性的灌水，灌水延续时间不宜过长；次要作物可以延长一些。如灌区面积较大，劳动条件较差，则灌水时间亦可较长。但延长灌水时间应在农业技术条件许可和不降低作物产量的条件下进行。对于大中型灌区，灌溉面积在万亩以上的，我国各地主要作物灌水延续时间大致如下。

水稻：泡田期灌水 7～15 昼夜，生育期灌水 3～5 昼夜。

小麦：播前灌 10～20 昼夜；拔节后灌水 10～15 昼夜。

棉花：苗期、花铃期 8～12 昼夜；吐絮期 8～15 昼夜。

玉米：拔节抽穗 10～15 昼夜；开花期 8～13 昼夜。

对于灌溉面积较小的灌区，灌水延续时间要相应减少，例如，一条农渠的灌水延续时间一般为 12～24h。

表 2-9

灌 水 率 计 算 表

作物	作物所占面积 /%	灌水次数	灌水定额/ (m³·亩⁻¹)	灌水时间（日/月） 始	终	中间日	灌水延续时间 /d	灌水率 /[m³·(s·亩)⁻¹]
小麦	50	1	65	16/9	27/9	22/9	12	0.31
		2	50	19/3	28/3	24/3	10	0.29
		3	55	16/4	25/4	21/4	10	0.32
		4	55	6/5	15/5	11/5	10	0.32
棉花	25	1	55	27/3	3/4	30/3	8	0.20
		2	45	1/5	8/5	5/5	8	0.16
		3	45	20/6	27/6	24/6	8	0.16
		4	45	26/7	2/8	30/7	8	0.16
谷子	25	1	60	12/4	21/4	17/4	10	0.17
		2	55	3/5	12/5	8/5	10	0.16
		3	50	16/6	25/6	21/6	10	0.14
		4	50	10/7	19/7	15/7	10	0.14
玉米	50	1	55	8/6	17/6	13/6	10	0.32
		2	50	2/7	11/7	7/7	10	0.29
		3	45	1/8	10/8	6/8	10	0.26

　　为了确定设计灌水率、推算渠首引水流量或灌溉渠道设计流量，通常可先对某一设计代表年计算出灌区各种作物每次灌水的灌水率（表 2-9），并将所得灌水率绘在方格纸上，如图 2-9 所示，称为灌水率图。从图可见，各时期的灌水率大小相差悬殊，渠道输水断断续续，不利于管理。如以其中最大的灌水率计算渠道流量，势必偏大，不经济。因此，必须对初步算得的灌水率图进行必要的修正，尽可能消除灌水率高峰和短期停水现象。

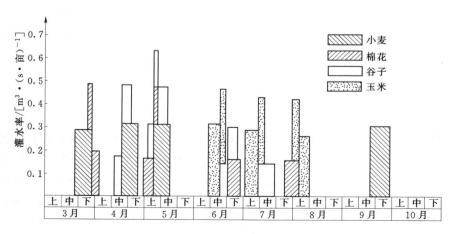

图 2-9　北方某灌区初步灌水率图

在修正灌水率图时，要以不影响作物需水要求为原则，尽量不要改变主要作物关键用水期的各次灌水时间，若必须调整移动，以往前移动为主，前后移动不超过三天；调整其他各次灌水时，要使修正后的灌水率图比较均匀、连续。此外，为了减小输水损失，并使渠道工作制度比较平稳，在调整时不应使灌水率数值相差悬殊。一般最小灌水率不应小于最大灌水率的40%。修正后的灌水率图如图 2-10 所示。

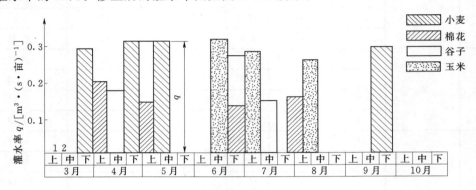

图 2-10　北方某灌区修正后的灌水率图

作为设计渠道用的设计灌水率，应从图 2-10 中选取延续时间较长（例如达到 20～30 天）的最大灌水率值，如图中所示 q 值，而不是短暂的高峰值，这样不致使设计的渠道断面过大，增加渠道工程量。在渠道运用过程中，对短暂的大流量，可由渠堤超高部分的断面去满足。

根据调查统计，大面积水稻灌区（万亩以上）的设计净灌水率（$q_{净}$）一般为 0.45～0.6 $m^3/(s \cdot 万亩)$；大面积旱作灌区的设计净灌水率一般为 0.2～0.35 $m^3/(s \cdot 万亩)$；水旱田均有的大中型灌区，其综合净灌水率可按水旱面积比例加权平均求得。对于控制灌溉面积较小的斗、农渠（灌溉面积为几十亩到上千亩），常要在短期内集中灌水，故其设计净灌水率远较上述经验数字为大。

上文已经指出，随着乡镇企业的发展和农村人民生活水平的提高，每个灌区都应考虑乡镇工业和人民生活用水的需要。为此，在修正后的灌水率图上还应加上乡镇和其他供水量，以满足实际需要。

小　结

（1）农田水分存在三种基本形式，即地面水、土壤水和地下水；壤水按其形态不同可分为气态水、吸着水、毛管水和重力水等，这几种水分形式在一定条件下会发生相互转化，在旱地和水田中表现各有不同。农田中应根据不同情况对农田水分状况进行调节。

（2）农田水分消耗的途径主要有植株蒸腾、株间蒸腾和深层渗漏，植株蒸腾和株间蒸发消耗的水量合称为腾发量，又称作物需水量。现有计算作物需水量的方法，可归纳为两类，一类是直接计算出作物需水量，另一类是通过计算参照作物需水量来计算实际作物需水量。

（3）农作物的灌溉制度是指作物播种前（或水稻栽秧前）及全生育期内的灌水次数、

每次的灌水日期和灌水定额以及灌溉定额。常用水量平衡分析法制定旱作物的灌溉制度。

（4）灌水率是指灌区单位面积上所需灌溉的净流量，它是根据灌溉制度确定的，灌水率应分别根据灌区各种作物的每次灌水定额，逐一进行计算。通常可先对某一设计代表年计算出灌区各种作物每次灌水的灌水率，并将所得灌水率绘在方格纸上，称为灌水率图，修正后的灌水率图应该比较均匀、连续。

思　考　题

1. 什么是土壤水分特征曲线？在实践中如何应用？

2. 作物需水量的含义及因素如何？简述计算作物需水量的方法。

3. 什么叫作物的灌溉制度？有几种制定方法？影响作物灌溉制度的因素有哪些？

4. 试述用水量平衡方法确定旱作物灌溉制度的方法和步骤。

5. 什么叫灌水率？其用途如何？为什么要对灌水率图进行修正？修正的原则与方法是什么？

6. 简述灌溉用水量的计算方法。

7. 什么叫非充分灌溉？试述非充分灌溉制度的含义。

项目三 喷 灌 技 术

教学基本要求

单元一：了解喷灌技术优缺点及喷灌系统的组成与分类，掌握喷灌技术要素（喷灌均匀系数、雾化指标、喷灌强度）确定方法，掌握喷头组合间距的确定方法。

单元二：了解喷头的类型及适用条件，熟悉各种管材、管件与喷管系统附属设备。

单元三：了解喷灌规划设计的阶段，资料收集的内容，熟悉喷灌设计标准，掌握喷灌规划设计的内容、原则与方法。

单元四：根据设计示例，进一步掌握喷灌规划设计的内容与方法。

能力培养目标

（1）能对喷灌规划基本资料进行收集与分析。

（2）能正确选用管材、设备。

（3）能合理选择规划区的喷灌工程类型，并进行合理布局。

（4）能进行喷灌工程规划设计，并能完成施工图绘制及撰写设计说明书。

（5）能完成工程量统计和工程概预算。

学习重点与难点

重点：喷灌技术要素及喷头的选择；喷头组合间距的确定；喷灌工程类型的确定及管道的布置；喷灌规划设计的方法。

难点：喷灌系统选型和喷头的选型，组合间距及管道布置方法的确定；喷灌工作制度的拟定及管道水力计算。

项目专业定位

喷灌是一种具有节水、增产、节地、省工等优点的先进节水高效灌溉技术。20世纪70年代初，我国开始发展喷灌技术。1976年中国科学院将喷灌列为全国科技十年规划重点项目，1978年水利部将喷灌作为重点推广新技术项目。30多年来，我国喷灌技术发展经历了引进、探索、发展、徘徊、提高等几个阶段，在我国农业生产和环境建设等方面发挥了显著的作用，同时也取得了不少经验和教训。

进入21世纪，农业用水供需矛盾更加突出。在全面建设小康社会的新形势下，我国农业产业必须走可持续发展的道路。从国外和我国各地的实践经验来看，凡采用先进节水灌溉技术，都获得了显著的节水增产效果。因此，为了使有限的水资源发挥更大的效益，达到节约用水、灌溉及时、高效增产的目的，对旱田来说，实行喷灌是势在必行的好办法。

单元一 概 述

一、喷灌的概念和特点

喷灌是利用水泵加压或自然水头将水通过压力管道输送到田间，经喷头喷射到空中，形成细小的水滴，均匀喷洒在农田上，为作物正常生长提供必要水分条件的一种先进灌水技术。与传统的地面灌溉方法相比，喷灌具有节水、增产、适应性强、少占耕地和节省劳动力等优点；其缺点是受风的影响大，设备投资高，耗能大。

二、喷灌系统的组成与分类

（一）喷灌系统组成

喷灌系统是指从水源取水到田间喷洒灌水的整个工程设施的总称。一般由水源工程、水泵及动力设备、输水管道系统、喷头等部分组成，如图 3-1 所示。

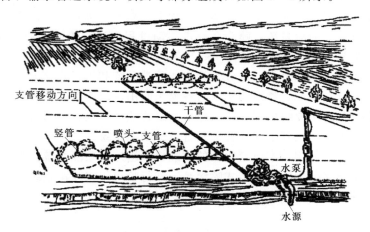

图 3-1 喷灌系统组成示意图

1. 水源工程

喷灌系统与地面灌溉系统一样，首先要解决水源问题。常见水源有河流、渠道、水库、塘坝、湖泊、机井、山泉等。为喷灌取水或调蓄水量而修筑的水井、塘坝和蓄水池等，称为水源工程。喷灌对水源的要求：①水量满足要求；②水质符合灌溉用水标准［《农田灌溉水质标准》（GB 5084—2005）］，另外在规划设计中，特别是山区或地形有较大变化时，应尽量利用水源的自然水头，进行自压喷灌，选取合适的地形和制高点修建水池，以控制较大的灌溉面积。

2. 水泵及动力设备

大多数情况下，水源的水位不足以满足喷灌所要求的水头时必须用水泵加压。常用的加压泵有离心泵、长轴井泵、潜水电泵等。动力设备一般采用电动机，缺乏电源时可采用柴油机或汽油机、手扶拖拉机上的动力机等带动。

3. 输水管道系统

输水管道系统的作用是将压力水输送并分配到田间。通常由干、支两级管道组成。干管起输配水作用，支管是工作管道，支管上按一定间距装有用于安装喷头的竖管。在管道系统上还装有各种连接和控制的附属配件，如弯头、三通、接头、闸阀等。为利用喷灌设施施肥和喷洒农药，可在管网首部配置肥、药储存罐及注入装置。

4. 喷头

喷头是喷灌系统的专用设备，一般安装在竖管上，或者安装在支管上。喷头的作用是将管道中有压力水流分散成细小的水滴，并均匀地散布到田间。

（二）喷灌系统的分类及其适用条件

1. 喷灌系统的分类

（1）按系统获得压力的方式分类。可分为机压式喷灌系统和自压式喷灌系统。机压式喷灌系统是靠动力机和水泵加压使系统获得工作压力。自压式喷灌系统是利用自然水头来获得工作压力。

（2）按系统的喷洒特征分类。可分为定喷式灌喷系统和行喷式喷灌系统。定喷式喷灌系统，喷水时喷头位置相对地面不动，如各类管道式喷灌系统和定喷机喷灌系统和定喷机组式喷灌系统。行喷式喷灌系统，喷头在行走移动过程中进行喷洒作业，如中心支轴式、平移式等行喷式喷灌系统。

（3）按系统的设备组成分类。可分为管道式喷灌系统和机组式喷灌系统。

管道式喷灌系统：水源、喷灌用水泵与各喷头间由一级或数级压力管道连接，由于管道是这类系统中设备的主要组成部分，故称为管道式喷灌系统。根据管道的可移程度，又分为固定管道式、半固定式管道式和移动式管道式喷灌系统。

机组式喷灌系统：使用厂家成套生产的喷灌机（组）的喷灌系统，称为机组式喷灌系统。机组式喷灌系统又分为定喷机组式喷灌系统和行喷机组式喷灌系统。

喷灌系统的分类如图 3-2 所示。

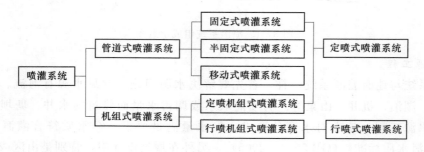

图 3-2 喷灌系统的分类

喷灌系统的建设必须执行国家的经济政策，贯彻因地制宜的原则，讲求经济效益，开展综合利用，尽力节省资源，并充分利用现有水利设施，做到切合实际，技术先进，经济合理和安全适用。

2. 各类喷灌系统的特点及适用条件

（1）管道式喷灌系统。

管道式喷灌系统是为区别机组式喷灌系统而命名的。由于管道是系统中主要设备，故称管道式喷灌系统。根据管道的可移动程度，又可分为固定管道式喷灌系统、半固定管道式喷灌系统和移动管道式喷灌系统三种。

　　固定管道式喷灌系统的各组成部分除喷头外，在整个灌溉季节或常年都是固定的，水泵和动力构成固定的泵站，干管和支管多埋在地下，喷头装在固定的竖管上（有的竖管可以拆卸）。这种喷灌系统生产效率高，运行管理方便，运行费用低，工程占地少，有利于自动化控制；缺点是工程投资大，设备利用率低。因此，适用于灌水频繁、经济价值高的蔬菜及经济作物区。

　　半固定管道式喷灌系统的动力、水泵和干管是固定的，支管和喷头是移动的，故称为半固定管道式喷灌系统。这种形式在干管上装有很多给水栓，喷灌时把支管接在干管给水栓上进行喷灌，喷洒完毕再移动到下一个给水栓继续喷灌。由于支管可以移动，减少了支管数量，提高了设备利用率，降低了投资。适用于矮秆大田粮食作物，其他作物适用面也比较宽，但不适宜对高秆作物、果园使用。为便于移动支管，管材应为薄壁铝管、薄壁镀锌管、塑料管等轻型管材，且应配有各类快速接头和连接件、给水栓。

　　移动管道式喷灌系统的干支管均可移动使用。这种喷灌系统设备利用率高，投资较低，但劳动强度较大。

　　（2）机组式喷管系统。

　　由喷头、管道、加压泵及动力机等部件组成，集加压、行走、喷洒于一体，称为喷灌机组。以喷灌机组为主体的喷灌系统成为机组式喷灌系统。按喷灌机运行方式可分为定喷式和行喷式两类。

　　定喷式喷灌机组是指喷灌机工作时，在一个固定的位置进行喷洒，达到灌水定额后，按预先设定好的程序移动到另一个位置进行喷洒，在灌水周期内灌完计划灌溉的面积。包括手推（抬）式喷灌机、拖拉机悬挂式（或牵引式）喷灌机、滚移式喷灌机等。

　　行喷式喷灌机组是在喷灌过程中一边喷洒一边移动（或转动），在灌水周期内灌完计划灌溉的面积。包括拖拉机双悬臂式喷灌机、中心支轴式喷灌机、平移式喷灌机、卷盘式喷灌机等。

　　按配用动力的大小，喷灌机组又包括大、中、小、轻等多种规格品种。我国应用最多的是轻小型喷灌机，图3-3、图3-4所示为我国常用的小型喷灌机，它具有结构简单、使用灵活、价格较低等优点，缺点是

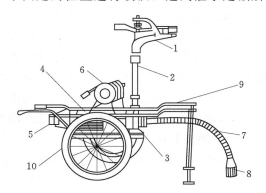

图3-3　手推直连式喷灌机（电动机配套）
1—喷头；2—竖管；3—水泵；4—电动机；
5—开关；6—电缆；7—吸水管；8—底阀；
9—机架；10—车轮

机具移动频繁，特别是在泥泞的道路上移动困难。此外，像平移式喷灌机、滚移式喷灌机、软管牵引卷盘式喷灌机等大中型喷灌机也有一定范围的应用。

图 3-4　手扶拖拉机配套的悬挂式喷灌机

1—水源；2—吸水管；3—水泵；4—手扶拖拉机；5—皮带传动系统；6—输水管；

7—竖管及支架；8—喷头

三、主要喷灌技术要素

喷灌要达到省水、增产的目的，必须满足农业生产的要求，农业生产对喷灌系统的基本要求有三个：第一个是喷灌强度应小于土壤的入渗强度，以免产生地面积水或产生地面径流，成土地板结，在山丘地区将产生表层土的冲刷，造成水土流失；第二个要求是喷灌到田间的水量分布要均匀，使整个灌区的农作物都均获得足够的水分，使得土壤计划湿润层内含有等深度的水量；第三个是喷灌的水滴对农作物的叶面或土壤表面的打击伤害要小或没有，以免造成农作物受伤或造成大面积的作物倒伏，造成减产灾害。喷灌强度、喷灌均匀系数和喷灌雾化指标是反映这三个要求的主要指标。因此，进行喷灌时要求喷灌强度适宜，喷洒均匀，雾化程度好，以保证土壤不板结，结构不被破坏，作物不损伤。

（一）喷灌强度

喷灌强度 ρ 是指单位时间内喷洒在单位面积上的水量，或单位时间内喷洒在田面上的水深（mm/h 或 mm/min）。计算公式为：

$$\rho = K_w \frac{1000q\eta_p}{A_{\text{有效}}} \tag{3-1}$$

式中　ρ——喷灌强度，mm/h；

$\quad K_w$——风系数，取值方法见表 3-1；

$\quad q$——喷头流量，m³/h；

$\quad \eta_p$——田间喷洒水利用系数，风速低于 3.4m/s 时，取 0.8～0.9，风速低于 3.4～5.4m/s 时，取 0.7～0.8；

$\quad A_{\text{有效}}$——喷头有效控制面积，分为单喷头全圆喷洒、单喷头扇形喷洒、多支管多喷头同时全圆喷洒（图3-5）、单支管多喷头同时喷洒（图3-6）四种情况，取值方法见表3-2，m²。

除了轻小型机组式喷灌系统可能采用单喷头喷洒方式外，一般都采用多个喷头同时喷洒。

表3-1　　　　　　　　　　　　　　不同运行情况下的 K_w

运　行　情　况		K_w
单喷头全圆喷洒		$1.15v^{0.314}$
单支管多喷头全圆喷洒	支管垂直于风向	$1.08v^{0.194}$
	支管平行于风向	$1.12v^{0.302}$
多支管多喷头同时喷洒		1

注　1. 式中 v 为风速，以 m/s 计。

　　2. 单支管多喷头同时全圆喷洒，若支管与风向既不垂直又不平行时，可近似地用线性插值方法求得 K_w 值。

　　3. 本表公式适用于风速 v 为 1～5.5m/s 的区间。

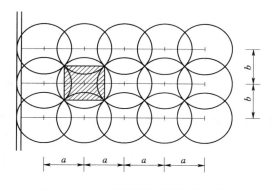

图3-5　多支管多喷头同时喷砂喷头
有效控制面积示意图

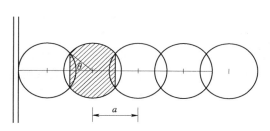

图3-6　单支管多喷头同时喷砂喷头
有效控制面积示意图

表3-2　　　　　　　　　不同运行情况下的喷头有效控制面积

运　行　情　况	有效控制面积 A
单喷头全圆喷洒	πR^2
单喷头扇形喷洒（扇形中心角为 α）	$\pi R^2 \dfrac{\alpha}{360}$
单支管多喷头同时喷洒	$\dfrac{\pi R^2 \left[90-\arccos\,(a/2R)\right]}{90}+\dfrac{a\,\sqrt{4R^2-a^2}}{2}$
多支管多喷头同时喷洒	ab

注　表内各式中 R 为喷头射程；α 为扇形喷洒范围圆心角；a 为喷头在支管上的间距；b 为支管间距。

此外，为了喷洒到土壤表面的水能够及时深入土壤中，不形成地面径流。不同类别的土壤的设计喷灌强度不得大于不同类别土壤的允许喷灌强度，不同类别土壤的允许喷灌强度可按表3-3确定。当地面坡度大于5%时允许喷灌强度按表3-4进行折减。行喷式喷灌系统的设计喷灌强度可略大于土壤的允许喷灌强度。

表 3 - 3 各 类 土 壤 允 许 喷 灌

土壤类别	允许喷灌强度/(mm·h⁻¹)	土壤类别	允许喷灌强度/(mm·h⁻¹)
砂土	20	黏土	10
砂壤土	15	黏壤土	8
壤土	12		

表 3 - 4 坡地上允许喷灌强度的折减系数

地面坡度	允许喷灌强度/(mm·h⁻¹)	地面坡度	允许喷灌强度/(mm·h⁻¹)
5~8	20	13~20	60
9~12	40	>20	75

（二）喷灌均匀系数

喷灌均匀系数是指喷洒水量在喷灌面积上分布的均匀程度。它是衡量喷洒质量的主要指标之一，多用 C_u 表示，计算公式为

$$C_u = 1 - \frac{|\Delta h|}{\bar{h}} \qquad (3-2)$$

式中 $\bar{h}$——喷洒面积上的平均喷洒水深，mm；

$|\Delta h|$——各测点喷洒水深的平均离差，mm。

《喷灌工程技术规范》（GB/T 50085—2007）中规定：在设计风速下定喷喷灌均匀系数不低于 0.75；行喷式喷灌系统不应低于 85%。

喷头均匀系数一般可通过控制喷头组合间距来实现。喷头组合间距是指喷头在一定组合形式下工作时，支管布置间距与支管上喷头布置间距的统称。通常喷头组合形式有矩形、正方形、等腰三角形和正三角形四种，如图 3 - 7 所示。当采用等腰三角形和正三角

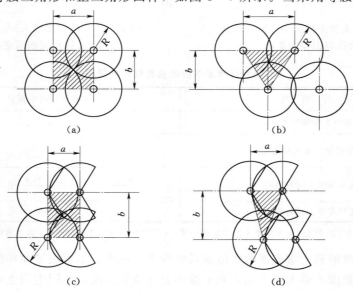

图 3 - 7 喷头组合形式

形形式时，可能导致田块边缘漏喷，因此在实际应用中，一般采用矩形和正方形布置。若风向稳定且与支管垂直或平行，宜采用矩形布置；减少喷头数，若风向多变，风向宜采用正方形布置。

在喷灌系统设计中，一般只要按照《喷灌工程技术规范》（GB 50085—2007）规定的方法（表 3-5）确定组合间距，均可满足均匀度要求。根据设计风速，可以从表 3-5 中查到满足喷灌均匀系数要求的两项最大值即垂直风向和平行风向的最大间距射程比 K_a、K_b 值。

表 3-5   喷 头 组 合 间 距

设计风速/(m·s⁻¹)	组 合 间 距	
	垂直风向	平行风向
0.3～1.6	$(1.1～1)R$	$1.3R$
1.6～3.4	$(1～0.8)R$	$(1.3～1.1)R$
3.4～5.4	$(0.8～0.6)R$	$(1.1～1)R$

注　1. R 为喷头射程。
　　2. 在每一挡风速中可按内插法取值。
　　3. 在风向多变采用等间距组合时,应选用垂直风向栏的数值。

如果支管垂直风向布置，沿支管的喷头间距 a 与风向垂直，选用的间距射程比 K_a 应不大于从表 3-5 中垂直风向一列中差的数值，而支管间距选用的 K_b 应不大于平行风向一列中从表 3-5 查得的数值。如果支管平行风向布置则相反。若支管不平行也不垂直风向，则应视支管与风向的夹角 β 的大小对 K_a 和 K_b 进行适当的调整，如 $30° \leqslant \beta \leqslant 60°$ 时按等间距布置选取 K_a、K_b，即采用正方形布置，支管上喷头和支管间距均采用垂直风向栏的数值。

间距射程比 K_a、K_b 选定后，即可计算则和间距，即

$$a = K_a R \qquad (3-3)$$

$$b = K_b R \qquad (3-4)$$

计算出 a、b 后，还应进行调整，以适应管道规格长度的要求，便于安装施工，并应满足组合喷灌强度的要求。

（三）雾化指标

喷灌雾化指标是表示喷洒水滴细小程度的技术指标。喷洒水滴过大，会损伤作物、破坏土壤团粒结构，影响作物生长；水滴过小则会导致过多的漂移蒸发损失，且耗能多、不经济。因此在喷灌系统规划设计中，初选喷头后，首先要进行雾化指标校核。通常用喷头进口处的工作压力 h_p 与喷头主喷嘴直径 d 的比值作为喷灌雾化指标，即

$$W_h = \frac{1000 h_p}{d} \qquad (3-5)$$

式中　W_h——喷灌雾化指标；

　　　h_p——喷头工作压力，m；

d——喷嘴直径，mm。

W_h 值越大，表示雾化程度越高，水滴直径越小，打击强度也越小。对于主要喷嘴为圆形且不带碎水装置的喷头，设计雾化指标应符合表 3－6。

表 3－6　　　　　　　　　　　　　不同作物的示意雾化指标

作　物　种　类	h_p/d
蔬菜及花卉	4000～5000
粮食作物、经济作物及果树	3000～4000
饲草料作物、草坪	2000～3000

【例 3－1】 已知喷头喷嘴直径为 9mm，设计工作压力为 350kPa，设计流量为 5.7m³/h，设计扬程为 23.4m。喷灌取土壤为壤土，地形平坦，作物为果树，风向垂直于支管，设计风速 3.1m/s。喷头工作方式为单支管多喷头同时喷洒。要求：①校核喷头雾化指标；②确定喷头组合间距；③校核喷灌强度。

解：（1）校核雾化指标。已知喷头工作压力为 350kPa，喷嘴直径为 9mm，根据式（3－5）计算喷灌雾化指标：

$$W_h = \frac{1000 h_p}{d} = \frac{1000 \times 35}{9} = 3889$$

根据表 3－6，果树适宜的喷灌雾化指标为 3000～4000，实际雾化指标在适宜雾化指标范围内，因此喷灌雾化指标满足要求。

（2）确定喷头组合间距。已知风速为 4.1m/s，风向垂直于支管，根据表 3－5，按内插法确定喷头间距。当风速为 $v_1 = 3.4$ m/s 时，支管上喷头间距和支管间距分别为

$$a_1 = 0.8R = 0.8 \times 23.4 = 18.72 (\text{m})$$

$$b_1 = 1.1R = 1.1 \times 23.4 = 25.74 (\text{m})$$

当风速为 $v_2 = 5.4$ m/s 时，支管上喷头间距和支管间距分别为

$$a_2 = 0.6R = 0.6 \times 23.4 = 14.04 (\text{m})$$

$$b_2 = R = 23.4 (\text{m})$$

则在设计风速情况下，支管上喷头间距和支管间距分别为

$$a = a_1 - \frac{v - v_1}{v_2 - v_1}(a_1 - a_2) = 18.72 - \frac{4.0 - 3.1}{5.4 - 3.1} \times (18.72 - 14.04) = 16.9 (\text{m})$$

$$b = b_1 - \frac{v - v_1}{v_2 - v_1}(b_1 - b_2) = 25.74 - \frac{4.0 - 3.1}{5.4 - 3.1} \times (25.74 - 23.4) = 24.8 (\text{m})$$

根据上述计算结果，结合 PVC—U 管一般的长度规格，取 $a = 16$ m，$b = 24$ m。

（3）校核喷灌强度。在单支管多喷头全圆喷洒且支管垂直于风向时，风系数为

$$K_w = 1.08 v^{0.194} = 1.08 \times 4.0^{0.194} = 1.41$$

已知 $a = 16$ m，$R = 24$ m，则喷头有效控制面积为

$$A_{有效} = \frac{\pi R^2 \left[90 - \arccos(a/2R)\right]}{90} + \frac{a\sqrt{4R^2 - a^2}}{2}$$

$$= \frac{3.14 \times 23.4^2 \left[90 - \arccos(16/2 \times 23.4)\right]}{90} + \frac{18\sqrt{4 \times 23.4^2 - 16^2}}{2}$$

$$= 820.9 \ (m^2)$$

田间喷洒水利用系数取 0.75，则喷灌强度为

$$\rho = K_w \frac{1000q\eta_p}{A} = 1.41 \times \frac{1000 \times 5.70 \times 0.75}{820.9} = 7.34 \ (mm/h)$$

从表 3-4 可知，壤土的允许喷灌强度为 12mm/h，设计喷灌强度小于允许喷灌强度，因此喷灌强度满足要求。

单元二　喷灌的主要设备

一、喷头类型及其主要性能参数

喷头是喷灌系统的主要组成部分，它的作用是把有压水流喷射到空中，散成细小的水滴并均匀地散落在它所控制的灌溉面积上。因此，喷头结构型式及其制造质量的好坏直接影响到喷灌质量。喷头的种类很多，可按不同的方式对喷头进行分类。

（一）按工作压力和射程分类

按工作压力和射程大小可将喷头分为低压喷头（近射程喷头）、中压喷头（中射程喷头）和高压喷头（远射程喷头）等。各类喷头工作压力和射程喷头，其耗能少，喷洒质量较好，见表 3-7。

表 3-7　喷头按工作压力划分表

类　别	工作压力/h_p /kPa	射程 R /m	流量 q_p /(m³·h⁻¹)	特点及适用范围
低压喷头	<200	<15.5	<2.5	射程近、水滴打击强度低，主要用于苗圃、菜地、温室、草坪园林、自压喷灌的低压区或行喷式喷灌机
中压喷头	200～500	15.5～42	2.5～32	喷灌强度适中，适用范围广，果园、菜地、大田及各类经济作物均可使用
高压喷头	>500	>42	>32	喷洒范围大，但水滴打击强度也大，多用于对喷洒质量要求不高的大田作物、牧草等

（二）按结构型式和喷洒特征分类

按结构型式和喷洒特征又可把喷头分为旋转式、固定式和孔管式三种。

1. 旋转式喷头

旋转式喷头又称为射流式喷头，其特点是边喷洒边旋转，水从喷嘴喷出时形成一股集中的水舌，故射程较远，流量范围大，喷灌强度较低，是目前我国农田灌溉中应用最普遍的一种喷头形式。

旋转式喷头按驱动机构的特点不同又可分为摇臂式喷头、叶轮式喷头和反作用式喷头三类，其工作压力一般为 $200\sim600kPa$，其中又以摇臂式喷头应用最广泛。

　　摇臂式喷头是由摇臂摆动撞击喷体获得驱动力矩使喷体旋转，将水向四周喷洒，根据喷头喷嘴数量，可分单喷嘴喷头和双喷嘴喷头，其结构如图3-8和图3-9所示。又可根据是否装有扇形机构而分全圆喷洒喷头和扇形喷洒喷头。扇形喷洒喷头装有换向机构，喷头不断往返，形成扇形喷洒区域。摇臂式喷头优点是结构简单，造价低廉，水流集中，射程较远，工作可靠，维修方便；缺点是在有风和安装不平时，旋转速度不均匀，造成喷头两侧的喷灌强度不一样，严重影响喷灌的均匀性。

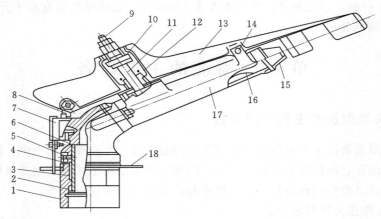

图3-8　单嘴带换向机构的摇臂式喷头结构图

1—空心轴套；2—减磨密封圈；3—空心轴；4—防沙弹簧；5—弹簧罩；6—喷体；7—换向器；
8—反转钩；9—摇臂调位螺钉；10—弹簧座；11—摇臂轴；12—摇臂弹簧；13—摇臂；
14—打击块；15—喷嘴；16—稳流器；17—喷管；18—限位环

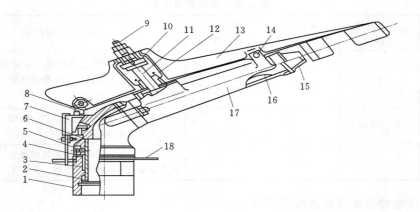

图3-9　双嘴摇臂式喷头的典型结构图

1—空心轴套；2—减磨密封圈；3—空心轴；4—防沙弹簧；5—弹簧罩；6—喷体；7—换向器；
8—反转钩；9—摇臂调位螺钉；10—弹簧座；11—摇臂轴；12摇臂弹簧；13—摇臂；
14—打击块；15—喷嘴；16—稳流器；17—喷管；18—限位环

　　表3-8列出了常用的ZY系列摇臂式喷头性能参数，可供设计时参考。

表 3 - 8 **ZY 系列摇臂式部分喷头性能参数**

型　号	接头形式及尺寸 /英寸	喷嘴直径 /mm	工作压力 /kPa	喷头流量 /(m³·h⁻¹)	喷头射程 /m
ZY－1	3/4 管螺纹	5	200	1.33	14.4
			300	1.64	16
			350	1.77	16.6
		6	200	1.93	15.3
			300	2.37	16.9
			350	2.56	17.6
ZY－1（双喷嘴）	3/4 管螺纹	5.0×2.8	200	1.96	14.4
			300	2.36	16
			350	2.54	16.6
		6.0×3.2	200	2.47	15.3
			300	2.98	16.9
			350	3.20	17.6
ZY－2	1（内）管螺纹	7	250	2.91	18.2
			300	3.21	19.3
			350	3.46	20.3
		7.5	250	3.35	18.7
			300	3.67	19.9
			350	3.96	20.6
		8	250	3.81	19.2
			300	4.19	20.4
			350	4.51	21.3
		9	250	4.82	20.1
			300	5.29	21.7
			350	5.70	22.5
ZY－2（双喷嘴）	1（内）管螺纹	7×3.1	250	3.51	18.2
			300	3.83	19.2
			350	4.13	20.3
		8×3.1	250	4.38	19.3
			300	4.82	20.4
			350	5.17	21.2
		9×3.1	250	5.92	21.7
			300	6.38	22.6
			350	6.81	23.4

2.固定式喷头

固定式喷头又叫漫射式或散水式喷头，它的特点是在整个喷灌过程中，喷头的所有部件都是固定不动的，水流以全圆周或扇形同时向外喷洒。其优点是结构简单，工作可靠；缺点是水流分散，射程小（5～10m），喷灌强度大（15mm/h 以上），水量分布不均，喷孔易被堵塞。因此，其使用范围受到很大限制，多用于公园、苗圃、菜地、温室等。按其结构型式可分为折射式（图 3-10）、缝隙式（图 3-11）和离心式（图3-12）三种。

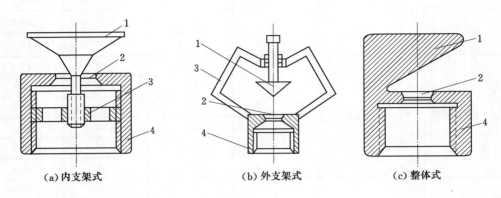

（a）内支架式   （b）外支架式   （c）整体式

图 3-10　折射式喷头

1—折射锥；2—喷嘴；3—支架；4—管接头

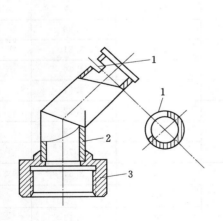

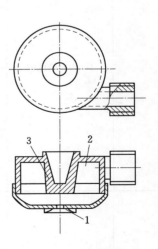

图 3-11　缝隙式喷头

1—缝隙；2—喷体；3—管接头

图 3-12　离心式喷头

1—喷嘴；2—蜗壳；3—锥形轴

3.孔管式喷头

该种喷头由一根或几根较小直径的管子组成，在管子的顶部分有一些小喷水孔，喷水孔径仅为 1～2mm。有的孔管上分布有一排小孔，并装有自动摆动器，水流朝一个方向喷出，自动摆动器可使管子往复摆动，喷洒管子两侧的土地；有的孔管有几排小孔，以保证管子两侧都能灌到。孔管式喷头结构简单，工作压力较低，但喷灌强度高，喷射水流细小，受风影响大，管孔容易被堵塞，因此目前应用较少。

二、管材与管件

管道是喷灌工程的主要组成部分，管材必须保证能承受设计要求的工作压力和通过设计流量，且不造成过大的水头损失，经济耐用，耐腐蚀，便于运输和施工安装。由于管道在喷灌工程中需要的数量多，占投资比例大，因此必须因地制宜、经济合理地选用管材及管件。

（一）管材

按管道使用条件可将其分为固定式管道和移动式管道两类；按材质可分为金属管和非金属管两大类。目前喷灌用金属管主要是薄壁镀锌钢管和薄壁铝管等，非金属管主要有硬塑料管、涂塑软管和钢筋混凝土管等。

1. 硬塑料管

喷灌常用的硬塑料管有硬聚氯乙烯（PVC-U）管、聚乙烯（PE）管和聚丙烯（PP）管等，其中以硬聚氯乙烯管材最为常用。表3-9为硬聚氯乙烯管材的公称外径、公称压力及壁厚。

表3-9　　硬聚氯乙烯管材的公称直径、壁厚及公差（GB/T 10002.1—2006）

公称外径 /mm	公称压力 0.63MPa		公称压力 0.80MPa		公称压力 1.00MPa	
	壁厚/mm	公差	壁厚/mm	公差	壁厚/mm	公差
40					2	+0.40
50			2	+0.40	2.4	+0.50
63	2	0.40	2.5	+0.50	3	+0.50
75	2.3	+0.50	2.9	+0.50		+0.60
90	2.8	+0.50	3.5	+0.60	4.3	+0.70
110	2.7	+0.50	3.4	+0.60	4.2	+0.70
125	3.1	+0.60	3.9	+0.60	4.8	+0.80
140	3.5	+0.60	4.3	+0.70	5.4	+0.90
160	4.0	+0.60	4.9	+0.80	6.2	+1.00
180	4.4	+0.70	5.5	+0.90	6.9	+1.10
200	4.9	+0.80	6.2	+1.00	7.7	+1.20

塑料管的优点是耐磨耐腐蚀，一般可用20年以上，重量轻，内壁光滑，水力性能好，施工容易，有一定的韧性，能适应一定的不均匀沉陷等。其缺点是材质受温度影响大，高温发生变形，低温性脆，易老化，但埋在地下可减慢老化速度。

2. 钢筋混凝土管

钢筋混凝土管分为自应力钢筋混凝土管和预应力钢筋混凝土管，都是在混凝土浇筑过程中，使钢筋受到一定拉力，从而使其在工作压力范围内不会产生裂缝。自应力钢筋混凝土管是用自应力水泥和砂、石、钢筋等材料制成，工作压力为 0.4～1.2MPa。预应力钢筋混凝土管是用机械的方法对纵向和环向钢筋施加预应力，工作压力一般在 1.0MPa 以下。钢筋混凝土管重量大，不便搬运，接头易漏水，因此一般仅大口径干管采用塑料管，投资过大难以承受时，才选用钢筋混凝土管。

3. 薄壁铝合金管

薄壁铝合金管具有强度高、重量轻、耐腐蚀搬运方便等优点，广泛用作喷灌系统的地面移动管道。铝合金的比重约为钢的 1/3，单位长度管材的重量仅为同直径水煤气管的 1/7，比镀锌薄壁钢管还轻，在正常情况下使用寿命可达 15～20 年。其缺点是价格较高，管壁薄，容易碰撞变形。铝合金一般用快速接头连接。

4. 薄壁镀锌钢管

薄壁镀锌钢管是用厚度为 0.8～1.5mm 的带钢辊压成型，高频感应对焊成管，并切割成所需要的长度，在管端配有快速接头，然后经镀锌而成。其优点是重量轻，搬运方便，强度高，可承受较大的工作压力，不易断裂，抗冲击力强，韧性好能经受野外恶劣条件下由水和空气引起的腐蚀，寿命长。但由于镀锌质量不易过关，影响使用寿命，而且价格较高，重量也较铝管和塑料管大，移动不如铝管、塑料管方便。目前，薄壁镀锌钢管多用作于竖管及水泵进、出水管。

5. 涂塑软管

用于喷灌的涂塑软管主要有锦纶塑料管和维塑软管是用维纶丝织成管坯，并在内、外壁涂注氯乙烯而成。这两种管子重量轻，便于移动，价格低，但易老化，不耐磨，怕扎、怕折。由于经常暴露在外面，要求提高抗老化性能，故常在其中掺炭黑做成黑色管子。涂料软管连接使用内扣式消防接头，规格有 $\phi50$、$\phi65$ 和 $\phi80$ 三种，靠橡胶密封圈止水，密封性较好。使用时只要将插口牙口插入承口的缺口中，旋转一个角度即可扣紧。涂塑软管多用作机组式喷灌系统的进水管和输水管。

（二）管材

管件又称连接件，其作用是根据需要将管道连接成一定形状的管网。常用管件有弯头、正三通、异径三通、管箍、异径接头和堵头等。

三、附属设备

在喷灌管道系统中，除直管和管件外，还有附属设备。附属设备可分为两大类，一是控制件，二是安全件。控制件的作用是根据灌溉的需要来控制管道系统中水流的流量和压力，如闸阀、球阀、喷灌专用阀等；安全件的作用是保护喷灌系统安全运行，防止事故的发生，如逆止阀、进排气阀和减压阀等。

1. 控制件

（1）闸阀。闸阀是喷灌系统中使用较多的阀门，它的优点是阻力小，开关力小，水可从两个方向流动。缺点是结构复杂密封面容易被擦伤而影响止水功能，高度尺寸较大。驱动方式一般为手动，连接形式为螺纹或法兰。喷灌管道中常用的阀门有闸阀、蝶阀及喷头专用阀等。

（2）球阀。在喷灌系统中多安装于竖管上，用来控制喷头的开启或关闭。其优点是结构简单，体积小，质量轻，对水流阻力小。缺点是启闭速度不易控制，从而使管内产生较大的水锤压力。

（3）给水栓。给水栓是固定喷灌系统的固定管与移动管的连接控制部件，由上、下两部分组成，下部为阀体，与固定管的出水口连接，上部为阀开关，与移动支管连接，可任意水平旋转360°，如图3-13所示。

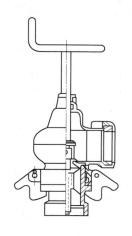

图3-13 给水栓

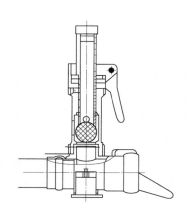

图3-14 竖管快接控制阀

（4）竖管快接控制阀。竖管快接控制阀，也称方便体，如图3-14所示。用于竖管与输水支管的连接处，工作时将装好喷头的竖管插上，出水控制阀自动打开，停止工作时，取出竖管，控制阀自动关闭。

2. 安全件

（1）逆止阀。逆止阀又叫止回阀或单向阀，是一种根据阀前阀后压力差而自动启闭的阀门。它使流体只沿一个方向流动，当要反方向流动时则自动关闭。常用安装在水泵出口处，以避免突然停机时水倒流。当在灌溉系统中注入化学药剂（如化肥、农药等）时，一定要安装逆止阀，以免水倒流时污染水源。

（2）进排气阀。起作用时当管道内存有空气时，自动打开通气口；管内充水时可进行排气，排气后封口块在水压的作用下自动封口；当管内产生真空时，在大气的压力作用下打开通气口使空气进入管内，防止负压破坏。国产定型生产的空气阀分单、双室两种，一般中、小规模的喷灌系统多采用单室空气阀。

（3）减压阀。起作用时在设备或管道内的水压超过规定的工作压力时自动打开降低压力。如在地势很陡、管轴线急剧下降、管内水压力上升超过了喷头的工作压力或管道的允许压力时，就要减压阀适当降低压力。适用于喷灌系统的减压阀有膜片式、弹簧膜式和波纹管式等几种。

单元三　喷灌工程规划与设计

一、规划设计原则及内容

（一）规划设计原则

喷灌工程规划是对整个工程进行总体安排，是进行工程设计的前提，只有在合理的、切实可行的规划基础上，才能做出经济合理的设计。喷灌工程规划应在收集水源、气象、地形、土壤、作物、灌溉试验、能源、材料、设备、社会经济状况与发展规划等方面的基本资料基础上，通过技术经济比较确定喷灌工程的总体设计方案。规划设计中应遵循以下原则。

（1）喷灌灌溉工程规划应符合当地水资源开发利用、农村水利及农业发展规划的要求，并应与农村发展规划相协调，采用的喷灌技术应与农作物品种、栽培技术相适应。

（2）合理利用水资源、地下水、地表水，合理开发利用、联合运用。

（3）喷灌工程规划应注意与农业综合节水措施配套实施。

（4）规划中应注意节约能源，在自然水头可利用的地方，尽量发展自压喷灌。

（二）喷灌设计标准

喷灌系统规划设计前应首先确定灌溉设计标准。我国灌溉规划中常用灌溉设计保证率作为灌溉设计标准。灌溉设计保证率是指灌区用水量在多年期间能够得到充分满足的概率，常用百分数表示。GB/T 50085—2007《喷灌工程技术规范》中明确规定：以地下水为水源的喷灌工程其灌溉设计保证率不应低于90%，其他情况下喷灌工程灌溉设计保证率不应低于85%。

二、规划设计内容

喷灌规划设计应分可行性研究和技术设计两个阶段进行。一般情况下，当喷灌面积较小在500亩以下的喷灌工程，也可合为一个设计阶段进行。

（一）可行性研究阶段

喷灌工程可行性研究阶段应提交的成果主要包括设计任务书和系统规划布置图。

1. 设计任务书的主要内容

（1）灌区基本情况。这包括地理位置、地形、农业气象（气温、湿度、降水量、蒸发量、无霜期、风速等）、水源（流量、水位、水质）、土壤（质地、田间持水量、入渗率、冻土层厚度等）和作物（种类、种植面积等）等。

（2）喷灌工程可行性分析。应根据自然与社会经济条件，从技术和经济两个方面对喷灌的必要性、可行性作出充分的论证，有时还应对不同灌水方法进行比较。

（3）喷灌系统类型的选择。根据当地具体条件，拟订多种方案，从技术和经济上论证所选系统形式的合理性。

（4）投资概算和经济效益分析。这在系统规划布置图做完之后进行。

2. 系统规划布置图

在地形图上绘出灌区范围、水源工程和主要管（渠）道系统的初步布置。

（二）技术设计阶段

在技术设计阶段应提出的成果有设计说明书和系统平面布置图、管道纵剖面图、管道系统结构示意图等。设计说明书的主要内容包括基本资料、系统选型、作物灌溉制度拟定、喷灌用水量计算、水源分析及水源工程规划、喷头选型与组合、系统平面布置，喷灌工作制度的拟定、管材与管径的选择、管道纵剖面设计及系统结构设计、水泵选型及动力机配套、设备材料用量及投资预算、技术经济分析等。

在设计说明书中，还要对施工及运行管理提出必要的要求，阐明有关注意事项。对于规模较小的工程，施工结束验收前只要求提交竣工图纸和竣工报告。而规模较大的工程还要提交施工期间验收报告，管道水压试验报告，试运行报告，工程决算报告和运行管理办法。

三、收集规划设计资料

（1）地形资料。喷灌系统规划布置应有实测的地形图，其比例视灌区大小、地形的复杂程度以及设计阶段要求的不同而定。一般应有 1：（1000～10000）比例的地形图，地形图上应标明行政区划、灌区范围以及水利设施等。

（2）气象资料。收集降水、气温、低温、风向、风速等与喷灌密切相关的农业气象资料，以分析并确定喷灌任务、喷灌制度、喷灌的作业方法、田间喷管网的合理布局。

（3）水文资料。主要包活河流、库塘、井泉历年的水量、水位、水温和水质等。

（4）土壤资料。土壤（质地、田间持水量、入渗率、冻土层厚度等，用于确定土壤允许喷灌强度和灌水定额。

（5）种植结构及需水特点。了解灌区内各种作物的种植比例、种植行向、生育阶段划分需水临界期需水强度。

（6）动力和机械设备资料。调查有关喷头、水泵、动力设备、管材产品和工程材料及价格等。

四、喷灌用水量及水源工程规划

喷灌工程的水源规划与一般灌溉工程水源规划相似。当水源为河流，大、中型渠道或来水量稳定的引水沟时，在取水段应取得较长的径流资料，通过频率计算求出符合设计频率的年来水量，年内各月净流量、灌溉季节日平均流量及水位等。当取水口资料较少时，可通过相关分析进行插补延长。当取水口无实测资料时，可利用当地水文手册、图集或经验公式结合实地调查确定。

若水源为地下水，则必须根据当地水文地质资料，分析本区域地下水开采条件，通过抽水试验或对邻近农用机井情况调查，确定井的动水位和出水量。

1. 机井

一般农用机井出水量相对稳定，计算的目的主要是确定单井的可控面积，或校核机井出水量是否满足喷灌用水要求，机井的可灌面积为

$$A = \frac{Q_{井}\, t}{10 E_{max}}$$ (3-6)

式中　A——机井可灌面积，hm^2；

　　$Q_{井}$——机井的稳定出水量，m^3/h；

　　E_{max}——作物需水量临界期平均最大日耗水量，mm/d；

　　t——机井每天供水小时数（h/d），当使用柴油机作动力时，t 一般取 16h，当采用电动机时，t 一般取 20h。

若 $A \geqslant A_{设}$（$A_{设}$ 为设计灌溉面积），则 $A_{设}$ 为设计灌溉面积；反之则应该重新调整单井控制面积。

2. 塘坝

许多山区、丘陵地区水资源缺乏，常常利用小股山泉或塘坝蓄水进行喷灌，由于此类水源容量有限，一般只有经过调蓄才能满足喷灌用水要求，水利计算的任务是确定可灌面积和蓄水池的容积。

3. 溪流

由于溪流流量变化大，水利计算的任务主要是确定可灌面积。计算时可选灌水临界期（溪水水量小而用水量大的时期）的流量和灌溉水量作为确定可灌面积的依据。

五、喷灌系统形式选择

喷灌系统形式应根据喷灌的地形、作物种类、经济条件、设备供应等情况，综合考虑各种形式喷灌系统的优缺点，经技术、经济比较后选定。如在喷灌次数多、经济价值高的蔬菜果园等经济作物种植区，可采用固定管道式喷灌系统；大田作物喷洒次数少，宜采用半固定式或机组式喷灌系统；在地形坡度较陡的山丘区，移动喷灌设备困难，可考虑用固定式；在有自然水头的地方，尽量选用自压喷灌系统，以降低设备投资和运行费用。

六、喷灌系统总体布置

1. 布置原则

管道系统应根据灌区地形、水源位置、耕作方向机主要风向和风速等条件提出几套布置方案，经技术经济比较后选定。布置时一般应考虑以下原则：

（1）管道力求平顺，减少折点，避免管线出现起伏，减少水头损失、降低造价。

（2）平原区地块力求方整，尽量使水源位于地块中心，以缩短管道输水长度。

（3）支管尽量与耕作方向一致。对于固定式喷灌系统，可以减小竖管对机耕影响；对于半固定式喷灌系统，便于支管拆装与管理，避免移动支管时践踏作物。

（4）支管尽量与主风向垂直，这样可增大支管间距，减少支管用量。

（5）在山区干管应沿主坡方向布置，支管与之垂直，平行等高线布置（有利于控制支管水损，使支管上各喷头工作压力基本一致）。

（6）支管首尾压力差应小于喷头工作压力 20%，工作流量差小于 10%。

（7）力求支管长度一致，规格统一便于设计、施工、管理。

2. 布置形式

管道系统的布置形式主要有"丰"字形和"梳齿"形两种，如图 3-15～图 3-17

所示。

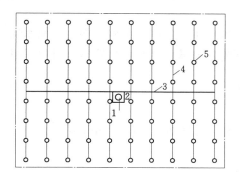

图 3-15 "丰"字形布置（一）

1—井；2—泵站；3—干管；4—支管；5—喷头

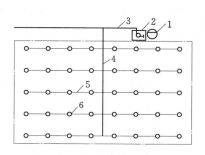

图 3-16 "丰"字形布置（二）

1—蓄水池；2—泵站；3—干管；4—分干管；

5—支管；6—喷头

七、喷灌制度的拟定

喷灌灌溉制度主要包括灌水定额、灌水日期和灌溉定额。

1. 灌溉定额

设计灌溉定额应依据设计代表年的灌溉试验资料确定，或按水量平衡原理确定。

灌溉定额应按式（3-7）计算：

$$M = \sum_{i=1}^{n} m_i \qquad (3-7)$$

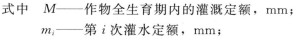

图 3-17 梳齿形布置

1—河渠；2—泵站；3—干管；4—支管；5—喷头

式中 M——作物全生育期内的灌溉定额，mm；

m_i——第 i 次灌水定额，mm；

n——全生育期灌水次数。

2. 最大灌水定额

最大灌水定额宜按式（3-8）、式（3-9）确定：

$$m_s = 0.1h(\beta_1 - \beta_2) \qquad (3-8)$$

$$m_s = 0.1\gamma h(\beta_1' - \beta_2') \qquad (3-9)$$

式中 m_s——最大灌水定额，mm；

h——计划湿润层深度，cm；

β_1——适宜土壤含水量上限，体积百分比；

β_2——适宜土壤含水量下限，体积百分比；

β_1'——适宜土壤含水量上限，重量百分比；

β_2'——适宜土壤含水量下限，重量百分比。

设计灌水定额应根据作物的实际需水要求和试验资料按式（3-10）选择：

$$m \leqslant m_s \qquad (3-10)$$

式中 m——设计灌水定额，mm。

3. 灌水周期和灌水次数的确定

灌水周期和灌水次数的确定应根据当地试验资料确定。缺乏试验资料地区灌水次数可根据设计代表年按水量平衡原理拟定的灌溉制度确定；灌水周期可按式（3-11）计算：

$$T = \frac{m}{ET_d} \qquad (3-11)$$

式中 T——设计灌水周期，计算值取整，d;

ET_d——作物日蒸发蒸腾量，取设计代表年灌水高峰期平均值，mm/d;

其余符号意义同式（3-10）。

八、喷灌工作制度的制定

在灌水周期内，为保证作物适时适量地获得所需要的水分，必须指定一个合理的喷灌工作制度。喷灌工作制度包括喷头在一个喷点上的喷洒时间、每次需要同时工作的喷头数以及确定轮灌分组和轮灌顺序等。

1. 喷头在工作点上喷洒的时间

喷头工作点上喷洒的时间与灌水定额、喷头流量和组合间距有关，即

$$t = \frac{mab}{1000q_p\eta_p} \qquad (3-12)$$

式中 t——一个工作位置的灌水时间，h;

a——喷头沿支管的布置间距，m;

b——支管的布置间距，m;

m——设计灌水定额，mm;

q_p——喷头设计流量，m³/h;

η_p——田间喷洒水利用系数。

2. 一天工作位置数

$$n_d = \frac{t_d}{t} \qquad (3-13)$$

式中 n_d——一天工作位置数；

t_d——设计日灌水时间，h。

设计日灌水时间宜按表3-10取值。

表 3-10　　　　　　　　　　　设 计 日 灌 时 间

喷灌系统类型	固定式管道			半固定管道式	移动定管道式	定喷机组式	行喷机组式
	农作物	园林	运动场				
设计日灌水时间/h	12~20	6~12	1~4	12~18	12~16	12~18	14~21

3. 同时工作的喷头数

对于每一喷头可独立启闭的喷灌系统，每次同时喷洒的喷头数可用式（3-14）计算：

$$n_p = \frac{N_p}{n_dT} \qquad (3-14)$$

式中 n_p——同时工作的喷头数；

$\quad N_p$——灌区喷头总数；

其余符号意义同式（3-13）。

4. 同时工作的支管数

可按式（3-15）计算：

$$n_z = \frac{n_p}{n_{zp}} \qquad (3-15)$$

式中 n_z——同时工作的支管数；

$\quad n_{zp}$——一根支管上的喷头数，可以根据支管的长度除以喷头间距求得。

如果计算出来的 n_z 不是整数，则应考虑减少同时工作的喷头数或适当调整支管长度。

5. 确定轮灌分组及支管轮灌方案

为使管道的利用率提高，以降低设备投资，需进行轮灌编组并确定轮灌顺序。确定轮灌方案时，应考虑以下要点。

（1）轮灌的编组应该有一定规律，力求简明，方便运行管理。

（2）相同类型轮灌组的工作喷头总数应尽量接近，从而使系统的流量保持在较小的变动范围之内。

（3）轮灌编组应该有利于提高管道设备利用率，并尽量使系统实际轮灌周期与设计灌溉周期接近。

（4）轮灌编组时，应使地势较高或路程较远组别的喷头数略少，地势较低或路程较近组的周期接近。

（5）制定轮灌顺序时，应将流量迅速分散到各配水管道中，避免流量集中于某一条干管。

轮灌方案确定好后，干、支管的设计流量即可确定。支管设计流量为支管上各喷头的设计流量之和，干管设计流量依支管的轮灌方式而定。

九、管道设计

（一）管径计算

1. 干管管径计算

从经济的角度出发，遵循投资和年费用最小原则，干管管径采用经验公式（3-16）计算：

$$\left.\begin{array}{l} Q < 120 \mathrm{m}^3/\mathrm{h} \ 时，D = 13\sqrt{Q} \\ Q \geqslant 120 \mathrm{m}^3/\mathrm{h} \ 时，D = 11.5\sqrt{Q} \end{array}\right\} \qquad (3-16)$$

式中 D——管道内径，mm；

$\quad Q$——管道的设计流量，m^3/h。

2. 支管管径计算

支管管径的确定除与支管设计流量有关之外，还受允许压力差的限制，按照《喷灌工程技术规范》（GB/T 50085—2007）的规定，同一条支管的任意两个喷头间的工作压力差应在设计喷头工作压力的20%以内，用公式表示为

$$h_w + \Delta z \leqslant 0.2 h_p \qquad (3-17)$$

式中　h_w——同一条支管中任意两喷头间支管水头损失加上两竖管水头损失之差（一般
　　　　　　情况下，可用支管段的沿程水头损失计算，m）；

　　　　Δz——两喷头的进口高程差（顺坡铺设支管时 Δz 为负值，反之取正值，m）；

　　　　h_p——设计喷头工作压力，m。

　　设计时，一般先假定管径，然后计算支管沿程水头损失，再按上述公式校核，最后确定管径。算得支管管径之后，还需按现有管材规格确定实际管径。对半固定式、移动式灌溉系统的移动支管，考虑运行与管理的要求，应尽量使各支管取相同的管径，至少也需在一个轮灌片上统一，最大管径应控制在 100mm 以下，以利移动。对固定式喷灌的地埋支管，管径可以变化，但规格不宜很多，一般最多变径两次。

（二）水头损失计算

1. 沿程水头损失计算

应按式（3-18）计算：

$$h_f = f \frac{LQ^m}{d^b} \qquad\qquad (3-18)$$

式中　h_f——沿程水头损失，m；

　　　　f——沿程摩阻系数；

　　　　L——管道长度，m；

　　　　Q——流量，m^3/h；

　　　　d——管内径，mm；

　　　　m——流量指数；

　　　　b——管径指数。

各种管材的 f、m 及 b 值可按表 3-11 计算。

表 3-11　　　　　　　　　　　　　　　f、m、b 值

管道种类		f	m	b
混凝土管、钢筋混凝土管	$n=0.013$	1.312×10^6	2	5.33
	$n=0.014$	1.516×10^6	2	5.33
	$n=0.015$	1.746×10^6	2	5.33
钢管、铸铁管		6.250×10^5	1.9	5.1
硬塑料管		0.948×10^5	1.77	4.77
铝制管、铝合金管		0.861×10^5	1.74	4.74

注　n 为粗糙系数。

　　在喷灌系统中，通常沿支管安装许多喷头，支管的流量自上而下将逐渐减少，应逐段计算两喷头之间管道的沿程水头损失。但为了简化计算，常将 h_f 乘以一个多口次数 F 加以修正，从而获得多口管道实际沿程水头损失，即

$$h'_f = F h_f \qquad\qquad (3-19)$$

　　不同管材其多孔系数不同，表 3-12 仅列出了铝合金管（$m=1.74$）的多孔系数，对于其他管材，可查阅有关书籍。

表 3-12		多口系数 F 值表								
管道出水口数目		1	2	3	4	5	6	7	8	9	10
F	$X=1$	1	0.651	0.548	0.499	0.471	0.452	0.439	0.430	0.422	0.417
	$X=0.5$	1	0.534	0.457	0.427	0.412	0.402	0.396	0.392	0.388	0.386
管道出水口数目		11	12	13	14	15	16	17	18	19	20
F	$X=1$	1	0.412	0.408	0.404	0.401	0.399	0.396	0.394	0.393	0.391
	$X=0.5$	0.5	0.384	0.382	0.380	0.379	0.378	0.377	0.376	0.376	0.375

2. 局部水头损失计算

局部水头损失一般可按式（3-20）计算：

$$h_j = \xi \frac{v^2}{2g} \tag{3-20}$$

式中 ξ——局部阻力系数，可查有关管道水力计算手册；

v——管道流速，m/s；

g——重力加速度，取 9.81m/s^2；

h_j——局部水头损失，m。

局部水头损失有时也可按沿程水头损失的 $10\%\sim15\%$ 估算。

十、水锤压力计算与水锤防护

有压管道中，由于管内流速突然变化而引起管道中水流压力急剧上升或下降的现象，称为水锤。在水锤发生时，管道可能因内水压力超过管材公称压力或管内出现而损坏管道。通常水泵有起动水锤、关闭阀门产出的水锤和停泵产生的水锤，其中后两种水锤危害较大，防止关闭阀门产生的水锤的措施是缓慢关闭阀门；防止停泵产生水锤的措施是在水泵出水管取消逆止阀。下面主要介绍为防止关阀水锤需要控制的关阀时间。

均质管水锤波传播速度按式（3-21）计算：

$$a_w = \frac{1425}{\sqrt{1+\dfrac{KD}{Ee}}} \tag{3-21}$$

式中 a_w——水锤传播速度，m/s；

K——水的体积弹性模数，GPa，常温时为 2.025GPa；

E——管材的纵向弹性模量，GPa，各种管材的纵向弹性模量见表 3-13；

D——管径，m；

e——管壁厚度，m。

表 3-13			各种管材的纵向弹性模量				
管材	PVC管	PE管	铝管	钢筋混凝土管	钢管	球墨铸铁管	铸铁管
E/GPa	$2.8\sim3$	$1.4\sim2$	69.58	20.58	206	151	108

水锤波在管路中往返一次所需的时间成为一个相长。水锤相长按式（3-22）计算：

$$\mu=\frac{2L}{a_w} \tag{3-22}$$

式中　μ——水锤相长，s；

　　　L——管长，m。

当阀门开关闭时间等于或小于一个水锤相长时，所产生的水锤为直接水锤，否则为间接水锤。间接水锤产生的水锤压力要比直接水锤压力小得多，不会造成严重危害，为此一般应将关阀时间大于一个水锤相长。

在理论上，闸阀关闭时间越长，水锤压力越小，关闭时间为无穷大时，水锤压力降为0，但是为了管理方便及安全起见，在设计时也应保证管道有足够的抗压等级。一般管道的压力等级应比管道设计工作压力高一个等级，例如在选择 PVC-U 管道时，管道工作压力为 0.4MPa 左右时，应选工程压力为 0.63MPa 管道，工作压力为 0.63MPa 左右时，应选工程压力为 0.8MPa 的管道。另外，为防止水锤对管道造成破坏，流速尽量不要超过允许流速。以塑料管为例，设计流速一般不要大于 1.8m/s。

十一、水泵和动力机选型

选择水泵和动力机，首先要确定喷灌系统的设计流量和扬程。喷灌系统设计流量应为全部同时工作的喷头流量之和，即

$$Q=n_p\frac{q}{\eta_G} \tag{3-23}$$

式中　Q——喷灌系统设计流量，$\mathrm{m^3/h}$；

　　　η_G——管道系统水利用系数，一般取 0.95～0.98；

其余符号意义同前。

选择最不利轮灌组及其最不利喷头，并以该最不利喷头为典型喷头。自典型喷头推算系统的设计扬程：

$$H=h_p+h_s+\sum h_f+\sum h_j+Z_d-Z_0 \tag{3-24}$$

式中　H——喷灌系统设计扬程；

　　　h_p——典型喷头的工作压力，m；

　　　h_s——典型喷头竖管高，m；

　　　$\sum h_f$——水泵进水管到典型喷头进口处之间管道的沿程水头损失之和，m；

　　　$\sum h_j$——水泵进水管到典型喷头进口处之间管道的局部水头损失之和，m；

　　　Z_d——典型喷头处地面高程，m；

　　　Z_0——水源水位。

单元四　喷灌工程规划设计示例

一、基本资料

1. 地形

某喷灌示范区南北宽 445m，东西长 325m，面积 13.3hm²（约 200 亩），区内地势平

坦，地面高程在 37.2～37.0m；有实测 1/1000 地形图。

2．气象条件

本区属北亚热带季风气候区，气候温和。据气象部门多年资料统计，多年平均气温 15.5℃，年无霜期 234 天，年日照时数为 2081.2h；多年平均年降雨量 940mm，主要降水集中在 6～9 月；多年平均年水面蒸发量 1100mm；最大冻土层深 0.25m；灌水季节多北风，平均风速 3.4m/s，每日喷灌时间按 12h 考虑。

3．土壤

示范区土壤为壤土，计划湿润层内土壤干容重约为 1.4g/cm³，田间持水率为 20%。

4．水旱灾害情况

示范区位于江淮分水岭地区，属典型的南北气候过镶带，水旱灾害频繁发生。据有关资料统计，新中国成立 60 年来，发生严重干旱有 25 年。

5．水源

示范片处于江淮分水岭地区，地下水资源严重匮乏，农业灌溉主要依靠上游的一座小型水库，可供给本灌区流量 0.03m³/s，拟在靠近地块的塘坝处取水，该处水位高程为 34.0m；水源水质良好，矿化度小于 1g/L，无污染，适于灌溉。

6．其他

本地区供电有保证，交通十分便利，喷灌设备供应比较充足。

二、喷灌系统设计

（一）喷灌系统选型和管道布置方案

1．喷灌系统选型

本灌区地形平坦，地块形状规则，易于布置喷灌系统。示范区内主要种植经济价值较高的蔬菜，故采用固定管道式喷灌系统。

2．管道系统布置方案

灌区地形总的趋势是南高北低，坡度变化不大，地块形状规则。灌溉季节风比较稳定。基于上述情况拟采用主干管、分干管和支管三级管道，结合布置原则，按下述方案进行布置：主干管由地块中部穿入区，两边分水后再由分干管给支管供水，支管平行于种植方向南北布置，平面布置如图 3-18 所示。

（二）喷头选型和组合间距的确定

1．喷头选型

查规范，蔬菜喷灌雾化指标不应低于 4000，由喷头性能表初选 ZY-2 型双嘴喷头。其性能参数见表 3-14。

表 3-14　　　　　　　　喷 头 性 能 参 数

喷头型号	喷嘴直径 d /mm	工作压力 h_p /kPa	喷头流量 q_p /(m³·h⁻¹)	射程 R /m	喷灌强度 ρ /(mm·h⁻¹)
ZY-2	7.0×3.1	300	3.83	19.1	3.34

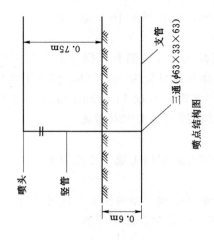

喷点结构图

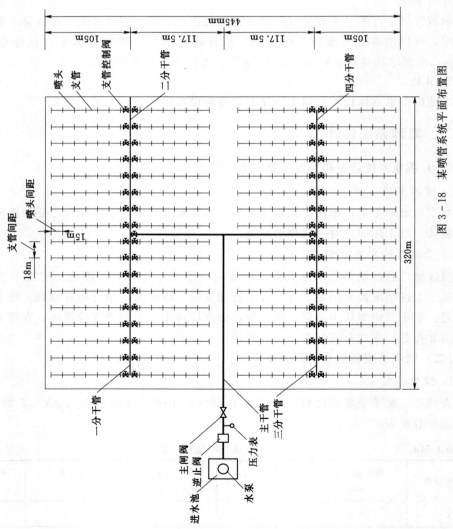

图 3-18 某喷管系统平面布置图

2．确定组合间距

本灌区多年平均风向为北风，支管垂直风向，当风速为 3.4m/s 时，选 $K_a=0.8$，$K_b=1.1$，则

$$a=K_a R=0.8\times19.1=15.28\ （m）（取\ a=15m）$$

$$b=K_b R=1.1\times19.1=21.1\ （m）（应取\ b=20m，但由实际情况取\ 18m）$$

3．校核喷灌强度

土壤允许喷灌强度 $\rho_允=12mm/h$，考虑多喷头多支管同时喷洒，取 $K_w=1$，则喷灌强度为

$$\rho=K_w\frac{1000q\eta_p}{A_{有效}}=1\times\frac{1000\times3.83\times0.8}{15\times18}=11.3<\rho_允=12\ （mm/h）$$

4．雾化指标校核

$$\frac{1000h_p}{d}=\frac{1000\times30}{7}=4286>4000$$

故雾化指标和设计喷灌强度均满足要求。

（三）拟定喷灌工作制度

喷头在一个位置上的灌水时间。取

$$m=0.1\times1.4\times30\times（85-65）\times20\%=16.8\ （mm）$$

$$T=\frac{m}{ET_d}=\frac{16.8}{6}=2.8d\ 取\ 3d$$

（四）拟定喷灌工作制度

1．喷头在一个位置上的灌水时间

取 $\eta_p=0.8$，则 $t=\dfrac{abm}{1000q_p\eta_p}=1.48h$ 取为 1.5h。

2．喷头一天工作位置数

因本管区每日工作时数为 12h，所以喷头一天工作位置数 $n_d=12/1.5=8$（次）。

3．同时工作喷头数

$$n_p=\frac{N_p}{n_d T}=\frac{A}{ab\cdot n_d T}=\frac{200\times667}{15\times18}\times\frac{1}{8\times3}=20.6（只）$$

实际喷洒应取整数。

4．同时工作支管数

因每根支管安装 7 只喷头，故

$$N=\frac{n_p}{n_{喷头}}=20.6/7=3（根）$$

（五）管道水力计算

1．支管设计

$$h_{f支}+\Delta Z\leqslant0.2h_p$$

$$h_{f支}=f\frac{Q_支^m}{d^b}FL$$

式中，$f=0.948\times10^5$，$m=1.77$，$b=4.77$，$L=97.5m$，$F=0.392$，$Q_支=7\times3.83=$

59

$26.81\text{m}^3/\text{h}$，$\Delta Z=0$，$h_p=300\text{kPa}=30\text{m}$，则

$$h_{f支}=f\frac{Q_支^m}{d^b}FL=0.948\times105\times\frac{26.81^{1.77}}{d^{4.77}}\times97.5\times0.392\leqslant0.2\times30\text{m}$$

得 $d\geqslant55.2\text{mm}$。

选择 $\phi63\text{mm}$、内径 59mm，能承受 0.63MPa 内力的 PVC 管。

2. 干管设计

$$D_{分干}=13\sqrt{Q_{分干}},\quad Q_{分干}=2Q_支=2\times(7\times3.83)=53.62\ (\text{m}^3/\text{h})$$

$$D_{主干}=13\sqrt{Q_{分干}},\quad Q_{分干}=3Q_支=3\times26.91=80.43\ (\text{m}^3/\text{h})$$

则

$$D_{分干}=13\sqrt{53.62}=95.2\ (\text{mm})$$

$$D_{分干}=13\sqrt{53.62}=95.2\ (\text{mm})$$

分别选 $\phi110\text{mm}$、内径 104.6mm 和 $\phi125\text{mm}$、内径 118.8mm，能承受 0.63MPa 内的 PVC 管。

3. 管网水力计算

（1）支管沿程水头损失。支管长度及流量为

$$L=97.5\text{m},\quad Q_支=26.81\text{m}^3/\text{h}$$

$$h_{支f}=\frac{0.948\times10^5\times97.5\times26.8^{1.77}\times0.392}{53^{4.74}}=6.10\ (\text{m})$$

（2）分干管沿程水头损失。分干管长度为 $L=153+117.5=270.5\ (\text{m})$

$$h_{分干f}=\frac{0.948\times10^5\times53.62^{1.77}}{104.6^{4.74}}\times270.5=6.98\ (\text{m})$$

（3）主干管沿程水头损失。主干管长度为

$$L=160\text{m}$$

$$h_{主干f}=\frac{0.948\times10^5\times80.43^{1.77}}{118.8^{4.74}}\times160=4.83\ (\text{m})$$

（六）水泵与动力机选配

1. 设计水头（扬程）

$$H=Z_d-Z_s+h_s+h_p+\sum h_f+\sum h_j$$

式中　h_p——典型喷头工作压力，取 $h_p=300\text{kPa}=30\text{m}$；

Z_d-Z_s——典型喷点喷头地面高程与水源水面高程之差，取 2m；

$\sum h_f$——由水泵进水管至典型喷点喷头进口处之间管道的沿程水头损失，$\sum h_f=6.10+6.98+4.83=17.91\ (\text{m})$；

$\sum h_j$——由水泵进水管至典型喷点喷头进口处之间管道的局部水头损失，取沿程水头损失的 10%，即 $10\%\sum h_f=1.8\text{m}$；

h_s——典型喷点的竖管高度，取 1.0m。

$$H=30+2+17.91+1.8+1=52.71\ (\text{m}^3/\text{h})$$

2. 设计流量

$$Q=n_pq_p=21\times3.83=80.43\ (\text{m}^3/\text{h})$$

3. 管网结构设计

因塑料管的线胀系数很大，为使管线在温度变化时可自由伸缩，据《喷灌工程技术规范》（GB/T 50085—2007）及有关研究成果，初步拟定主干、分干管每 30m 设置一个伸缩节。各级管道分叉转弯处需砌筑镇墩，以防管线充水时发生位移。镇墩尺寸为 0.5m×0.5m×0.5m。另外为防止停机后管网水倒流，应在水泵出口处安装逆止阀。

由于当地最大冻土层深度小于 25cm，拟定设计地埋管深度为 25cm；考虑到机耕影响，确定设计地埋管深度为 0.5m。为控制各配水管的运行，配水管首部设置控制闸阀，尾部设泄水阀。各闸阀均砌阀门井保护。

为防止水锤发生，控制阀启闭时间不得少于 10s（计算略）。

（七）喷灌工程概算（略）

小　结

本项目主要从喷灌的主要技术要素、喷灌系统形式选择、喷灌系统的总体布置、喷灌灌溉制度、喷灌工作制度、管道设计等进行分析。

喷灌的主要技术要素：喷灌强度、喷灌均匀系数和喷灌雾化指标。依据作物种类、土壤性质、当地气象及设备供应情况选定喷头型号，并确定喷头喷洒（全圆、扇形、带状喷洒）、组合形式（正方形、正三角形、矩形和等腰三角形）后，喷灌强度不超过土壤的允许喷灌强度，喷灌均匀系数不得低于规范规定的数值，雾化指标应符合作物要求的数值。

喷灌系统形式应根据喷灌的地形、作物种类、经济条件、设备供应等情况，综合考虑各种形式喷灌系统的优缺点，经技术、经济比较后选定。如在喷灌次数多、经济价值高的蔬菜果园等经济作物种植区，可采用固定管道式喷灌系统；大田作物喷洒次数少，宜采用半固定式或机组式喷灌系统；在地形坡度较陡的山丘区，移动喷灌设备困难，可考虑用固定式；在有自然水头的地方，尽量选用自压喷灌系统，以降低设备投资和运行费用。

喷灌系统的总体布置原则。管道系统应根据灌区地形、水源位置、耕作方向及主要风向和风速等条件提出几套布置方案，经技术经济比较后选定。布置时一般应考虑管道力求平顺、平原区地块力求方整、尽量使水源位于地块中心、支管尽量与耕作方向一致、支管尽量与主风向垂直、山区干管应沿主坡方向布置、支管首尾压力差应小于喷头工作压力20%、力求支管长度一致，规格统一便于设计、施工、管理。管道系统的布置形式主要有"丰"字形和"梳齿"形两种。

喷灌灌溉制度的确定应根据当地试验资料确定，缺乏试验资料地区可根据设计代表年按水量平衡原理拟定的灌溉制度确定。

在灌水周期内，为保证作物适时适量地获得所需要的水分，必须指定一个合理的喷灌工作制度。喷灌工作制度包括喷头在一个喷点上的喷洒时间、每次需要同时工作的喷头数以及确定轮灌分组和轮灌顺序等。

管道设计主要包括干支管管径的确定及管道水力计算。干管管径计算，从经济的角度出发，遵循投资和年费用最小原则，干管管径采用如下经验公式计算：当 $Q<120\text{m}^3/\text{h}$ 时，$D=13\sqrt{Q}$；当 $Q\geqslant120\text{m}^3/\text{h}$ 时，$D=11.5\sqrt{Q}$。支管管径计算，支管管径的确定除与

支管设计流量有关之外，还受允许压力差的限制，按照《喷灌工程技术规范》（GB/T 50085—2007）的规定，同一条支管的任意两个喷头间的工作压力差应在设计喷头工作压力的 20％以内，因此，设计时一般先假定管径，然后计算支管沿程水头损失，再按上述公式校核，最后确定管径。算得支管管径之后，还需按现有管材规格确定实际管径。对半固定式、移动式灌溉系统的移动支管，考虑运行与管理的要求，应尽量使各支管取相同的管径，至少也需在一个轮灌片上统一，最大管径应控制在 100mm 以下，以利移动。对固定式喷灌的地埋支管，管径可以变化，但规格不宜很多，一般最多变径两次。管道水力计算主要是计算管道沿程水头损失和局部水头损失，沿程水头损失利用 $h_f = Ff\dfrac{LQ^m}{d^b}$，局部水头损失通常取沿程水头损失的 10％。

思 考 题

1. 喷灌有哪些优缺点？

2. 喷灌的主要技术要素有哪些？如何确定？

3. 灌溉系统有哪些类型？各类型特点和适用范围如何？

4. 喷头有哪些类型？

5. 表征喷头结构和性能指标的参数有哪些？它们的物理意义是什么？

6. 喷灌系统管网布置的原则有哪些？

7. 如何拟定喷灌制度和喷灌工作制度？

8. 喷头组合间距如何确定？

9. 喷头组合间距如何确定？

10. 什么叫 20％准则？支管管径如何确定？

11. 详述喷灌系统的设计步骤。

12. 已知某喷头设计流量为 $4m^3/h$，射程 18m，喷洒水利用系数取 0.8。求：

（1）该喷头作全圆喷洒的平均喷灌强度。

（2）若各喷头呈矩形布置，支管间距为 18m，支管上喷头间距为 15m，平均组合喷灌强度是多少？

13. 已知某喷灌区种植大田作物，土质属中壤土，土壤适宜含水率的上、下限分别为田间持水率的 70％。田间持水率为 30％（占体积百分数），计划湿润层深度为 60cm。作物耗水高峰期日平均耗水强度为 5mm/d，灌溉期间平均风速小于 3.0m/s。试计算大田作物喷灌的设计灌水定额与灌水周期。

14. 华北某实验果园，面积 95 亩，种植苹果树共 2544 株，果树株行距 4m×6m，路边与第一排树的距离南北方向为 2m，东西向 3m。果园由道路分割成 4 个小区。果园地面平坦，土壤为砂壤土，南部有一机井，最大供水量 60m³/h，动水位 20m，开机时间每天不超过 14h。采用固定式喷灌系统。据测定，苹果树高峰期平均日耗水强度 6mm/d，灌水周期可取 5～7d。灌溉季节月平均风速 2.5m/s，冻土层深度 0.6m。要求：

（1）选择喷头型号和确定喷头组合形式（包括校核平均组合喷灌强度是否小于土壤允

许喷灌强度）。

（2）布置干、支管道系统（包括校核支管首、尾上的喷头工作压力差是否满足要求）。

（3）拟定灌溉制度，计算喷头工作时间、轮灌工作制度和顺序。

（4）利用水力计算确定干、支管道直径，计算系统设计流量和总扬程，选择水泵。

项目四　微　灌　技　术

教学基本要求

单元一：理解微灌概念，熟悉微灌优缺点，掌握微灌系统的组成与分类。

单元二：了解常用灌水器的特点，适用条件；掌握灌水器的结构参数和水力性能参数的表示方法；熟悉微灌常用各种管材、管件与微灌系统附属设备。

单元三：掌握微灌设计耗水强度、土壤湿润比，灌水均匀度的确定方法。熟悉灌溉水利用系数、灌溉设计保证率的规范取值。

单元四：了解微灌工程规划的任务，微灌规划设计的阶段，资料收集的内容；熟悉微灌工程规划的一般规定，微灌设计标准，掌握微灌规划设计的内容、原则与方法。

单元五：根据设计示例，进一步掌握微灌规划设计的内容与方法。

能力培养目标

（1）能对微灌规划基本资料进行收集与分析。

（2）能正确选用灌水器、管材等。

（3）能合理选择规划区的微灌工程类型，并确定相应技术参数。

（4）能进行微灌工程规划设计，并能完成施工图绘制及撰写设计说明书。

学习重点与难点

重点：微灌技术参数及灌水器的选择；微灌工程类型的确定及管道的布置；微灌规划设计的方法。

难点：微灌工作制度的拟定及管道水力计算。

项目专业定位

微灌技术是以少量的水湿润作物的根区附近的部分土壤的一种局部灌溉技术，其特点是灌水流量小、一次灌溉延续时间较长，灌水周期短，能够准确地控制水量，能把水和养分直接地输送到作物根部附近的土壤中去。微灌特别是在经济作物，如果树、花卉、食用菌、温室、大棚等蔬菜作物的生产中，应用效益十分突出。2013 年，水利部召开会议专题研究微润灌溉（"微灌"）技术。会上提出，微灌技术节水效果明显，未来将不断在农田节水灌溉中加大推广力度。这是国家首次明确节水灌溉推广方面的未来技术方向。公开资料显示，目前市场应用的节水灌溉技术主要有渠道防渗、管灌、喷灌和微灌四大类。其中前两者节水效果普遍不足 50％，喷灌技术可节水 60％以上，微灌技术更可达 80％～85％。近 20 年来，全球的微灌面积以年均 33％的速度增长，总面积已近 6000 万亩，以色列、德国、奥地利三国的微灌面积推广最大。微灌技术在中国自"十一五"以来虽开始逐步推广，但目前在农田灌溉面积中的比重仍不足 10％，而传统的渠道防渗仍占据一半面积。这意味着未来以滴灌为代表的微灌技术在国内具有巨大的市场推广空间。

单元一　概　述

（一）微灌的概念及特点

微灌是按照作物需水要求，通过低压管道系统与安装在末级管道上的特制灌水器，将水和作物生长所需养分以较小的流量，均匀、准确地直接输送到作物根部附近的土壤表面或土层中的一种灌水方法。包括滴灌、微喷灌、涌泉灌（或小管出流灌）和渗灌等。与地面灌溉和喷灌相比，微灌只以少量的水湿润作物根区附近的部分土壤，因此又叫局部灌溉。微灌具有省水、省力、节能、灌水均匀、增产、对土壤和地形的适应性强和在一定条件下可以利用咸水资源等优点。其主要缺点是灌水器易堵塞，可能引起盐分积累，限制根系的发展，一次性投资大，技术比较复杂，对管理运用要求较高。

（二）微灌系统的组成与分类

按所用设备（主要是灌水器）及出流形式的不同，微灌可以分为滴灌、微喷灌、小管出流和渗灌四种。

典型的微灌系统通常由水源工程、首部枢纽、输配水管网和灌水器四部分组成，其形式如图4-1所示。微灌系统可用水质符合要求的河流、湖泊、水库、塘堰、沟渠和井泉等作为水源。首部枢纽是全系统的控制调度中心，一般包括水泵、动力机、肥料和化学药品注入设备、过滤设备、控制器、控制阀、进排气阀和压力流量测仪表等。其作用是从水源取水增压并将灌溉水处理成符合微灌要求的水流送到管网系统中去。输配水管网包括干管、支管和毛管三级管道及给水阀门（给水栓）和管道连接件等。毛管是微灌系统的最末一级管道，其上安装或连接灌水器。输配水管网的作用是将首部枢纽处理过的水按照要求输送分配到每个灌水单元和灌水器。灌水器是微灌设备中的关键部件，是直接向作物施水的设备，其作用是消减压力，将水流变为水滴或细流或喷洒状施入土壤。

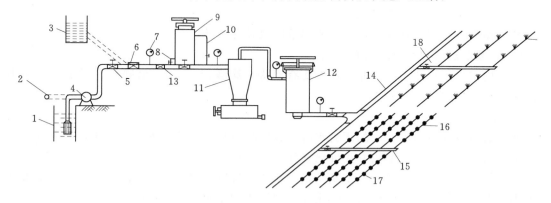

图4-1　微灌系统组成示意图

1—水源；2—供水管；3—蓄水池；4—水泵；5—闸阀；6—水表；7—压力表；8—施肥罐进水管；
9—压差式施肥罐；10—施肥罐输肥管；11—水力离心式过滤器；12—筛网式过滤器；
13—逆止阀；14—干管；15—支管；16—毛管；17—滴头；18—微喷头

根据微灌工程配水管道在灌水季节中是否移动，可以将微灌系统分成以下三类。

1. 固定式微灌系统

在整个灌水季节，系统各个组成部分都是固定不动的。干管和支管一般埋在地下，根据实际情况，毛管有的埋入地下，有的放在地表或悬挂在离地面一定高度的支架上。这种系统主要用于宽行大间距果园灌溉，也可用于条播作物灌溉。因其投资较高，一般应用于经济价值较高的作物。

2. 半固定式微灌系统

首部枢纽及干、支管是固定的，毛管连同其上的灌水器可以移动。根据设计要求，一条毛管可以在多个位置工作。

3. 移动式微灌系统

系统的各组成部分都可以移动，在灌溉周期内按计划移动安装在灌区内不同的位置进行灌溉。

半固定式和移动式微灌系统提高了微灌设备的利用率，降低了单位面积灌溉的投资，常用于大田作物，但操作管理比较麻烦，仅适合在干旱缺水和经济条件较差的地区使用。

单元二　微灌的主要设备

一、灌水器

灌水器的作用是把末级管道（毛管）的压力水流均匀而又稳定地灌到作物根区附近的土壤中，灌水器质量的好坏直接影响到微灌系统的寿命及灌水质量的高低。因此，对灌水器的要求是：①制造偏差小，一般要求灌水器的制造偏差系数 C_v 值控制在 0.07 以下；②出水量小而稳定，受水头变化的影响小；③抗堵塞性能强；④结构简单，便于制造、安装、清洗；⑤坚固耐用，价格低廉。

灌水器种类繁多，各有其特点，适用条件也各有差异。

（一）灌水器的种类与结构特点

按结构和出流形式不同，灌水器主要有滴头、滴灌带（管）、微喷头、涌水器（或小管滴水器）、渗灌带（管）五类。

1. 滴头

通过流道或孔口将毛管中的压力水流变成滴状或细流状的装置称为滴头，其流量一般不大于 12L/h。按滴头的消能方式可把它分为以下几种。

（1）长流道型滴头。长流道型滴头是靠水流与流道管壁之间的摩阻消能来调节出水量的大小。如微管滴头、内螺纹管式滴头等，如图 4-2、图 4-3 所示。

（2）孔口型滴头。孔口型滴头是靠孔口出流造成的局部水头损失来消能调节出水流量的大小，如图 4-4 所示。

（3）涡流型滴头。涡流型滴头是靠水流进入灌水器的涡室内形成的涡流来消能调节出流量的大小。水流进入涡室内，由于水流旋转产生的离心力迫使水流趋向涡室的边缘，在涡流中心产生一低压区，使中心的出水口处压力较低，从而调节出流量，如图 4-5 所示。

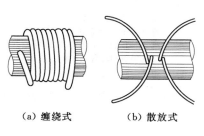

（a）缠绕式　　　（b）散放式

图 4-2　微管滴头

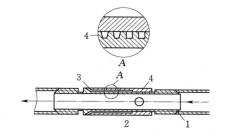

图 4-3　内螺纹管式滴头

1—毛管；2—滴头；3—滴头出水；4—螺纹

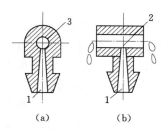

（a）　　　　　（b）

图 4-4　孔口型滴头

1—进口；2—出口；3—横向出水道

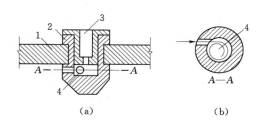

（a）　　　　　（b）

图 4-5　涡流型滴头

1—毛管壁；2—滴头体；3—出水口；4—涡流室

（4）压力补偿型滴头。压力补偿型滴头是利用水流压力对低头内的弹性体（片）的作用，使流道（或孔口）形状改变或过水断面面积发生变化，即当压力减小时，增大过水断面面积；压力增大时，减小过水断面面积，从而使滴头出流量自动保持稳定，同时还具有自清洗功能。

滴头名称和代号表示方法如图 4-6 所示。

D □ □ □ □ —— 额定工作压力（kPa）
　　　　　　 —— 额定流量（L/h）
　　　　　　 —— 水力补偿性能（B：补偿式，F：非补偿式）
　　　　　　 —— 结构特征（K：孔口式，L：流道式，D：滴流式）
　　　　　　 —— 滴头

图 4-6　滴头名称和代码表示方法

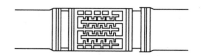

图 4-7　内镶嵌式滴灌带（管）

2. 滴灌带（管）

滴头与毛管制造成一个整体，兼具配水和滴水功能的带（管）称为滴灌带（管）。按滴灌带（管）的结构可分为内镶式滴灌带（管）和薄壁滴灌带（管）两种。

（1）内镶式滴灌带（管）。内镶式滴灌带（管）是在毛管制造过程中，将预先制造好的滴头镶嵌在毛管内的滴灌管上，称为内镶式滴灌管，如图 4-7 所示。

（2）薄壁滴灌带（管）。目前国内使用的薄壁滴灌带（管）有两种。一种是在 0.2～1.0mm 厚的薄壁软管上按一定间距打孔，灌溉水由孔口喷出湿润土壤；另一种是在薄壁管的一侧热合出各种形状的流道，灌溉水通过流道以滴流的形式湿润土壤，如图 4-8 所示。滴灌带（管）有压力补偿式与非压力补偿式，其名称代号表示方法如图 4-9 所示。

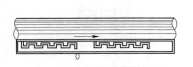

图 4-8　薄壁滴灌带（管）

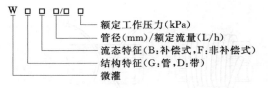

图 4-9　滴灌带（管）名称和代号表示方法

3. 微喷头

微喷头是将压力水流以细小水滴喷洒在土壤表面的灌水器。单个微喷头的喷水量一般不超过 250L/h，射程一般小于 7m。按照结构和工作原理，微喷头分为射流式、折射式、离心式和缝隙式四种。

（1）射流式微喷头。水流从喷水嘴喷出后，集中成一束向上喷射到一个可以旋转的单向折射臂上，折射臂上的流道形状不仅可以使水流按一定喷射仰角喷出，而且还可以使喷射出的水舌反作用力对旋转轴形成一个力矩，从而使喷射出来的水舌随着折射臂作快速旋转。故它又称为旋转式微喷头，如图 4-10 所示。旋转式微喷头一般由旋转折射臂、支架、喷嘴三个零件构成，旋转式微喷头有效湿润半径较大，喷水强度较低，水滴细小，由于有运动部件，加工精度要求较高，并且旋转部件容易磨损，因此使用寿命较短。

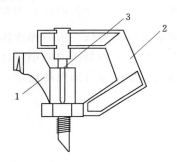

图 4-10　射流旋转式微喷头
1—旋转折射臂；2—支架；3—喷嘴

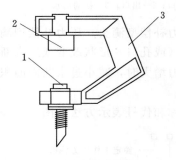

图 4-11　折射式微喷头
1—喷嘴；2—折射锥；3—支架

（2）折射式微喷头。其主要部件有喷嘴、折射锥和支架，如图 4-11 所示。水流由喷嘴垂直向上喷出，遇到折射锥即被击散成薄水膜沿四周射出，在空气阻力作用下形成细微水滴散落在四周地面上。折射式微喷头又称为雾化微喷头。折射式微喷头的优点是没有运动部件，工作可靠，价格便宜。缺点是由于水滴太微细，在空气十分干燥、温度高、风大的地区，蒸发漂移损失大。

（3）离心式微喷头。离心式微喷头的结构外形如图 4-12 所示。它的主体是一个离心室，水流从切线方向进入离心室，绕垂直轴旋转，通过处于离心室中心的喷嘴射出的水膜同时具有离心速度和圆周速度，在空气阻力的作用下水膜被粉碎成水滴散落在微喷头的四周。这种微喷头的主要特点是工作压力低，雾化程度高，一般形成全圆的湿润面积，由于在离心室内能消散大量能量，所以同样流量的条件下，孔口较大，从而大大减小了堵塞的可能性。

（4）缝隙式微喷头。如图4-13所示。水流经过缝隙喷出，在空气阻力作用下，裂散成水滴的微喷头。缝隙式微喷头一般由两部分组成，下部是底座，上部是带有缝隙的盖。

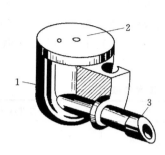

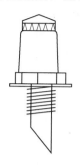

图4-12　离心式微喷头　　　　　图4-13　缝隙式微喷头

1—离心室；2—喷嘴；3—接头

微喷头名称和代号表示方法如图4-14所示。

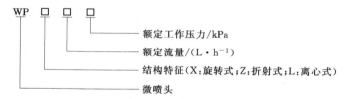

图4-14　微喷头名称和代号表示方法

4. 涌水器（或小管灌水器）

图4-15所示是小管灌水器的装配图。它是由 $\phi4$ 的小塑料管和接头连接插入毛管壁而成，它的工作水头低，孔口大，不容易被堵塞。

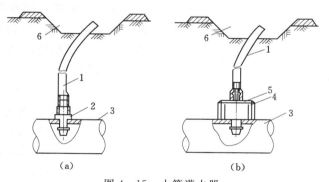

（a）　　　　　　　　　　　　　（b）

图4-15　小管灌水器

1—$\phi4$ 小管；2—接头；3—毛管；4—紊流器；5—胶片；6—渗水沟

5. 渗灌管（带）

渗灌管是用2/3的废旧橡胶（为旧轮胎）和1/3的PE塑料混合制成可以渗水的多孔管，这种管埋入地下渗灌，渗水孔不易被泥土堵塞，植物根也不易扎入。其结构形状如图4-16所示。

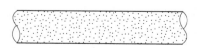

图4-16　渗灌管

（二）灌水器的结构参数和水力性能参数

结构参数和水力性能参数是微灌灌水器的两项主要技术参数。结构参数主要指流道或孔口的尺寸，对于滴灌带还包括管带的直径和壁厚。水力性能参数主要指流态指数、制造偏差系数、工作压力、流量，对于微喷头还包括射程、喷灌强度、水量分布等。表 4-1 列出各类灌溉器的结构与水力性能指标，可供参考。其中 C_v 值是《微灌溉水器》（SL/T 67.1～3—94）规定的。

表 4-1　　　　　　　　　　　微灌灌水器技术参数表

灌水器种类	结构参数					水力性能参数				
	流道或孔口直径/mm	流道长度/cm	滴头或孔口间距/cm	带管直径/mm	带管壁厚/mm	工作压力/kPa	出流量/(L·h⁻¹)或[L·(h·m)⁻¹]	流态指数 x	制造偏差系数 C_v	射程/m
滴头	0.5～1.2	30～50				50～100	1.5～12	0.5～1.0	<0.07	
滴灌带	0.5～0.9	30～50	30～100	10～16	0.2～1.0	50～100	1.5～3.0	0.5～1.0	<0.07	
微喷头	0.6～2.0					70～200	20～250	0.5	<0.07	
涌水器	2.0～4.0					40～100	80～250	0.5～0.7	<0.07	0.5～4.0
渗灌带（管）			10～20	0.9～1.3		40～100	2～4	0.5	<0.07	
压力补偿型								0～0.5	<0.07	

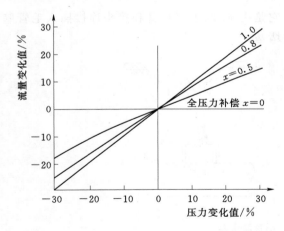

图 4-17　灌水器流量与压力关系曲线

1. 流量与压力关系

微灌溉水器的流量主要与工作压力有关，除压力补偿式灌水器在压力补偿范围内流量受压力变化影响较小外，其他灌水器的出水流量都随压力的升高而增大，两者关系可用式（4-1）表示：

$$q = kh^x \qquad (4-1)$$

式中　q——灌水器流量，L/h；
　　　k——流量系数；
　　　h——工作水头，m；
　　　x——流态指数。

式（4-1）中，流态指数 x 反映了灌水器的流量与压力变化的敏感程度。当滴头内水流为全层流时，流态指数 x 等于 1，即流量与工作水头成正比；当滴头内水流为全紊流时，流态指数 x 等于 0.5；全压力补偿器的流态指数 x 等于 0，即出水流量不受压力变化的影响。其他各种形式的灌水器的流态指数在 0～1.0 变化，如图 4-17 所示流态指数不同时，滴头的流量变化与压力变化之间的关系。

2. 制造偏差系数

灌水器的流量与流道直径的 2.5~4 次幂成正比，制造上的微小偏差将会引起较大的流量偏差。在灌水器制造中，由于制造工艺和材料收缩变形等的影响，不可避免地会产生制造偏差。实践中，一般用制造偏差系数来衡量产品的制造精度。其计算方法见式（4-2）。

$$C_v = \frac{S}{q} \tag{4-2}$$

$$S = \sqrt{\frac{1}{n-1} \sum_{i=1}^{n} (q_i - q)^2} \tag{4-3}$$

$$q = \frac{\sum_{i=1}^{n} q_i}{n} \tag{4-4}$$

式中　C_v——灌水器的制造偏差系数；

　　　S——流量标准偏差；

　　　q——所测每个滴头的流量，L/h；

　　　n——所测灌水器的个数。

二、首部枢纽

首部枢纽由逆止阀、空气阀、计量装置、肥料投注设备、过滤器、压力或流量调节器等组成。图 4-18 所示是一种简单的首部枢纽。

1. 逆止阀

当切断水流时，用于防止含有肥料的水倒流进水泵或供水系统。

2. 空气阀

安装于系统的最高处，用于排出管网中积累的空气。

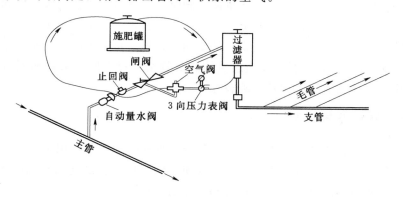

图 4-18　简单控制首部枢纽图

3. 计量装置（如水表等）

图 4-19 所示为自动量水阀结构，当通过预定的水表即自动关闭。很多阀可以依次由水力驱动。

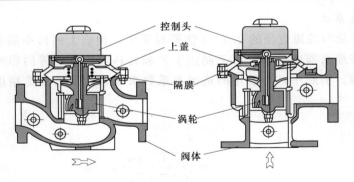

图 4-19 自动量水阀结构图

4．肥料注入设备

将无压的肥料溶液注入压力系统中。

5．过滤设施及设备

在灌溉系统中必须安装过滤器，以消减固体颗粒和生物体对滴头造成堵塞。过滤设施的种类有沉沙池、旋流水沙分离器、砂过滤器、叠片过滤器、筛网过滤器等。过滤器类型、尺寸和数量由水质和首部枢纽的流量所决定，一般情况下，过滤器都集中在首部枢纽。也有在首部枢纽装有过滤中心（或几个过滤器），在各地块入口处还装"安全过滤器"。

通常过滤器不能完全解决堵塞问题，还允许有一定比例的滴头堵塞或灌溉质量有所下降，然而，高效的过滤系统可以使堵塞降到可接受的水平。

过滤器并不能解决化学堵塞。为了清除化学堵塞，系统必须用酸冲洗。

6．压力或流量调节阀

压力调节阀的作用是在其工作压力范围内，入口压力无论如何变化，而出口压力始终稳定在一定的范围内。在选择压力或流量调节阀时一定要考虑投资、可靠性和调节精度。

滴灌系统自动化可以节省人力和提高节水效率。有很多方法，先进的形式是一个安装在首部枢纽的主控系统，与沿主管路安装的田间站相连；每个田间站控制很多支管入口的水动阀（由电磁阀配合），系统自动地逐次控制支管组，提供所需水量和肥料量，控制系统记录发生在系统内的故障，如管道破裂等。

三、管道管材及连接件

管道是微灌系统的主要组成部分。管道与连接件在微灌工程中用量大、规格多、所占投资比重大，所用的管道与连接件型号规格和质量的好坏，不仅直接关系到微灌工程费用大小，而且关系到微灌系统能否正常运行和寿命的长短。

（一）管材

微灌系统大量使用塑料管，主要有聚氯乙烯（PVC）管、聚丙烯（PP）管和聚乙烯（PE）管。在首部枢纽也使用一些镀锌钢管。

1．聚氯乙烯（PVC）塑料管

根据我国塑料工业的发展，水利部颁布了《喷灌用塑料管基本参数及技术条件——硬聚氯乙烯管》（SL/T 96.1—94），将聚氯乙烯（PVC）管材的使用压力分为 0.25、0.4、0.63、1.00、1.25MPa 级。

2. 聚丙烯（PP）管

聚丙烯管是采用共聚聚丙烯，经挤出工艺生产的管材。行业标准为《喷灌用塑料管基本参数及技术条件——聚丙烯管》（SL/T 96.2—94）。压力等级为 0.25MPa、0.4MPa、0.63MPa 和 1.00MPa 级。

3. 聚乙烯（PE）管

聚乙烯管是聚乙烯树脂，经挤出工艺生产的管材。依据树脂的密度，聚乙烯管可分为低密度聚乙烯管、高密度聚乙烯管和加筋高密度聚乙烯管。

低密度聚乙烯管加工方便和可缠绕运输，易于打孔和连接，因而在微灌系统中广泛应用于支管、毛管，用量往往很大。微灌系统毛管一般置于地面，对聚乙烯管材的抗老化、抗晒、抗磨性能提出了很高的要求。低密度聚乙烯管材又分为外径公差系列和内经公差系列，两者的区别在于管件的结构和连接形式不同：一种是直接把管子插入管件锁紧连接；另一种是先把管子接口处加热后把带倒扣的管件加入，再用铁丝捆扎。低密度聚乙烯管材外径公差系类公称外径为 $\phi 4 \sim \phi 63$，内径公差系类公称内径为 $\phi 4 \sim \phi 80$，对于聚乙烯管，目前采用《喷灌用塑料管基本参数及技术条件——低密度聚乙烯管》（SL/T 96.2—94），工作压力等级分为 0.25MPa 和 0.40MPa。

PE 管材除具有 PVC 管材所具有的大部分优点外，还有优异的抗磨性能，柔韧性好，耐冲击强度高，接头少，管道连接采用插入式、熔焊接或螺纹连接，施工方便，工程综合造价低等优点。

（二）连接件

连接件是连接管道的部件，亦称管件。微灌系统中常用管件主要有接头、三通、弯头、堵头、旁通、插杆、密封紧固件等。微灌系统从首部枢纽、输水管道到田间支、毛管，要用不同直径、不同类型的管件，且数量较大。同时，微灌系统主要使用塑料管，而塑料管件维修比较困难，因而在选择管件时，要十分谨慎，应选择密封可靠、维修更换方便的管件，以利于施工安装和维护。在微灌系统设计时，不同管材、不同规格，应选用不同的管件。具体选用时可参照厂家产品说明书。

单元三　微灌灌溉技术参数确定

一、微灌设计耗水强度

1. 耗水强度

微灌只湿润部分土壤，与地面灌溉和喷灌相比，作物耗水量主要用于本身的生理需水，地面蒸发损失很小。一般应根据当地试验资料确定。在无资料地区，可采用联合国粮农组织推荐的方法。

$$\left. \begin{array}{l} E_a = k_r E_c \\ k_r = \dfrac{G_e}{0.85} \end{array} \right\} \qquad (4-5)$$

2. 设计耗水强度

设计耗水强度是指在设计条件下微灌的作物耗水强度，它是确定微灌系统最大输水能力和灌溉制度的依据。设计耗水强度越大，系统的输水能力也越大，保证程度越高，但系统的投资也越高，反之亦然。因此，在确定设计耗水强度时既要考虑作物对水分的需要情况，又要考虑经济上合理可行。

对于微灌，一般取设计年灌溉季节月平均耗水强度峰值作为设计耗水强度。在无资料时，可参阅表4-2选取，但要根据本地区经验进行论证后选取。

表4-2　　　　　　　　　　　　设 计 耗 水 强 度

作物	滴灌	微灌	作物	滴灌	微灌
果树	3～5	4～6	露地蔬菜	4～7	5～8
葡萄、瓜类	3～6	4～7	粮、棉、油等作物	4～6	5～8
保护地蔬菜	2～3	—			

注 干旱地区宜取上限值。

二、土壤湿润比

微灌的土壤湿润比，是指被湿润的土体占计划湿润总土体的百分比。在实际应用中，常以地面以下20～30cm处的湿润面积占总灌水面积的百分比表示。

影响土壤湿润比的主要因素包括毛管的布置方式、灌水器的类型和布置方式、灌水器的流量和灌水量大小、土壤的种类、结构和坡度等。

（一）计算土壤湿润比的方法

1. 单行直线毛管布置

图4-20（a）所示为单行毛管直线布置形式。这种布置形式的特点为：毛管顺作物行向布置，一行作物或几行作物布置一条毛管，滴头安装在毛管上。这种方式只适用于幼数和窄行密植作物（如蔬菜）。单行直线毛管布置湿润比为

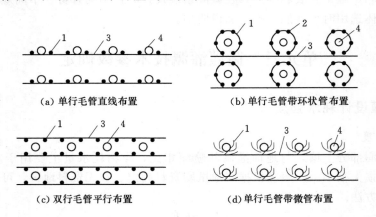

（a）单行毛管直线布置　　　（b）单行毛管带环状管布置

（c）双行毛管平行布置　　　（d）单行毛管带微管布置

图4-20　滴灌毛管与灌水器布置图

1—灌水器；2—绕树环状管；3—毛管；4—果树

$$P = \frac{0.785D_w^2}{S_e S_l} \times 100\% \qquad (4-6)$$

式中　P——土壤湿润比，%；

D_w——土壤水分水平扩散直径或湿润带宽度（D_w 的大小取决于土壤质地、灌水流量和灌水量大小，缺乏资料取 0.8～1），m；

S_e——灌水器或出水点间距，m；

S_l——毛管间距，m。

2. 单行毛管带环状管布置

如图 4-20（b）所示为单行毛管带环状管布置形式。当滴灌成龄果树时，可沿一行树布置一条输水毛管，围绕每一棵树布置一条环状灌水管，其上安装 5～6 个单出水口滴头。这种布置形式增加了毛管总长，因而增加了工程费用。

$$P = \frac{0.785D_w^2}{S_t S_r} \times 100\% \qquad (4-7)$$

或

$$P = \frac{N_p S_e W}{S_t S_r} \times 100\% \qquad (4-8)$$

式中　N_p——每棵作物滴头数；

S_e——滴头沿毛管上的间距，m；

W——湿润带宽度（也等于单个低头的湿润直径的大小取决于土壤质地、灌水量和灌水量大小，缺乏资料取 0.8～1），m；

S_t——作物株距，m；

S_r——作物行距，m。

3. 双行毛管平行布置

如图 4-20（c）所示为双行毛管平行布置形式。滴灌高达作物时，可用双行毛管平行布置，沿作物两边各布置一条毛管，每株作物两边各安装 2～4 个滴头。这种布置形式使用的毛管数量也较多。

$$P = \frac{P_1 S_1 + P_2 S_2}{S_r} \times 100\% \qquad (4-9)$$

式中　S_1——毛管间的窄间距，m；可根据给定的流量和土壤类别，查表 4-3 当 $p=100\%$ 时推荐的毛管间距；

P_1——与 S_1 相对应的土壤湿润比，%；

S_2——毛管的宽间距，m；

P_2——与 S_2 相对应的土壤湿润比，%；

S_r——作物行距，m。

4. 单行毛管带微管布置

如图 4-20（d）所示为单行毛管带微管布置。当使用微管滴灌果树时，可每一行果树布置一条毛管，再用一段分水管与毛管连接，在分水管上安装 4～6 条（有时会更多）微管。这种布置形式大大减少了毛管的用量，加之微管价格低廉，因此减少了工程费用。

$$P = \frac{A_w}{S_e S_l} \times 100\% \qquad (4-10)$$

$$A_w = \frac{\theta}{360}\pi R^2 \tag{4-11}$$

式中　A_w——微喷头的有效湿润面积，m^2；

　　　θ——湿润范围平面分布夹角，当为全圆喷洒时 $\theta=360°$；

　　　R——喷头的有效喷洒半径，m；

其余符号意义同上。

表 4 - 3　　　　　　　　土 壤 湿 润 比 P 值 表　　　　　　　　%

毛管有效间距 S_1 /m	灌水器或出水点流量 $q/(\text{L}\cdot\text{h}^{-1})$														
	<1.5			2			4.0			8.0			>12.0		
	对粗、中、细结构的土壤推荐的毛管上的灌水器或出水点的间距 S_e/m														
	粗	中	细	粗	中	细	粗	中	细	粗	中	细	粗	中	细
	0.2	0.5	0.9	0.3	0.7	1.0	0.6	1	1.3	1	1.3	1.7	1.3	1.6	2
0.8	38	88	100	50	100	100	100	100	100	100	100	100	100	100	100
1.0	33	70	100	40	80	100	80	100	100	100	100	100	100	100	100
1.2	25	58	92	33	67	100	67	100	100	100	100	100	100	100	100
1.5	20	47	73	26	53	80	53	80	100	80	100	100	100	100	100
2.0	15	35	5	20	40	60	40	60	80	60	80	100	80	100	100
2.4	12	28	44	16	32	48	32	48	64	48	64	80	64	80	100
3.0	10	23	37	13	26	40	26	40	53	40	53	67	53	67	80
3.5	9	20	31	11	23	34	23	34	46	34	46	57	46	57	68
4.0	8	18	28	10	20	30	20	30	40	30	40	50	40	50	60
4.5	7	16	24	9	18	26	18	26	36	26	36	44	36	44	53
5.0	6	14	22	8	16	24	16	24	32	24	32	40	32	40	48
6.0	5	12	18	7	14	20	14	20	27	20	27	34	27	34	40

注　表中所列数值为单行直线毛管、灌水器或出水点均匀布置，每一个灌水周期在施水面积上灌水量为 40mm 时的土壤湿润比。

（二）设计土壤湿润比

微灌设计土壤湿润比应根据自然条件、植物种类、种植方法及微灌的形式，并结合当地试验资料确定。在无实测资料时按表 4 - 4 选取。

表 4 - 4　　　　　　　　设 计 土 壤 湿 润 比

作　物	滴灌、涌泉灌	微喷罐	作　物	滴灌、涌泉灌	微喷罐
果树、乔木	25～40	40～60	蔬菜	60～90	70～100
葡萄、瓜类	30～50	40～70	粮、棉、油等植物	60～90	—
草、灌木	—	100			

三、灌水均匀度

为了保证微灌的灌水质量，提高灌溉水利用率，要求灌水均匀或达到一定的要求。一般用灌水均匀度或灌水均匀系数来表征。影响灌水均匀度的因素很多，如灌水器工作压力的变化、灌水器的制造偏差、堵塞情况、水温变化、微地形变化等。

微灌的灌水均匀度有多重表达方法。

1. 克里斯琴森均匀系数

克里斯琴森均匀系数用 C_u（Christiansen）来表示，即

$$C_u = 1 - \frac{\overline{\Delta q}}{\overline{q}} \tag{4-12}$$

$$\Delta q = \frac{1}{n} \sum_{i=1}^{n} | q_i - \overline{q} | \tag{4-13}$$

式中　C_u——灌水均匀系数；

　　　$\overline{\Delta q}$——灌水器流量的平均偏差，L/h；

　　　q_i——田间实测的各灌水器流量，L/h；

　　　$\overline{q}$——灌水器平均流量，L/h；

　　　n——所测的灌水器个数。

2. 流量偏差率 q_v

微灌系统的设计中，一般采用流量偏差率来控制灌水均匀度。

微灌系统是由多个灌水小区组成的，每个灌水小区中有支管和多条毛管，每条毛管上又有几十个甚至上百个滴头或灌水器，由于水流在管道中流动产生水头损失的缘故，每个灌水器的出流量都不相同。当地形坡度为零时，工作水头最大的是距离支管进口最近的第一条毛管的第一个灌水器，工作水头最小的为距离支管进口最远的一条毛管的最末一个灌水器，微灌系统的灌水均匀度是由限制灌水小区中灌水器的最大流量差来保证。这个流量差异，一般用流量偏差率来表示，即

$$q_v = \frac{q_{max} - q_{min}}{q_d} \tag{4-14}$$

式中　q_v——流量偏差率；

q_{max}、q_{min}——灌水小区中灌水器最大和最小流量，L/h；

　　　q_d——灌水器设计流量，L/h。

微灌的均匀系数 C_u 与灌水器的流量偏差率 q_v 之间存在一定的关系，见表 4-5。

表 4-5　　　　　　　　　　　　　C_u 与 q_v 的关系

$C_u/\%$	98	95	92
$q_v/\%$	10	20	30

灌水小区中灌水器的流量差异取决于灌水器的水头差异，灌水器的最大水头和最小水头与流量偏差率关系为

$$h_{max} = (1 + 0.65 q_v)^{1/x} h_a \tag{4-15}$$

$$h_{min} = (1 - 0.35 q_v)^{1/x} h_a \tag{4-16}$$

式中　h_a——设计水头，m；

h_{max}、h_{min}——灌水小区中灌水器最大与最小工作水头，m；

　　　x——灌水器流态指数；

其余符号意义同前。

由式（4-15）和式（4-16）可得灌水小区允许的最大水头偏差为

$$\Delta H_s = h_{\max} - h_{\min} \tag{4-17}$$

而灌水小区允许的最大水头差是由小区内支管水头损失和毛管水头损失组成的，即

$$\Delta H_s = \Delta H_{支} + \Delta H_{毛} \tag{4-18}$$

因此

$$\Delta H_s = \Delta H_{支} + \Delta H_{毛} = h_{\max} - h_{\min} = (1+0.65q_v)^{\frac{1}{x}}h_a - (1-0.35q_v)^{\frac{1}{x}}h_a \tag{4-19}$$

式中　　ΔH_s——灌水小区允许的最大水头差，m；

　　　　$\Delta H_{支}$——灌水小区中支管允许的最大水头差，m；

其余符号意义同前。

已知流态指数 x，则可由式（4-18）和式（4-19）求出与流量偏差率相应的灌水小区中允许的最大水头差。

3. 设计灌水均匀度的确定

在设计微灌工程时，选定的灌水均匀度越高，灌水质量越高，水的利用率也越高，而系统的投资越大。因此，设计灌水均匀度应根据作物对水分的敏感程度、经济价值、水源条件、地形、气候等因素综合考虑确定。

建议采用的设计均匀度为：当只考虑水利因素时，取 $C_u = 0.95 \sim 0.98$，或 $q_v = 10\%$ $\sim 20\%$；当只考虑水力和灌水器制造偏差两个因素时，取 $C_u = 0.9 \sim 0.95$。

四、灌溉水利用系数

灌溉水利用系数是满足作物消耗和淋洗的有效水量占灌溉供水量的百分比。微灌的主要适量损失是由灌水不均匀和某些不可避免的损失所造成的。只要设计合理、设备可靠、精心管理，微灌工程就不会产生输水损失、地面径流和深层渗漏。

《微灌工程技术规范》（GB/T 50485—2009）规定：滴灌灌溉水利用系数应不低于0.9，做喷灌、涌泉灌灌溉水利用系数不应低于0.85。

五、灌溉设计保证率

《微灌工程技术规范》（GB/T 50485—2009）规定：微灌工程设计保证率应根据自然条件件和经济条件确定，不应低于85％。

六、灌水器设计工作水头

灌水器的水头越高，灌水均匀度越高，但系统的运行费用也就越大。灌水器的设计工作水头应根据地形和所选用的灌水器的水力性能决定。滴灌时工作水头一般为10m；微灌时工作水头一般以 10～15m 为宜；涌泉灌时工作水头可为 5～7m。

单元四　微灌系统规划设计

一、微灌工程规划任务

兴建微灌工程如同兴建其他灌溉工程一样，都应有一个总体规划。规划是微灌系统设

计的前提。微灌工程的规划任务包括以下几项。

（1）勘测和收集资料。包括地形、水文、水文地质、土壤、气象、作物、灌溉试验、动力设备、乡镇生产现状与发展规划以及经济条件等。资料收集得越齐全，规划设计依据越充分，规划成果也越符合实际。

（2）根据当地的自然条件、社会和经济状况等，论证工程的必要性和可行性。

（3）根据当地水资源状况和农业生产、乡镇工业、人畜饮水等用户的要求进行水利计算，确定工程的规模和微灌系统的控制范围。

（4）根据水源位置、地形和作物种植情况，合理布置引、蓄、提水源工程、微灌枢纽位置和骨干输水管网。

（5）提出工程概算。选择微灌典型地段进行计算，用扩大技术经济指标估算出整个工程的投资、设备、用工和用才种类、数量以及工程效益。

二、微灌工程规划一般规定

（1）微灌工程规划应符合当地水资源开发利用、农村水利、农业发展及园林绿地等规划要求，并与灌排设施、道路、林带、供电等系统建设和土地整理规划、农业结构调整及环境保护等规划相协调。

（2）平原区灌溉面积大于 $100hm^2$、山丘区灌溉面积大于 $50hm^2$ 的微灌工程，应分为规划阶段和设计阶段进行。

（3）微灌工程规划应包括水源工程、系统选型、首部枢纽和官网规划，规划成果应绘制在不小于 1/5000 的地形图上，并应提出规划报告。

三、水量平衡计算

（一）水源供水能力计算

水源供水能力计算应符合下列规定：

（1）微灌工程规划必须对水源水量、水位和水质进行分析，并确定设计供水能力。由已建水源工程供水的微灌系统，供水能力应根据工程原设计和运用情况确定，对于新建水源工程，供水能力应根据水源类型和勘测资料确定。

（2）当微灌工程以水量丰富的江、河、水库和湖泊为水源时，可不作供水量计算，但必须进行年内水位变化和水质分析。

（3）微灌工程以小河、山溪和塘坝为水源时，应根据调查资料并参考地区水文手册或图集，分析计算设计水文年的经流量和年内分配。

（4）微灌工程以井、泉为水源时，应根据已有资料分析确定供水能力，无资料时，应进行试验或调查，并应分析、计算确定供水能力。

（5）微灌工程以水窖等雨水集蓄利用工程为水源时，应根据当地降雨和径流资料、水窖蓄水容积及复蓄状况等，分析确定供水能力。

（二）用水量平衡与调蓄计算

（1）在水源供水流量稳定且无调蓄时，微灌面积可按式（4-20）确定：

$$A = \frac{\eta Q_s t_d}{10 I_a} \qquad (4-20)$$

无淋洗要求时：

$$I_a = E_a \qquad (4-21)$$

有淋洗要求时：

$$I_a = E_a + I_l \qquad (4-22)$$

式中　A——灌溉面积，hm^2；

　　　Q_s——水源可供流量，m^3/h；

　　　I_a——设计供水强度，mm/d；

　　　E_a——设计耗水强度，mm/d；

　　　I_l——设计淋洗强度，mm/d；

　　　t_d——水泵日供水小时数，h/d；

　　　η——灌溉水利用系数。

（2）在水源有调蓄能力且调蓄容积已定时，微灌面积可按式（4-23）确定：

$$A = \frac{\eta_0 KV}{10 \sum I_i T_i} \qquad (4-23)$$

式中　K——复蓄系数，取 $1.0 \sim 1.4$；

　　　η_0——蓄水利用系数，取 $0.6 \sim 0.7$；

　　　V——蓄水工程容积，m^3；

　　　I_i——灌溉季节各月的毛供水强度，mm/d；

　　　T_i——灌溉季节各月的供水天数，d。

（3）在灌溉面积已定，需要确定系统需水流量时，可按式（4-20）计算；需修建调蓄工程时，调蓄容积可按式（4-23）确定。

四、微灌系统的设计

微灌系统的设计是在微灌工程总体规划的基础上进行的。其内容包括系统的布置，灌溉制度、工作制度、设计流量的确定，管网水利计算，以及泵站、蓄水池和沉淀池的设计等，最后提出工程材料、设备及预算清单、施工和运行管理要求。

（一）微灌系统的布置

微灌系统的布置通常是在地形图上作初步的布置，然后将初步布置方案带到实地与实际地形作对照，并进行必要修正。微灌系统布置所用的地形图比例尺一般为 1/1000 ~ 1/500。在灌区已在规划阶段确定，因此，设计阶段主要是进行管网的布置。

（1）毛管和灌水器的布置（见单元三）。

（2）干、支管的布置。干、支管的布置取决于地形、水源、作物分布和毛管的布置，应达到管理方便、工程费用少的要求。如图4-21所示，在山丘地区，干管多沿山脊或等高线布置，支管则垂直于等高线向两边的毛管配水。在水平地形，干、支管应尽量双向控制，两侧布置下级管道，以节省管材。当地形水平并采用丰字形布置时，干、支管可分别布置在支管和毛管的中部。

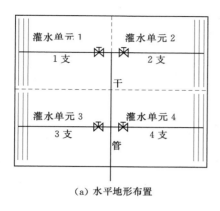 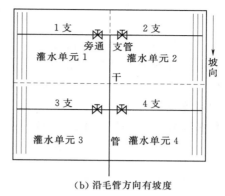

（a）水平地形布置　　　　　　　（b）沿毛管方向有坡度

图 4-21　干、支管布置示意图

（二）微灌灌溉制度的确定

1. 最大净灌水定额

最大灌水定额用式（4-24）计算：

$$m_{max} = 0.001\gamma z P(\theta_{max} - \theta_{min}) \text{ 或} \tag{4-24}$$

$$m_{max} = 0.001 z P(\theta'_{max} - \theta'_{min}) \tag{4-25}$$

式中　m_{max}——最大净灌水定额，mm；

　　　　γ——土壤密度，g/cm³；

　　　　z——土壤计划湿润层深度，cm；

　　　　P——设计土壤湿润比，%；

　　　　θ_{max}——适宜土壤含水率上限，质量百分比，%；

　　　　θ_{min}——适宜土壤含水率下限，质量百分比，%；

　　　　θ'_{max}——适宜土壤含水率上限，体积百分比，%；

　　　　θ'_{min}——适宜土壤含水率下限，体积百分比，%。

2. 设计灌水周期

设计灌水周期是指在设计灌水定额和设计日耗水量的条件下，能满足作物需要，两次灌水之间的最长时间间隔。这只是表明系统的供水能力，而不能完全限定灌溉管理时所采用的灌水周期。设计灌水周期可按式（4-26）确定：

$$T \leqslant T_{max} \tag{4-26}$$

$$T_{max} = \frac{m_{max}}{I_a} \tag{4-27}$$

式中　T——设计灌水周期，d；

　　　　T_{max}——最大灌水周期，d；

　　　　其余符号意义同式（4-22）。

3. 设计灌水定额

设计灌水定额按式（4-28）确定：

$$m_d = T \cdot I_a \tag{4-28}$$

$$m' = \frac{m_d}{\eta} \tag{4-29}$$

式中　　m_d——设计净灌水定额，mm；

　　　　m'——设计毛灌水定额，mm；

其余符号意义同式（4-22）、式（4-26）。

4. 一次灌水延续时间

一次灌水延续时间应按下列公式确定：

$$t = \frac{m' S_e S_l}{q_d} \tag{4-30}$$

对于 n_s 个灌水器绕植物布置时：

$$t = \frac{m' S_r S_t}{n_s q_d} \tag{4-31}$$

式中　　t——一次灌水延续时间，h；

　　　　n_s——每株植物的灌水器个数；

　　　　q_d——灌水器设计流量，L/h；

其余符号意义同式（4-7）、式（4-8）和式（4-29）。

（三）微灌系统工作制度的确定

微灌系统的工作制度通常分为全系统续灌和分组轮灌两种情况。不同的工作制度要求的系统流量不同，因而工程费用也不同。在确定工作制度时，应根据作物种类、水源条件和经济条件等因素综合做出合理的选择。

1. 全系统续灌

全系统续灌是对系统内全部管道同时供水，设计灌溉面积内所有作物同时灌水的一种工作制度。它的优点是每株植物都能得到适时灌水；且灌溉供水时间短，有利于其他农事活动的安排。缺点是干管流量大，管径粗，增加工程的投资和运行费用；设备的利用率低；在水源流量小的地区，可能会缩小灌溉面积。

2. 分组轮灌

较大的微灌系统为了减少工程投资，提高设备利用率，增加灌溉面积，通常采用分组轮灌的工作制度。这种工作制度的缺点是：一般将支管分成若干组，由干管流向各组支管供水，而支管内部同时向毛管供水。

（1）轮灌组的划分原则。

1）每个轮灌组控制的灌溉面积应尽可能相等或接近，以使水泵工作稳定，效率提高。

2）轮灌组的划分应照顾农业生产责任制和田间管理的要求。例如，一个轮灌组包括若干片责任地，应可能减少农户间的用水矛盾，并使灌水与其他农业措施（如施肥、修剪等）较好地配合。

3）为了便于运行操作和管理，通常一个轮灌组管辖的范围宜集中连片。轮灌顺序可通过协商自上而下进行。有时为了减少输水干管的流量，也可采用插花操作的方法划分轮灌组。

（2）轮灌组数目的确定。全系统的轮灌组数目可由式（4-32）确定：

$$N \leqslant \frac{t_d T}{t} \tag{4-32}$$

式中　N——允许的轮灌组最大数目，取整数；

　　　t_d——水泵日供水小时数，一般为 $12\sim22\text{h}$，对于固定式系统不低于 16h；

　　　T——设计灌水周期，d；

　　　t——一次灌水延续时间，h。

实践表明，轮灌组过多，可能会造成各农户间的用水矛盾，由式（4-32）计算的 N 值为允许的最多轮灌组数，设计时应根据具体情况灵活确定合理的轮灌组数目。

（3）轮灌组的划分方法。通常轮灌组的划分原则为：支管分组供水，支管内同时供水。在支管的进口安装闸门和流量调节装置，使支管所辖的面积成为一个灌水单元，称为灌水小区。一个轮灌组可包括一条或若干条支管，即包括一个或若干个灌水小区。

（四）微灌系统的流量计算

1. 毛管流量计算

一条毛管的进口流量为该毛管上所有灌水器或出水口流量之和，即

$$Q_{毛} = \sum_{i=1}^{n} q_i \tag{4-33}$$

式中　$Q_{毛}$——毛管进口流量，L/h；

　　　n——毛管上灌水器或出水口数量；

　　　q_i——第 i 个灌水器或出水口流量，L/h。

设毛管上灌水器或出水口的平均流量为 $\bar{q}$，则

$$Q_{毛} = n\bar{q} \tag{4-34}$$

通常毛管上安装的灌水器为同一型号，灌水器出流量的变化规定在一允许的范围时，可用灌水器的设计流量 q_d 近似地代表灌水器的平均流量 $\bar{q}$，则毛管进水口流量为

$$Q_{毛} = nq_d \tag{4-35}$$

2. 支管设计流量的计算

一般支管为双向给毛管配水，如图 4-22 所示。支管上有 N 派毛管，自上而下编号分别为 1，2，…，$N-1$，N，每段编号相应与其下端毛管编号，任一支管段 n 的流量为：

$$Q_{支n} = \sum_{i=n}^{N} (Q_{毛Li} + Q_{毛Ri}) \tag{4-36}$$

式中　$Q_{支n}$——支管第 n 段流量，L/h；

　　　$Q_{毛Li}$——第 i 排左侧毛管进口流量，L/h；

　　　$Q_{毛Ri}$——第 i 排右侧毛管进口流量，L/h；

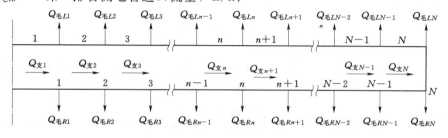

图 4-22　支管配水示意图

n——只管分段编号。

支管进口流量（$n=1$）为

$$Q_{支n} = Q_{支1} = \sum_{i=n}^{N}(Q_{毛Li} + Q_{毛Ri}) \tag{4-37}$$

当毛管流量相等，即 $Q_{毛Li}=Q_{毛Ri}=Q_{毛}$ 时

$$Q_{支n}=2(N-n+1)Q_{毛} \tag{4-38}$$

支管进口流量为

$$Q_{支}=2NQ_{毛} \tag{4-39}$$

3. 干管流量计算

（1）续灌情况。续灌情况下，任一干管的流量等于该干管以下支管流量之和。

（2）轮灌情况。轮灌情况下，任一干管的流量等于通过该管段的各轮灌组中最大的流量。

（五）管道水力计算

微灌管道内的水流属于有压流动，水力计算的主要任务是确定各级管道的沿程水头损失和局部水头损失。

1. 沿程水头损失

微灌管道沿程水头损失可采用式（4-40）计算

$$h_f = f\frac{Q^m}{d^b}L \tag{4-40}$$

式中　h_f——沿程水头损失，m；

　　　　f——管道摩阻系数；

　　　　d——管道内径，m；

　　　　L——管道长度，m；

　　　　Q——流量，m^3/h；

　　　　m——流量指数；

　　　　b——管径指数。

当采用聚乙烯（PE）管时，常用勃拉休斯公式计算沿程水头损失

$$h_f = 8.4 \times 10^4 \times \frac{Q^{1.75}}{d^{1.75}}L \tag{4-41}$$

当采用聚氯乙烯管时，沿程水头损失常采用式（4-42）计算

$$h_f = 9.48 \times 10^4 \times \frac{Q^{1.77}}{d^{4.77}}L \tag{4-42}$$

式（4-40）～式（4-42）是在水温为 20℃时导出的经验公式，当水温变化时，其沿程水头损失可用一个温度修正系数 α 为温度修正系数，查表4-6。

表 4-6　　　　　　　　　　　温 度 修 正 系 数

水温/℃	5	10	15	20	25	30
α	1.109	1.068	1.032	1	0.971	0.945

2. 多口出流管道的沿层水头损失计算

微灌支管和毛管是沿程流量逐渐减小，至末端流量等于零。其沿程水头损失的计算，通常用一个多口系数 F 来修正。

$$\Delta H_f = F h_{ft} \tag{4-43}$$

$$F = \frac{N\left(\dfrac{1}{m+1} + \dfrac{1}{2N} + \dfrac{\sqrt{m-1}}{6N^2}\right) - 1 + X}{N - 1 + X} \tag{4-44}$$

式中　ΔH_f——多口出流沿程水头损失，m；

$\quad\quad h_{ft}$——无旁孔出流时的沿程水头损失，m；

$\quad\quad F$——多口系数；

$\quad\quad N$——出口数目；

$\quad\quad m$——流量指数；

$\quad\quad X$——进口端至第一个出水口的距离与孔口间距之比。

为了便于计算，将 $m=1.770$ 和 $m=1.750$ 条件下的多口系数制成表格备查，详见表4-7和表4-8。

表 4-7　　　　　　　　　　多口系数（$m=1.770$）

出水口数目 N	多口系数		出水口数目 N	多口系数		出水口数目 N	多口系数	
	$X=1$	$X=0.5$		$X=1$	$X=0.5$		$X=1$	$X=0.5$
2	0.648	0.530	14	0.397	0.375	26	0.380	0.368
3	0.544	0.453	15	0.395	0.374	27	0.380	0.368
4	0.495	0.423	16	0.393	0.373	28	0.379	0.368
5	0.467	0.408	17	0.391	0.372	29	0.378	0.368
6	0.448	0.398	18	0.389	0.371	30	0.378	0.367
7	0.435	0.392	19	0.388	0.371	31	0.377	0.367
8	0.426	0.388	20	0.386	0.371	32	0.376	0.367
9	0.418	0.384	21	0.385	0.370	33	0.375	0.366
10	0.412	0.382	22	0.384	0.370	34	0.374	0.366
11	0.408	0.379	23	0.383	0.369	35	0.372	0.365
12	0.404	0.378	24	0.382	0.369	36	0.371	0.365
13	0.400	0.376	25	0.381	0.369	37	0.366	0.363

表 4-8　　　　　　　　　　多口系数（$m=1.750$）

出水口数目 N	多口系数		出水口数目 N	多口系数		出水口数目 N	多口系数	
	$X=1$	$X=0.5$		$X=1$	$X=0.5$		$X=1$	$X=0.5$
2	0.650	0.533	5	0.469	0.410	8	0.428	0.390
3	0.546	0.456	6	0.451	0.401	9	0.421	0.387
4	0.498	0.426	7	0.438	0.395	10	0.415	0.384

出水口数目 N	多口系数		出水口数目 N	多口系数		出水口数目 N	多口系数	
	X=1	X=0.5		X=1	X=0.5		X=1	X=0.5
11	0.410	0.382	20	0.389	0.373	29	0.381	0.370
12	0.406	0.380	21	0.388	0.373	30	0.380	0.370
13	0.403	0.379	22	0.387	0.372	31	0.379	0.370
14	0.400	0.378	23	0.386	0.372	32	0.378	0.369
15	0.398	0.377	24	0.385	0.372	33	0.378	0.369
16	0.395	0.376	25	0.384	0.371	34	0.376	0.368
17	0.394	0.375	26	0.383	0.371	35	0.375	0.368
18	0.392	0.374	27	0.382	0.371	36	0.374	0.367
19	0.390	0.374	28	0.382	0.370	37	0.369	0.365

3. 局部水头损失

局部水头损失应按式（4-45）计算：

$$h_j = \sum \xi \frac{v^2}{2g} \tag{4-45}$$

式中　　h_j——局部水头损失，m；

　　　　ξ——局部阻力系数；

　　　　v^2——管道流速，m/s；

　　　　g——重力加速度，9.81m/s²。

当参数缺乏时，局部水头损失也可按沿程水头损失的一定比例估算。支管宜为 0.05~0.1，毛管宜为 0.1~0.2。水表、过滤器、施肥装置等产生的局部水头损失应使用企业产品样本上的测定数据。

（六）管网水力计算

管网水力计算是微灌系统设计的中心内容，它的任务是在满足水量和均匀度的前提下，确定管网布置中各级（段）管道的直径、长度及系统扬程，进而选择水泵型号。

1. 微灌灌水小区中允许水头差的分配

每个灌水小区内既有支管又有毛管，因此灌水小区中水头差和毛管水头差两部分组成，它们各自所占比例由于所采用的管道直径和长度不同，可以有许多种组合，因此存在着水头差按式（4-46）分配。

$$\Delta H_{毛} = 0.55 \Delta H_s$$
$$\Delta H_{支} = 0.45 \Delta H_s \tag{4-46}$$

式中　　ΔH_s——灌水小区允许的最大水头差，m；

　　　　$\Delta H_{毛}$——毛管允许的水头差，m；

　　　　$\Delta H_{支}$——支管允许的水头差，m。

上述分配方法是将压力调节装置装在支管进口的情况，故允许水头差分配给支、毛两级。当采用在毛管进口安装调压装置的方法来调节毛管的压力，可使各毛管获得均等进口

压力，支管上的水头变化不再影响灌水小区内灌水器的出水均匀度。因此，允许水头差可全部分配给毛管，即

$$\Delta H_{毛} = \Delta H_s \qquad (4-47)$$

这种做法虽然安装比较麻烦，但可以使支管和毛管的使用长度加大，降低了管网投资。

2. 毛管水力计算

毛管水力计算的任务是根据灌水器的流量和规定的允许流量偏差率，计算毛管的最大允许长度和实际使用长度，并按使用长度计算毛管的进口水头。

（1）毛管总水头损失的计算。微灌系统的毛管属于多口出流管，总水头损失为

$$\Delta H_{毛} = K \Delta H_{f毛} = K F h_{f毛} \qquad (4-48)$$

式中　$\Delta H_{毛}$——毛管的总水头损失，m；

　　$\Delta H_{f毛}$——毛管的沿程水头损失，m；

　　$h_{f毛}$——无旁孔出流时毛管的沿程水头损失，m；

　　K——考虑局部损失的加大系数，对于毛管，可取 $K=1.1\sim1.2$；

其余符号意义同前。

（2）毛管极限长度的确定。毛管允许的最大长度在特定条件下，满足设计均匀度要求的最大毛管长度称为毛管允许的最大长度，也叫极限长度。充分利用这个长度来布置管网，可以节省投资。

毛管允许的最大长度主要由毛管的极限分流孔数决定，求得极限分流孔数后，可根据灌水器的布置间距计算毛管允许的最大长度。

对于均匀地形坡的情况，毛管的极限分流孔数可按式（4-49）计算：

$$N_m = \mathrm{INT} \left\{ \frac{5.446 \Delta H_{毛} \ D^{4.75}}{K S q_d^{1.75}} \right\}^{0.364} \qquad (4-49)$$

式中　N_m——毛管的极限分流孔数；

　　$\Delta H_{毛}$——毛管允许的水头偏差，m；

　　D——毛管内径，mm；

　　K——水头损失扩大系数，为毛管总水头损失与沿程水头损失的比值，$K=1.1\sim1.2$；

　　q_d——毛管上单孔或灌水器的设计流量，L/h。

设计采用的毛管分流孔数，不得大于极限孔数。

毛管允许的最大长度 L_m 为

$$L_m = (N_m - 1)S + S_0 \qquad (4-50)$$

式中　S——毛管上出水口间距，m；

　　S_0——毛管进口至第 1 号出水口的距离，m。

（3）毛管实际取用长度与实际水头损失。式（4-50）计算得到的是毛管极限长度，在田间实际布置时，不一定要按极限长度来布置毛管，应根据田块的尺寸并结合支管的布置，进行适当的调整，但实际铺设长度必须小于允许的极限长度。当确定了毛管的实际铺设长度，并考虑地形高差后，计算出毛管实际的水头差 $\Delta H_{毛实际}$，此时，支管允许的水头

差变为

$$\Delta H_{支实际} = \Delta H_s - \Delta H_{毛实际} \qquad (4-51)$$

（4）毛管双向布置时支管位置的确定。当地形为均匀坡，支管平行于等高线布置，毛管在支管两侧采用双向布置时，由于地形高差的存在，为提高灌水均匀度，降低系统造价，上坡毛管和下坡毛管的铺设长度应该不同。在上、下坡毛管进口处的水头相同的情况下，应使得上、下坡毛管末端的灌水器水头相同或接近。现在的问题实际上就成为如何确定支管的位置，可采用试算法确定。即先假定上、下坡毛管末端的灌水器水头相同或接近的前提下，利用式（4-52）和式（4-53）计算上下坡毛管的进口水头。

$$h_下 = h_{末端,下坡} + \Delta H_{毛,下坡} + (Z_{末端} - Z_{进口}) \qquad (4-52)$$

$$h_上 = h_{末端,上坡} + \Delta H_{毛,上坡} + (Z_{末端} - Z_{进口}) \qquad (4-53)$$

式中　　　$h_上$、$h_下$——上、下坡毛管的进口水头，m；

$h_{末端,下坡}$、$h_{末端,上坡}$——上、下坡毛管末端工作压力，m；

$\Delta H_{毛,上坡}$、$\Delta H_{毛,下坡}$——上、下坡毛管水头损失，m；

$Z_{末端}$、$Z_{进口}$——上、下坡毛管进口和末端处地形高程，m。

改变上下坡毛管铺设长度，进行试算，直至毛管进口压力相同为止。但应该注意的是计算的单侧毛管的水头差必须小于毛管允许的最大水头差 $\Delta H_毛$，如果超过，则需要减小毛管长度，然后重新进行支管定位计算。

3. 支管水力计算

支管水力计算的任务是确定支管的水头损失和沿支管水头分布。

（1）支管水头损失的计算。在确定了支管管径后，支管的水头损失可以算出。由于支管一般向两侧毛管供水，属于沿程出流管，支管内的流量自上而下逐渐减少，在支管水力计算中可能会遇到均一管径和变管径两种。①均一管径支管。对于较短或逆坡铺设的支管，一条支管采用一种管径，其水头损失的计算方法同毛管水头损失的计算。②变径支管。由于支管内的流量自上而下逐渐减少，为了节约管材，减少工程投资常将一条支管分段设计成几种直径，即自上而下逐段缩小支管直径，这种支管称为变径支管，如图4-23所示。

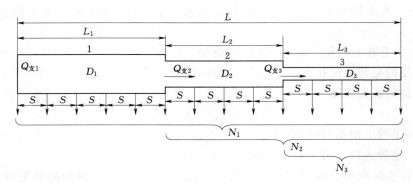

图 4-23　变径支管水力计算示意图

计算每一段支管的水头损失时，可将某段支管及其以下的长度看作与计算段直径相同的支管，则

$$\Delta H_{支i} = \Delta H'_{支i} - \Delta H'_{支i+1} \tag{4-54}$$

式中　　$\Delta H_{支i}$——第 i 段支管的水头损失，m；

　　　　$\Delta H'_{支i}$——第 i 段支管及其以下管长德水头损失，m；

　　$\Delta H'_{支i+1}$——与第 i 段支管直径相同的第 i 段支管以下长度的水头损失，m。

对于最后一段支管，则按均一管径支管计算。若按照勃拉休斯公式计算水头损失，并考虑局部损失，得到支管水头损失的计算公式：

$$\Delta H_{支} = 8.4 \times 10^4 \alpha K \frac{Q_{支i}^{1.75} L'_i F'_i - Q_{支i+1}^{1.75} L'_{i+1} F'_{i+1}}{D_i^{4.75}} \tag{4-55}$$

若毛管进口流量相同，支管每一个出水口为两条毛管流量之和（$Q_{单孔}$），则

$$\Delta H_{支i} = 8.4 \times 10^4 \alpha K Q_{单孔}^{1.75} \frac{N_i^{1.75} L'_i F'_i - N_{i+1}^{1.75} L'_{i+1} F'_{i+1}}{D_i^{4.75}} \tag{4-56}$$

式中　　$Q_{支}$、$Q_{支i}$——第 i 段支管和第 $i+1$ 段支管进口流量，m^3/h；

　　　　F'_i、F'_{i+1}——第 i 段支管和第 $i+1$ 段支管及其以下管道多口系数；

　　　　L'_i、L'_{i+1}——第 i 段支管和第 $i+1$ 段支管及其以下管道长度，m；

　　　　　　D_i——第 i 段支管直径，mm；

　　　　　　α——水温修正系数；

　　　　　　K——局部修水头损失加大系数，对于支管，可取 $K=1.05-1.1$；

　　N'_i、N'_{i+1}——第 i 段支管和第 $i+1$ 段支管及其以下管道分水口数目；

其余符号意义同上。

（2）支管各出水口压力分布。支管内任意点的水头 $h_{支i}$ 应大于或等于该处毛管进口要求的工作水头 $h_{毛i}$，并且，如果毛管进口不安装消能管时，支管上最大的水头差应小于允许的水头差 $\Delta H_{支}$。

如果灌水小区内各毛管长度不同，则毛管进口所需要的水头也不相同，如图 4-24 所示 2 线。支管任一点的水头自下而上或自上而下逐段计算，即

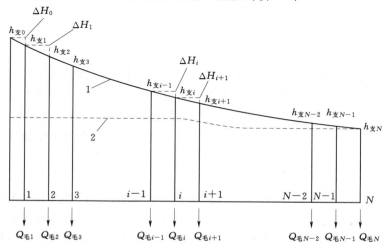

图 4-24　支管水头分布示意图

1—沿支管水头分布线；2—毛管进口要求的工作水头线

$$h_{支i} = h_{支i+1} + \Delta H_{i+1} - (Z_i - Z_{i+1}) \tag{4-57}$$

$$h_{支i} = h_{支i-1} - \Delta H_i + (Z_{i-1} - Z_i) \tag{4-58}$$

式中 $h_{支i}$、$h_{支i+1}$、$h_{支i-1}$——支管第 i、第 $i+1$、第 $i-1$ 断面处的水头，m；

ΔH_{i+1}、ΔH_i——支管第 i 段和第 $i-1$ 段的水头损失，m；

Z_i、Z_{i+1}、Z_{i-1}——支管第 i、第 $i+1$、第 $i-1$ 断面处的地面高程，m。

在设计中，支管的直径应通过水利计算确定。当采用变径支管时，管径和管段长度可以有许多组合，所以它是一种试算过程。如果毛管进口安装调压管，则还需计算支管提供水头和毛管进口需要的水头，然后根据两者的差计算调压管长度。

（3）毛管进口调压管长度的确定。支管内任一点的水头，应大于或等于该处毛管进口要求的工作水头 $h_{毛i}$，并且如果毛管进口不安装消能管时，支管上最大的水头差应小于允许的水头差 $\Delta H_支$。

如在毛管进口安装调压管，一般采用 $D=4\mathrm{mm}$ 的聚乙烯塑料管作为调压管，将毛管进口多余的水头消去，调压管所需长度为

$$L = \frac{\Delta h - 4.13 \times 10^{-5} Q_毛^2}{8.45 \times 10^{-4} Q_毛^{1.696}} \tag{4-59}$$

式中 L——直径为 4mm 的聚乙烯塑料管的长度，m；

Δh——毛管进口处支管水头和毛管要求的工作水头之差，m；

$Q_毛$——毛管进口流量，L/h。

4. 干管水力计算

干管的作用是将灌溉水输送并分配给支管。当支管进口安装有压力调节装置时，干管或分干管的管径选择不受灌水小区允许的压力变化的影响，管径的选择主要基于投资和耗能而定。支管以上各级管道管径的确定，一般按经验公式估算：

$$D = 13\sqrt{Q} \tag{4-60}$$

当 $Q \geqslant 120\mathrm{m}^3/\mathrm{h}$ 时

$$D = 11.5\sqrt{Q} \tag{4-61}$$

干管的水力计算按两个阶段进行，首先按最不利的轮灌组自下而上计算水头损失，确定干管进口水头。由于干管上的分水口间距大，以分水口分段，自下而上逐段按沿程无分流管 计算水头损失，干管局部水头损失可按部件的类型逐个计算。待确定了干管入口工作水头和系统水泵型号选定之后，再自上而下逐段计算其他轮灌组工作条件下支管分水口处的干管压力。

5. 节点的压力均衡验算

微灌管网应进行节点压力均衡验算。从同一节点取水的各条管线同时工作时，应比较各条管线对该节点的水头要求。通过调整部分管段直径，应使各管段对该节点的水头要求一致，也可按该节点最大水头要求作为该节点的设计水头，其余管线进口应根据节点设计水头与管线要求的水头之差设置调压装置。

从同一节点取水的各条管线分为若干轮灌组时，各组运行时的节点的压力状况均应计

算，同一组内各管线对节点水头要求不一致时，应按上述方法进行平衡计算。

6. **系统总扬程的确定和水泵的选型**

（1）微灌系统设计流量。微灌系统设计流量应按式（4-62）计算：

$$Q=\frac{n_0 q_d}{1000} \qquad (4-62)$$

式中　Q——系统设计流量，m^3/h；

　　　n_0——同时工作的灌水器个数；

　　　q_d——灌水器设计流量，L/h。

（2）微灌系统设计水头。微灌系统的设计水头应在最不利轮灌条件下按式（4-63）计算：

$$H=H_0+\Delta H_{首部}+(Z_1-Z_2) \qquad (4-63)$$

式中　　H——微灌系统的设计水头，m；

　　　　H_0——干管进口所要求的工作水头，m；

　$\Delta H_{首部}$——干管进口至水源的水头损失，包括水泵吸水管、水泵出水口至干管进口管段、阀门、接头、施肥装置、过滤器和监测仪表等的水头损失，m；

　　　　Z_1——干管进口处地面高程，m；

　　　　Z_2——水源动水位平均高程，m。

（3）水泵选型。根据系统总扬程和最不利轮灌组的流量选择相应的水泵型号。一般所选择的水泵参数应略大于系统的总扬程和流量。还应核算最有利轮灌组的水泵工作点，以确定水泵是否在高效区内工作，或采取相应的技术措施。

7. **管网水力计算的步骤**

（1）确定微灌设计均匀度或流量偏差率，由式（4-17）计算灌水小区允许的水头偏差 ΔH_s，并按式（4-46）计算支毛管允许的水头差 $\Delta H_支$、$\Delta H_毛$。

（2）根据毛管布置的方式和毛管允许的水头差，用试算法或式（4-50），计算毛管极限长度 L_m。

（3）按毛管极限长度，并考虑地块形状尺寸，确定毛管的实际铺设长度（应小于 L_m）根据毛管使用长度布置管网。

（4）根据毛管使用长度，确定毛管实际水头差 $\Delta H_毛$ 实际及毛管进口要求的工作水头。

（5）计算支管实际允许的水头差 $\Delta H_{支实际}=\Delta H_s+\Delta H_{毛实际}$。

（6）假定支管管径，计算支管压力分布，并与该处毛管要求的进口水头相比较，在满足毛管水头要求并稍有富余的条件下尽可能减小支管管径，支管的水头要大于分配给支管的允许水头差 $\Delta H_{支实际}$。

（7）按式（4-60）、式（4-61）初估或假定干、分干管的直径，按最不利的轮灌组流量和水头条件对干管和分干管逐段计算直至管网进口。对于需加压的系统，根据管网进口水头和流量，由式（4-63）计算系统总扬程，并选择泵型。

（8）根据已定水泵型号及干管、分干管直径，计算其他轮灌组工作时干管，分干管水头分布确定支管进口压力调节装置。

单元五　微灌工程规划设计示例

一、基本资料

设计基本资料如下：

（1）地形资料。某果园面积 25hm²，南北长 780m，东西宽 320m。水平地形，测得有 1/2000 地形图。

（2）土壤资料。土壤为中壤土，土层厚度 1.5～2.0m，1.0m 土层平均干密度 1.26t/m³，田间持水量 21％（占干土重）。

（3）作物种植情况。果树株距 3.0m，行距 3.0m，现果树已进入盛果期，平均树冠直径 4.0m，遮荫率约 70％。作物种植方向为东西向。以往地面灌溉实测结果表明，作物耗水高峰期为 7 月，该月日均耗水量 5.6mm。

（4）气象资料。根据气象站实测资料分析，多平均年降雨量 585.5mm，全年降雨量的 60％集中于 7～9 月，并收集到历年降雨量资料。

（5）水源条件。该农场地下水埋深大于 6m，在果园的西南边有一口井，抽水试验结果表明，动水位为 20m 时，出水量 60m³/h。水质良好，仅含有少量沙（含沙量小于 5g/L）。

二、滴灌设计参数

1. 滴灌设计耗水强度

由上述资料，高峰期耗水量 $E_c=5.6\text{mm/d}$。遮荫率 $G_e=70\%$，因此遮荫率对耗水量的修正系数为

$$k_r=\frac{G_e}{0.85}=\frac{70\%}{0.85}=0.82$$

因此，滴灌耗水强度为

$$E_a=k_rE_c=0.82\times5.6=4.6\ (\text{mm/d})$$

因上述 E_a 为耗水高峰期的耗水强度，所以设计耗水强度取为

$$I_c=E_a=4.6\ (\text{mm/d})$$

2. 滴灌土壤湿润比

根据相关资料，对于宽行作物，在北方干旱和半干旱地区，设计土壤湿润比可取 20％～30％。考虑到苹果为经济作物，故滴灌土壤湿润比取 $p\geqslant30\%$。

3. 灌水小区流量偏差

灌水小区流量偏差 $q_v=20\%$。

4. 灌溉水利用系数

由于滴灌的水量损失很小，根据有关资料灌溉水利用系数取为 0.9。

三、水量平衡计算

1. 设计灌溉用水量

灌溉用水量是指为满足作物正常生长需要，由水源向灌区提供的水量。它取决于灌溉

面积、作物生长情况、土壤、水文地质和气象条件等。各年灌溉用水量不同，因此需要选择一个典型年作为规划设计依据。

微灌工程一般采用降雨频率 75％～90％ 的水文年作为设计典型年（设计典型年的选择和计算方法可参考有关工程水文书籍）。

2. 来、用水平衡计算

来、用水平衡计算的任务是确定工程规模，如灌溉面积等。本设计水源为井水，由基本资料可知，井的出水量为 $60m^3/h$，取日灌溉最大运行时数 $C=22h$，则井水可灌溉的最大面积为

$$A=\frac{\eta Q_s t_d}{10 I_a}=\frac{60\times0.9\times22}{10\times4.6}=25.82\ (\text{hm}^2)$$

本果园面积为 $25hm^2$，因此，该水源满足滴灌系统的要求。

四、灌水器的选择与毛管布置方式

选用某公司内嵌式滴灌管，壁厚 0.6mm，内径 15.4mm。滴头额定工作压力 $h_d=10m$。额定流量 $q_v=2.8L/h$，流态指数 $x=0.5$，滴头间距 0.5m。采用单行直线布置，即一行果树布置一条滴灌管。

查相关表可知在中壤土中，这种滴头流量的湿润直径为 0.8m，因此此种布置方式下的湿润比为

$$P=\frac{0.785 D_w^2}{S_e S_l}\times100\%=\frac{0.785\times0.8^2}{0.5\times3}=33\%>30\%$$

说明上述灌水器与毛管布置方式满足设计湿润比的要求。

五、滴灌灌溉制度拟定

1. 最大净灌水定额计算

微灌系统的最大净灌水定额用下式计算：

$m_{\max}=0.001\gamma z p(\theta_{\max}-\theta_{\min})=0.001\times1.26\times80\times(21-21\times0.7)\times33=21\ (\text{mm})$

2. 毛灌水定额。

如果采用 $m_净=m_{max}$ 则

$$m_毛=\frac{m_净}{\eta}=\frac{21}{0.9}=23.3\ (\text{mm})$$

3. 设计灌水周期

$$T=\frac{m_净}{I_c}=\frac{21}{4.6}=4.56\ (\text{d})$$

4. 一次灌水延续时间

$$t=\frac{m_毛 S_e S_l}{q_a}=\frac{23.3\times0.5\times3}{2.8}=12.5\ (\text{h})$$

六、支、毛管水头差分配与毛管极限长度的确定

当 $q_v=20\%$ 时，灌水小允许的最大水头偏差为

$$h_{\max}=(1+0.65q_v)^{1/x}h_d=(1+0.65\times0.2)^{1/0.5}\times10=12.77\ (\text{m})$$

$$h_{\min}=(1-0.35q_v)^{1/x}h_d=(1-0.35\times0.2)^{1/0.5}\times10=8.65\ (\text{m})$$

$$\Delta H_s=h_{\max}-h_{\min}=12.77-8.65=4.12\ (\text{m})$$

支、毛管水头偏差 0.55/0.45 分配，则

$$\Delta H_{毛}=0.55\Delta H_s=0.55\times4.12=2.26\ (\text{m})$$

$$\Delta H_{支}=0.45\Delta H_s=0.45\times4.12=1.84\ (\text{m})$$

毛管的极限分流孔数 N_m 按下式计算：

$$N_m=\text{INT}\left\{\frac{5.446\Delta h_{毛}\ D^{4.75}}{KSq_d^{1.75}}\right\}^{0.364}=\text{INT}\left(\frac{5.446\times2.26\times15.4^{4.75}}{1.1\times0.5\times2.8^{1.75}}\right)=182$$

取 $N_m=173$，则可得毛管的允许最大长度：

$$L_m=(N_m-1)S+S_0=(182-1)\times0.5+0.25=91\ (\text{m})$$

七、管网系统布置与轮灌组划分

系统允许的最大轮灌组数为

$$N_{最大}=\frac{CT}{t}=\frac{22\times4.56}{12.5}=8\ (\text{个})$$

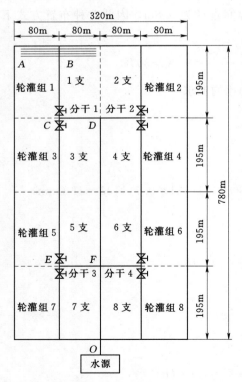

图 4-25 管网布置图

根据地块形状，采用毛管铺设长度为 80m，毛管采用丰字形布置，整个灌区共有 1040 条毛管，将管网划分为 8 个灌水小区，如图 4-25 所示，一个灌水小区一个轮灌组。灌水小区内支管长 195m，双向控制 130 条毛管。

八、各级管道流量计算

1. 毛管流量

$$Q_{毛}=2.8\times80/0.5=448\ (\text{L/h})$$

2. 支管流量

$$Q_{支}=N_1Q_{毛}=130\times448=58.24\ (\text{m}^3/\text{h})$$

3. 分干管流量

$$Q_{干}=Q_{支}=58.24\ (\text{m}^3/\text{h})$$

4. 主干管流量

$$Q_{主}=Q_{干}=58.24\ (\text{m}^3/\text{h})$$

九、管道水力计算

1. 毛管进口水头

由于地面平坦 $J=0$，且毛管铺设长度为 80m，故毛管实际水头损失为

$$\Delta H_{毛实际}=1.1\times8.4\times10^4\times\frac{Q_{毛}^{1.75}}{D^{1.75}}LF$$

$$= 1.1 \times 8.4 \times 10^4 \times \frac{(448/1000)^{1.75}}{15.4^{4.75}} \times 80 \times 0.365$$

$$= 1.51 \ (\text{m})$$

因此，毛管进口水头为

$$h_{\text{毛进口}} = h_{\min} + \Delta H_{\text{毛实际}} + \Delta Z_{AB} = 8.65 + 1.51 + 0 = 10.16 \ (\text{m})$$

2. 实际分配给支管的水头差

$$\Delta H_{\text{支实际}} = \Delta H_s - \Delta H_{\text{毛实际}} = 4.12 - 1.51 = 2.61 \ (\text{m})$$

3. 支管水力计算

支管长度为195m，双向控制分出130条毛管，相当于支管上有每65个出水口，每个出水口流量为 $448 \times 2 = 896(\text{L/h})$。如果只管采用D110PVC管（内径103mm），支管水头损失为

$$\Delta H_{\text{支}} = 1.05 \times 9.48 \times 10^4 \times \frac{Q_{\text{支}}^{1.77}}{D^{4.77}} LF$$

$$= 1.05 \times 9.48 \times 10^4 \times \frac{(896 \times 65/1000)^{1.77}}{103^{4.77}} \times 195 \times 0.366$$

$$= 2.31 \ (\text{m}) < \Delta H_{\text{支实际}}$$

$$= 2.61 \ (\text{m})$$

满足要求。支管进口水头为

$$h_{\text{支进口}} = h_{\text{毛进口}} + \Delta H_{\text{支}} + \Delta Z_{BC} = 10.16 + 2.31 + 0 = 12.47 \ (\text{m})$$

4. 分干管与干管水力计算

以第一轮灌组为最不利轮灌组确定干管直径，分干管1长度为80m。干管长度为585m。由于采用一个轮灌组控制一个灌水小区，因此分干管1与干管流量相同。

$$Q_{\text{分干}} = Q_{\text{干}} = 58.2 \ (\text{m}^3/\text{h})$$

利用经济流速初选干管管径：

$$D = 13\sqrt{Q} = 13 \times \sqrt{58.2} = 99 \ (\text{mm})$$

选用管径 $D = 110\text{mm}$ 的PVC管作为分干管1和干管。分干管与干管水头损失为

$$\Delta H_{\text{分干}} = 1.05 \times 9.48 \times 10^4 \times \frac{Q_{\text{干}}^{1.77}}{D^{4.77}} L$$

$$= 1.05 \times 9.48 \times 10^4 \times \frac{58.2^{1.77}}{103^{4.77}} \times 80$$

$$= 2.65 \ (\text{m})$$

$$\Delta H_{\text{分干}} = 1.05 \times 9.48 \times 10^4 \times \frac{Q_{\text{干}}^{1.77}}{D^{4.77}} L$$

$$= 1.05 \times 9.48 \times 10^4 \times \frac{58.2^{1.77}}{103^{4.77}} \times 585$$

$$= 19.42 \ (\text{m})$$

干管进口水头为

$$h_{\text{干进口}} = h_{\text{支进口}} + \Delta H_{\text{分干}} + \Delta Z_{\infty} = 12.47 + 2.65 + 19.42 + 0 = 34.54 \ (\text{m})$$

5. 水泵扬程确定及水泵选型

如果首部枢纽水头损失（包括过滤器、控制阀、施肥装置、弯头和泵管等） $\Delta H_{\text{首部}} =$

10m，则水泵总扬程为

$$H = h_{干进口} + \Delta H_{首部} + (Z_1 - Z_2) = h_{干进口} + \Delta H_{首部} + H_{动水位深}$$
$$= 34.54 + 10 + 20 = 64.54 \text{（m）}$$

选用 200JQ60 潜水泵。

十、工程量统计（略）

小　结

　　微灌是利用微灌设备将有压输水送分配到田间，通过灌水器以微小的流量湿润作物根部附近土壤的一种局部灌水技术。微灌可以按不同的方法进行分类，按所用的设备（主要是灌水器）及出流形式不同，主要有滴灌、微喷罐、涌泉灌和渗灌四种。滴灌是利用安装在末级管道（称为毛管）上的滴头、或与毛管制成一体的滴灌带将压力水以滴流形式湿润土壤，在灌水器流量较大时，形成连续细小水流湿润土壤；微喷灌是利用直接安装在毛管上，或与毛管连接的微喷头将压力水以喷洒方式湿润土壤，微喷头有固定式和旋转式两类；涌泉灌是利用一种特别的渗水毛管埋入地表以下，压力通过渗水毛管管壁的小孔以渗流的形式湿润其周围土壤的一种灌水方式，由于其减少了土壤表面蒸发，是用水量最省的一种微灌技术。

　　微灌具有省水、省工、节能、增产、灌水均匀、对土壤和地形的适应性强等优点；缺点是投资远高于地面灌、灌水器易被水中的矿物质或有机物质堵塞等。

　　微灌系统由水源、首部枢纽、输配水管网和灌水器以及流量、压力控制部件和量测仪表等组成。首部枢纽包括水泵、动力机、肥料和化学药品注入设备、过滤设备、控制阀、进排气阀、压力及流量量测仪表等，其作用是从水源取水增压并将其处理成符合微灌要求的水流送到系统中去；输配水管网包括干、支管和毛管三级管道，其作用是将首部枢纽处理过的水按照要求输送分配到每个灌水单元和灌水器，毛管是微灌系统最末一级管道，其上安装或连接灌水器；灌水器按结构和出流形式不同，主要有滴头、滴灌带（管）、微喷头、涌水器（或小管灌水器）、渗灌带（管）等五类，其作用是把末级管道（毛管）的压力水流均匀而又稳定地灌到作物根处附近的土壤中。

　　结构参数和水力性能参数是微灌灌水器的两项主要技术参数。结构参数主要指流道或孔口的尺寸，对于滴灌带还包括管带的直径和壁厚。水力性能参数主要指流态指数、制造偏差系数、工作压力、流量等，对于微喷头还包括射程、喷灌强度、水量分布等。

　　微灌工程的规划设计主要内容包括作物蓄水量计算、灌溉制度确定、工作制度确定、流量计算、管道水力计算、支毛管设计和干管及首部枢纽设计等。

思　考　题

1. 简述微灌的种类与优缺点。
2. 试述微灌系统的组成。
3. 微灌灌水器有哪几种类型？什么叫流态指数？如何选择灌水器？

4. 微灌工程设计的主要技术参数包括哪些？

5. 什么叫微灌土壤湿润比？微灌设计土壤湿润比如何确定？

6. 什么叫微灌灌水均匀度？有几种表达方法？影响均匀度的因素有哪些？如何保证微灌系统或灌水小区的灌水均匀度？

7. 与地面灌、喷灌的灌溉水利用系数比较，微灌灌溉水利用系数有何不同？为什么？

8. 微灌灌溉制度与地面灌、喷灌的灌溉制度比较，有何不同？

9. 微灌系统设计流量如何确定，影响微灌系统设计流量的因素有哪些？

10. 微灌管网水力学计算的目的和任务是什么？并简述其计算步骤。

11. 微灌灌水小区内支管、毛管水头差如何分配？为什么？

12. 某一内径为 16mm 的滴灌管，其上滴头间距为 0.3m，滴头流量压力关系为 $q=0.69h^{0.524}$，滴头工作压力为 10m，系统设计灌水器流量偏差率 $q_v=0.2$。①计算灌水小区中支、毛管允许的水头差。②计算毛管的最大铺设长度，并计算其水头损失。③如果支管长度为 100m，毛管在支管两侧采用丰字形布置，毛管铺设长度采用极限长度。确定支管的直径。

13. 某蔬菜地拟建滴灌系统，已知滴头流量为 4L/h，毛管间距为 1m，毛管上滴头间距为 0.7m，滴灌土壤湿润比为 80%，土壤计划湿润层深度为 0.3m，土壤有效持水率为 15%（占土壤体积的%），需水高峰期日平均耗水强度为 6mm/d。计算：①滴灌设计灌水定额；②设计灌水周期；③滴头一次灌水的工作时间。

14. 某滴灌毛管（塑料管）沿果树行布设（地面坡度为 0），果树株距 2m，每树布设 2 个管式滴头，滴头设计工作压力为 10m 水头，出水量为 4t/h，毛管上滴头等距布设，间距为 1m，并限制首尾滴头工作压力差要小于滴头设计工作压力的 20%。确定毛管直径与长度，并计算距毛管进口 20m 处的工作压力。

项目五　低压管道灌溉技术

教学基本要求

　　单元一：了解低压管道输水灌溉系统及其组成、类型及技术特点。

　　单元二：掌握低压管灌系统布设的基本原则，了解低压管灌的布设形式，理解地面移动管网的布设和使用。

　　单元三：了解低压管灌系统的管材与管件特点，理解低压管灌系统建筑物的布设。

　　单元四：掌握设计流量的确定、水头损失计算；理解管道系统设计扬程、水泵选型与配套；了解管道系统工作压力校核。

　　单元五：根据实例，掌握管灌系统设计的基本流程和主要内容。

能力培养目标

　　（1）能掌握低压管灌系统的基本组成和基本原理。

　　（2）能进行低压管灌系统的水力计算。

　　（3）能进行简单的管灌系统设计。

学习重点与难点

　　重点：低压管灌的布设；低压管灌系统的管材与管件。

　　难点：低压管灌系统的水力计算。

项目专业定位

　　低压管道灌溉技术是当前节水灌溉中的一种重要形式，在田间灌水技术上，仍属于地面灌溉类，是从水源取水经处理后，用低压管道网输送到田间进行灌溉的全套工程。具有省地、减少输水损失、便于控制和对地形的适应性强的特点。作为一种新型的节水灌溉措施，既能够起到灌溉和节水的作用，又和我国传统的灌溉模式和灌溉习惯相适应，是当前在我国得到大力推广和广泛使用的一种节水灌溉方式。

单元一　概　　述

　　低压管道输水灌溉系统是近年来在我国迅速发展起来的一种新型地面灌溉系统。它利用低耗能机泵或由地形落差所提供的自然压力水头将灌溉水加低压（一般不超过0.2kPa），然后再通过管网输配水到农田进行灌溉。它是以低压管网来代替明渠输配水系统的一种农田水利工程形式。田间灌水通常采用畦、沟灌等地面灌水方法。与喷灌、微灌系统比较，其最末一级管道出水口的工作压力是最不利设计条件，一般远比喷灌、微灌等的工作压力低，通常只需控制在0.10kPa以下。

　　低压管道输水灌溉系统简称灌溉系统，相应地低压管道输水灌溉技术简称灌溉技术。

一、灌溉系统的组成与类型

(一) 灌溉系统的组成

灌溉系统依其各部分所担负的功能作用不同，一般可划分为四大组成部分，即水源与引水取水枢纽、输水配水管网、田间灌水系统、灌溉系统附属建筑物和装置。

1. 水源

灌溉系统首先要有符合灌溉要求水量与水质的水源。井泉、塘坝、水库、河湖以及渠沟等均可作为灌溉系统的水源。

2. 引水取水枢纽

引水枢纽形式主要取决于水源种类，其作用是从水源取水，并进行处理以符合管网与灌溉在水量、水质和水压三方面的要求。

3. 输配水管网

输配水管网是由低压管道、管件及附属管道装置连接成的输配水管网。在灌溉面积较小的灌区，一般只有单机泵、单级管道输水和灌水的形式。

井灌区输配水管网一般采用1～2级地面移动管道，或1级地埋管和1级地面移动管；渠灌区输配水管网多由多级管道组成，一般均为固定式地埋。输配水管网的最末一级管道，可采用固定式地埋管，也可采用地面移动管道。

4. 常用的渠灌区灌溉系统的田间灌水系统形式

(1) 采用田间灌水管网输水和配水。应用地面移动管道来代替田间毛渠和输水垄沟，并运用退管浇法在农田内进行灌水。这种方式输水损失最小，可避免田间灌水时灌溉水的浪费，而且管理运用方便，也不占地，不影响耕作和田间管理。

(2) 用明渠田间输水垄沟输水和配水。在田间用常规畦、沟灌等地面灌水方法进行灌水。这种方式不可避免地要产生田间灌水的无益损耗和浪费，劳动强度大，田间灌水工作也困难，而且输水沟还要占用农田。

(3) 田间输水垄沟采用地面移动管道输、配水，而农田内部灌水时仍采用常规畦、沟灌等地面灌水方法。这种方式的优缺点介于前两种方式之间，但因无须大量的田间浇地用软管，因此投资可大为减少。田间移动管可用闸孔管道、虹吸管或一般引水管向畦、沟放水或配水。

井灌区多采用第一种田间灌水形式。

5. 附属建筑物和装置

灌溉系统一般都有2～3级地埋固定管道，因此必须设置各种类型的灌溉系统建筑物或装置。依建筑物或装置在灌溉系统中所发挥的作用不同，可把它们划分为以下九种类型。

(1) 引水取水枢纽建筑物，包括进水闸门或闸阀、拦污栅、沉淀池或其他净化处理构筑物等。

(2) 分水配水建筑物，包括干管向支管、支管向各农管分水配水用的闸门或闸阀。

(3) 控制建筑物，各级管道上为控制水位或流量所设置的闸门或阀门。

(4) 量测建筑物，包括量测管道流量和水量的装置或水表，量测水压的压力表等。

（5）保护装置，包括进排气阀、减压装置或安全阀等。

（6）泄退水建筑物，包括泄水闸门或阀门。

（7）交叉建筑物，如虹吸管、涵管等。

（8）田间出水口和给水栓。

（9）管道附件及连通建筑物，如三通、四通、变径接头、同径接头、井式建筑物等。

（二）灌溉系统类型

灌溉系统类型很多，特点各异，一般可按下述两个特点进行分类。

1. 按获得压力的来源分类

（1）加压式灌溉系统。在水源的水面高程低于灌区的地面高程，或虽略高一些但不足以提供灌区网管输配水和田间灌水需要的压力时，则要利用水泵机组加压。在我国井灌区和提水灌区的灌溉系统均为此种类型。

（2）自压式灌溉系统。水源的水面高程高于灌区地面高程，管网配水和田间灌水所需要的压力完全依靠地形落差所提供的自然水头得到。这种类型不用机不用泵，故可大大降低工程投资，在有地形条件可利用的地方均应首先考虑采用自压式灌溉系统。

2. 依灌溉系统在灌溉季节中各组成部分的可移动程度分类

（1）固定式灌溉系统。灌溉系统的所有组成部分在整个灌溉季节中，甚至常年都固定不动。该系统的各级管道通常均为地埋管。固定式灌溉系统只能固定在一处使用，故需要管材量大，单位面积投资高。

（2）移动式灌溉系统。除水源外，引水取水枢纽和各级管道等各组成部分均可移动。它们可在灌溉季节中轮流在不同地块上使用，非灌溉季节时则集中收藏保管。这种系统设备利用率高，单位面积投资低，效益较高，适应性较强，使用方便，但劳动强度大，若管理运用不当，设备极易损坏。其管道多采用地面移动管道。

（3）半固定式灌溉系统（又称半移动式灌溉系统）。系统的组成部分有些是固定的，有些是移动的。系统的引水取水枢纽和干管或干、支管为固定的地埋暗管，而配水管道，支管、农管或仅农管可移动。这种系统具有固定式和移动式两类灌溉系统的特点，是目前渠灌区灌溉系统使用最广泛的类型。

目前，我国单井、群井汇流灌区和规模小的提水灌区及部分小型塘坝自流灌区多采用移动式灌溉系统，其管网采用1级或2级地面移动的塑料软管或硬管。面积较大的群井联用灌区和抽水灌区以及水库灌区与引水自流灌区主要采用半固定式灌溉系统，其固定管道多为地埋暗管，田间灌水则采用地面移动软管。

二、管灌系统的技术特点

（一）管灌系统的优点

据我国各地应用管灌系统的实践经验，管灌技术与传统的地面灌水技术相比，其优点可归为"四省（省水、省能、省地和省工）、一低（单位面积投资低）、一少（运行费用少）、一强（适应性强）、两快（输水快、浇地快）和三方便（操作应用方便、机耕田间管理方便和维修养护方便）"。

各地实践表明，管灌系统比土质明渠系统一般可节水30％左右，最高可节水56％，比砌石防渗渠道可节水 15% 左右，比混凝土板衬砌渠道节水约 7%。管网水的有效利用率一般均在 0.95 以上，田间灌水损失和浪费小，田间水的有效利用率高，一般可达 0.9 以上。

依据调查，机井灌区田间渠、沟占地面积为 2%～3%，抽水灌区渠、沟占地面积为 3%～4%。以管网替代明渠、沟系一般均可省地 2% 左右，高的可省地 7%。

灌溉系统比明渠系统省去了明渠清淤除草、维修养护用工，同时管道输水快，供水及时，灌水效率高，故可减少田间灌水用工，节约灌水劳力。一般固定式管道灌溉效率可提高 1 倍，用工减少 50% 左右。

灌溉系统设备简单，技术容易掌握，使用灵活方便，可适用于各种地形和不同作物与土壤，不影响农业机械耕作和田间管理，小坡小坎能爬、小弯能拐，沟路林渠能穿；能适应当前农村生产责任制管理体制；能解决零散地块和局部旱地、高地灌不上水以及单户农民修渠占地和争水矛盾等问题。灌溉系统非常适宜单户或联户农民自行管理模式。

灌溉系统因能减少水量损失和浪费，不但可扩大灌溉面积或增加灌水次数，同时也可改善田间灌水条件，缩短灌水周期和灌水时间，故有利于适时适量及时灌水，从而有效地满足了作物的需水要求，可提高单位水量的产量和产值，促进作物高产增收。

（二）渠灌区灌溉系统的技术特点

渠灌区专指与井灌区相区别的引水工程灌区、塘坝水库工程灌区和大中型抽水工程灌区而言，渠灌区灌溉系统除具有灌溉系统一般的技术特点外，与井灌区灌溉系统相比较尚有一些特殊之处。

渠灌区灌溉系统一般控制面积都比较大，小的 35hm² 左右，大的可达 335hm²。因此其引水取水流量大，输水配水管网级数多，通常可有 3～5 级管道，管径也较大，所以其省水、省地和省工效益更显著；管网输水速度快，可大大缩短输灌周期，完全有可能实现按作物需水要求及时适量地进行灌溉；管灌系统维修养护简方便，管理费用和灌水成本可大为降低等。但渠灌区管理系统所需材料和设备较多，建筑物类型也较复杂，因此其单位面积投资相对来说比井灌区要高，规划设计内容比较复杂，施工期较长，而且在用水管理和计划用水上与全渠灌区用水的协调调配和控制存在着一定的困难。

单元二　灌区灌溉系统的规划布置

灌溉系统规划布置的基本任务是，在勘测和收集并综合分析规划基本资料以及掌握管灌区基本情况和特点的基础上，研究规划发展管灌技术的必要性和可行性，确定规划原则和主要内容。通过技术论证和水力计算，确定管灌工程规模和管灌系统控制范围；选定最佳管理系统规划布置方案；进行投资预算与效益分析，以彻底改变当地农业生产条件，建设高产稳产、优质高效农田及适应农业现代化的要求为目的。

一、低压管灌系统布设的基本原则

规划布设低压管灌系统一般应遵循以下基本原则：

（1）低压管灌系统的布设应与水源、道路、林带、供电线路和排水等紧密结合，统筹安排，并尽量充分利用当地已有的水利设施及其他工程设施。

（2）低压管灌系统布设时应综合考虑低压管灌系统各组成部分的设置及其衔接。

（3）在山丘地区，大中型自流灌区和抽水灌区内部以及一切有可能利用地形坡度提供自然水头的地方，只要在最末级管道最不利出水口处有 $0.3\sim0.5$m 的压力水头，应首先考虑布设自压式低压管灌系统。对于地埋暗管，沿管线具有 5/1000 左右的地形坡度，就可满足自压式低压管灌系统输水压力能坡线的要求。

（4）小水源如单井、群井、小型抽水灌区等应选用布设全移动式低压管灌系统。群井联用的井灌区和大的抽水灌区及自流灌区宜布设固定式低压管灌系统。

（5）输水管网的布设应力求管线总长度最短，控制面积最大；管线平顺，无过多的弯转和起伏；尽量避免逆坡布置。

（6）田间末级暗管和地面移动软管的布设方向应与作物种植方向或耕作方向及地形坡度相适应，一般应取平行方向布置。

（7）田间给水栓或出水口的间距应依据现行农村生产管理体制和田园化规划确定，以方便用户管理和实行轮灌。

（8）低压管灌系统布局应有利于管理运用，方便检查和维修，保证输配水和灌水安全可靠。

二、地埋暗管的布设形式

地埋暗管固定网管的布设形式。根据水源位置、控制范围、地面坡度、田块形状和作物种植方向等条件，地埋固定管网可布设成树枝状、环状或混合状三种类型。

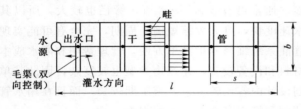

图 5-1 "一"字形布置

1. 树枝状管网

树枝状管网由干、支或干、支、农管组成，并均呈树枝状布置。其特点是管线总长度较短，构造简单，投资较低；但管网内的压力不均匀，各条管道间的水量不能互相调剂。

（1）水源位于田块一侧，树枝状管网呈"一"字形（图5-1）、"T"形（图5-2）和"L"形（图5-3）。这三种布置形式主要适用于控制面积较小的井灌区，一般井的出水量为 $20\sim40$m³/h，控制面积 $3\sim7$hm²，田块的长宽比（l/b）不大于3的情况。多用地面移动软管输水和浇地，管径大致为 100mm，长度不超过 400m。当控制面积较大，地块近似成方形，作物种植方向与灌水方向相同或不相同时，可布置成梳齿形（图5-4）或鱼骨形（图5-5）。

图 5-2 "T"形布置

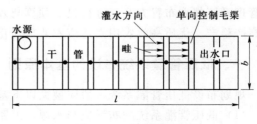

图 5-3 "L"形布置

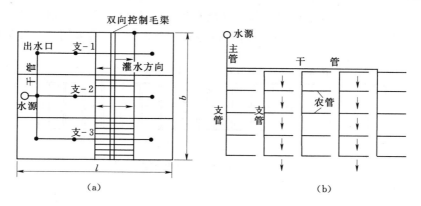

图 5-4　梳齿形布置

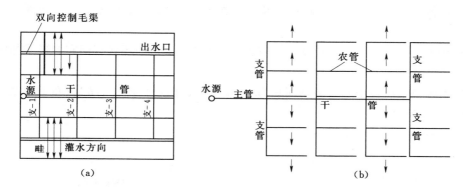

图 5-5　鱼骨形布置

对于井灌区，这两种布置形式主要适用于井水量 $60 \sim 100 \mathrm{m^3/h}$，控制面积 $10 \sim 20\mathrm{hm^2}$，田块的长宽比 l/b 约为 1 的情况。常采取一级地埋暗管输水和一级地面移动软管输、灌水。地埋暗管多采用硬塑料管、内光外波纹熟料管和当地材料馆，管径为 $100 \sim 200\mathrm{mm}$，管长依需要而定，一般输水距离都不超过 $1.0\mathrm{km}$。地面移动软管主要使用薄膜塑料软管和涂料布管，管径 $50 \sim 100\mathrm{mm}$，长度大都不超过灌水畦、沟长度。

对于渠灌区，常为多级半固定式或固定式低压管灌系统，其控制面积可达上千亩，干管流量一般在 $0.4\mathrm{m^3/s}$ 以下，管径为 $300 \sim 600\mathrm{mm}$，长度可达 $2.0\mathrm{km}$ 以上；支管流量一般为 $0.15\mathrm{m^3/s}$，管径 $100\mathrm{mm}$ 左右，管长即支管间距为 $200 \sim 400\mathrm{m}$，农管间距即灌水沟畦长度一般为 $70 \sim 200\mathrm{m}$。大管径（$300\mathrm{mm}$ 以上）地埋暗管管材常用现浇或预制素混凝土管，$300\mathrm{mm}$ 以下管径的常用管材有硬塑料管、石棉水泥管、素混凝土管、内光外波纹塑料管以及当地材料管等。一般要求农管（或支管）采用同一管径，干管或支管可分段变径，以节省投资；但变径不宜超过三种，以方便管理。

（2）水源位于田块中心，可用"H"形和长"一"字形树状管网布置形式（图 5-6 和图 5-7）。

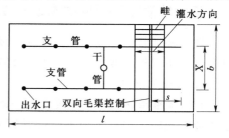

图 5-6　"H"形布置

主要适用于井灌区，水井位于田块中部。井出水量 40～60m³/h，控制面积 7～10hm²；当田块的长宽比 $l/b \leqslant 2$ 时，采用"H"形；当长宽比 $l/b > 2$ 时，常采用"一"字形。

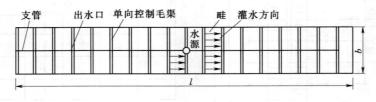

图 5-7　长"一"字形布置

2. 环状管网

干、支管均呈环状布置。其突出特点是，供水安全可靠，管网内水压力较均匀，各条管道间水量调配灵活，有利于随机用水。但管线总长度较长，投资一般均高于树枝状管网。

（1）水源位于田块一侧、控制面积较大（10～20hm²）的环状管网布置形式如图 5-8 所示。

（2）水源位于田块中心，控制面积为 7～10hm²、田块长比宽 $l/b \leqslant 2$ 的环状管网布置形式如图 5-9 所示。

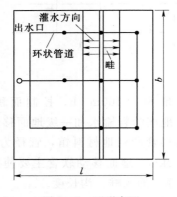

图 5-8　环形布置

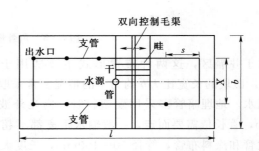

图 5-9　环状管网布置

3. 混合管网

混合管网介于以上两种类型。

三、地面移动管网的布设和使用

地面移动管网一般只有 1 级或 2 级，其管材通常使用有移动软管、移动硬管和软管硬管联合运用三种。常见的布设形式及其相应的使用方法有以下四种。

1. 长畦短灌双浇

长畦短灌或称长畦分段灌是将一条长畦分为若干段从而形成没有横向畦埂的短畦，用软管或纵向输水沟自上而下分段进行畦灌的灌水方法（图 5-10）。其畦长可达 200m 以上，畦宽可达 5～10m。长畦短灌灌水技术要素见表 5-1。

长畦短灌双浇（图 5-11）是在长畦短灌的基础上由一个出水口放水双向浇地的方法。其单口控制面积为 0.09~0.18hm²，移动管长 20m 左右。

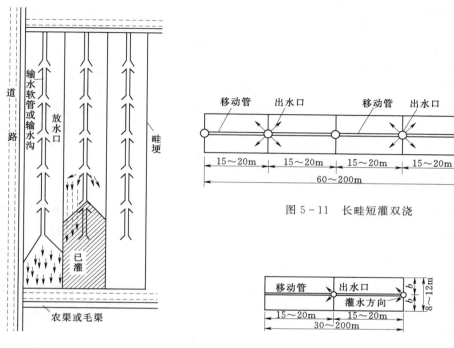

图 5-10　分段灌水

图 5-11　长畦短灌双浇

图 5-12　长畦短灌单浇

2. 长畦短灌单浇

地面坡度较陡，灌水不宜采用双向控制，可在长畦短灌基础上采用单向控制浇地，如图 5-12 所示。

表 5-1　　　　　　　　　　　　长畦短灌灌水技术要素参考表

输水沟或灌水管流量 / (m³·s⁻¹)	灌水定额 / (m³·亩⁻¹)	畦深 /m	畦长 /m	畦宽 /m	单宽流量 /[L/(s·m⁻¹)]	单畦灌水时间 /min	长畦面积 /m²	分段长/m ×段数
15	600	6	200	3	5.00	40.0	600	50×4
				4	3.75	53.3	800	40×5
				5	3.00	66.7	1000	35×6
17	600	6	200	3	5.67	35.0	600	65×3
				4	4.25	47.0	800	50×4
				5	3.40	58.8	1000	40×5
20	600	6	200	3	6.67	30.0	600	65×3
				4	5.00	40.0	800	50×4
				5	4.00	50.0	1000	40×5
23	600	6	200	3	7.67	26.1	600	70×3
				4	5.75	34.8	800	65×3
				5	4.60	43.5	1000	50×4

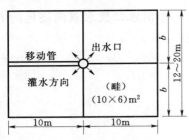

图 5-13　方畦双浇

3. 方畦双浇

畦的长宽比约等于 1（或 0.6～1.0）时可采用方畦双浇。移动管长不宜大于 10m，畦长亦不宜大于 10m，畦长亦不宜大于 10m，如图 5-13 所示。

4. 移动闸管

移动闸管是在移动管上开孔，设有控制闸门，以调节放水孔的出流量。移动闸管可直接与井泵出水管相连接，也可与地埋暗管上的给水栓相连接。闸管顺畦长方向放置，长度不宜大于 20m。畦的规格及灌水方法均与移动管网相同。闸管上孔口的间距视畦、沟的布置而定。

四、管网布置优化及管径优选

优化管网布置及优化各级管道的管径是管网优化的两个相互联系的问题。对小型灌区，如单井控制面积不大的系统，对两部分分别优化和统一优化，其结果差别不大。对控制面积大的渠灌区低压管灌系统应统一进行管网布置优化和管径优选。否则，其优化结果将相差悬殊。

管网优化理论方法有线性规划法、非线性规划法、动态规划法等。影响管网年费用的主要因素是：管网系统类型（固定式、半固定式或移动式），管网布置形式（走向、间距、长度），管材和管径等。

单元三　低压管灌系统的管材、管件和建筑物布设

管材是低压管灌系统的主要组成部分，直接影响管灌系统工程的质量和造价。在低压管灌系统中，作为地埋暗管（固定管道）使用的管材主要有塑料硬管、水泥制品管及当地材料管等；作为地面移动管道的管材有软管和硬管两类。

一、地埋暗管管材

1. 塑料硬管

这类管具有重量轻、内壁光滑、输水阻力小、耐腐蚀、易搬运和施工安装方便等特点。目前低压管灌系统中使用的国家标准塑料硬管主要有聚氯乙烯管（PVC）、高密度聚氯乙烯管（HDPE）、低密度聚氯乙烯管（LDPE）、改性聚丙烯管（PP）等。其规格、公称压力和壁厚的关系见表 5-2。要求管材外观应内外壁光滑、平整，不允许有气泡、裂隙、显著的波纹、凹陷、杂志、颜色不均匀及分解变色等缺陷。

2. 薄壁聚氯乙烯硬管

其壁厚与公称压力的关系见表 5-3。

3. 聚氯乙烯双壁波纹管

这类管具有内壁光滑、外壁波纹的双层结构特点，其不仅保持了普通塑料硬管的输水性能，而且还具有优异的物理力学性能，特别是在平均壁厚减薄到 1.4mm 左右时，仍有

较高的扁平刚度和承受外载的能力，是一种较为理想的低压管灌系统管材，其规格见表5-4。

表5-2　　　　　　　　　　　塑料管材规格、公称压力与管壁厚

外径/mm	公称压力/MPa					
	0.6			0.4		
	壁厚及公差/mm			壁厚及公差/mm		
	PVC	PP	LDPE	PVC	PP	LDPE
90	3.0+0.6	4.7+0.7	8.2+1.1	—	3.2+0.6	5.3+0.8
110	3.5+0.7	5.7+0.8	10.0+1.2	3.2+0.5	3.9+0.6	6.5+0.9
125	4.0+0.8	6.5+0.8	11.4+1.4	—	4.4+0.7	7.4+1.0
160	5.0+1.0	8.3+1.1	14.0+1.7	4.0+0.8	5.7+0.8	9.5+1.2

表5-3　　　　　　　　　　　薄壁聚氯乙烯硬管壁厚及公称压力

外径/mm	壁厚及公差/mm	公称压力/MPa	安全系数
110	1.7+0.5	0.25	3
160	2.0+0.5	0.20	3

表5-4　　　　　　　　　　　双壁波纹管（国产）的基本尺寸

公称尺寸/mm	平均外径/mm			平均壁厚/mm			单根长度 l/m
	$D_外$	$D_内$	$\delta_外$	$\delta_内$	$\delta_凹$		
110	110	100	0.85	0.57	1.17		5000~6000
160	160	147	1.20	0.95	1.57		5000~6000

4. 水泥制品管

这可以预制，也可以在现场浇筑。各种水泥制品管，例如素混凝土管、水泥土管等，造价都较低，且可就地取材，利用当地材料容易推广。

5. 石棉水泥管

这是以石棉和水泥为主要原料，经制管机卷制而成。其特点是，内壁光滑摩阻系数小，抗腐蚀，使用寿命长，重量轻，易搬移，且机械加工方便。但其质地较脆，不耐碰撞，抗冲击强度不高。其规格主要有 $\phi100$、$\phi150$、$\phi200$、$\phi250$ 和 $\phi300$ 等五种。耐压力有 300kPa、700kPa、900kPa 和 1200kPa 四种。

6. 灰土管

这是以石灰、黏土为原料，按一定配合比混合，并加水拌匀，经人工或机械夯实制成的管材。

石灰质量要求含 CaO 以大于 60% 为优。灰土比各地因灰、土质量而异，一般为 1:5 ~1:9，含水率约 20%，干容重应在 1.60g/cm³ 以上；其在空气中养护一周的抗压强度，即可达 1~1.7MPa。但最好采用湿土养护方法，养护至少两周后再投入运用，以有利于灰土后期强度继续增高，保证运用安全可靠。

二、地面移动管材

地面移动管材有软管和硬管两类。软管管材主要使用塑料软管（或称薄塑软管）和涂塑软管。

1. 塑料软管

这主要有低密度聚乙烯软管（LLDPE管）、线性低密度聚乙烯软管（LLDPE管）、锦纶塑料软管、维纶塑料软管四种。锦纶、维纶塑料软管，管壁较厚（2～2.2mm），管径较小（一般在90mm以下），爆发压力较高（一般均在0.5MPa以上），相应造价也较高，低压管灌中不多用。低压管灌中以线性低密度聚乙烯软管（即改性聚乙烯软管）应用较普遍。其规格见表5-5。

2. 涂塑软管

涂塑软管以布管为基础，两面涂聚氯乙烯，并复合薄膜黏接成管。其特点是价格低，使用方便，易于修补，质软易弯曲，低温时不发硬且耐磨损等。目前生产的产品规格有 $\phi 25$、$\phi 40$、$\phi 50$、$\phi 65$、$\phi 80$、$\phi 100$、$\phi 125$、$\phi 150$ 和 $\phi 200$ 九种。工作压力一般为 1～300kPa。

三、管件

管件将管道连接成完整的管路系统。管件包括弯头、三通、四通和堵头等，可用混凝土、塑料、钢、铸铁等材料制成。

表5-5　　　　　　　　　线性低密度聚乙烯软管规格表

折径 /mm	直径 /mm	壁厚/mm		每米重/(kg·m⁻¹)		每千克长度/(m·kg⁻¹)	
		轻型	重型	轻型	重型	轻型	重型
80	51	0.20	0.30	0.029	0.044	34.0	22.0
100	64	0.25	0.35	0.046	0.064	21.0	15.6
120	76	0.30	0.40	0.066	0.088	15.0	11.4
140	89	0.30	0.40	0.077	0.105	13.0	9.5
160	102	0.30	0.45	0.088	0.118	11.4	8.5
180	115	0.35	0.45	0.116	0.149	8.6	6.7
200	127	0.35	0.45	0.128	0.165	7.8	6.1
240	153	0.40	0.50	0.176	0.220	5.7	4.5
280	178		0.50		0.258		3.9
300	191		0.50		0.276		3.6
320	204		0.50		0.293		3.4
400	255		0.60		0.412		2.4
500	318		0.70		1.280		0.8
600	382		0.70		1.420		0.7

四、低压管灌系统建筑物的布设

在井灌区，若采用移动软管式低压管灌系统，一般只有1～2级地面移动软管，无须布设建筑物，只要配备相应的管件即可；若采用半固定式低压管灌系统，也只需布设一级地埋暗管，再布设必要数量的给水栓和出水口即可满足输水和灌水要求。而在渠灌区，通常控制面积较大，需布设2～3级地埋暗管，故必须设置各种类型的附属建筑物。

1. 渠灌区低压管灌系统的引水取水枢纽布设

渠灌区的低压管灌系统大都从支、斗渠或农渠上引水。其渠、管的连接方式和各种设施的布置均取决于地形条件和水流特性（如水头、流量、含沙量等）以及水质情况。通常管道与明渠的连接均需设置进水闸门，其后应布设沉淀池，闸门进口尚需安装拦污栅，并应在适当位置设置量水设备。

2. 渠灌区灌溉系统的分水、配水

控制和泄水建筑物布设在各级地埋暗管首、尾和控制管道内水压、流量处均应布设闸板门或闸阀，以利分水、配水、泄水及控制调节管道内的水压或流量。图5-14所示为比较适宜的一种专用于低压管灌系统的闸板式建筑物，其起闭灵活方便，造价低，装配容易。

3. 量测建筑物的布设

低压管灌系统中，通常都采用压力表量测管道内的水压。压力表的量程不宜大于0.4MPa，精度一般可选用1.0级。压力表应安装在各级管道首部进水口后为宜。

在井灌区，低压管灌系统流量不大，可选用旋翼式自来水表，但口径不宜大于$\phi50$，否则造价过高，影响投资。在渠灌区，各级管道流

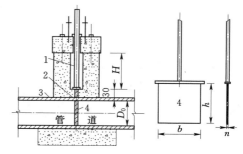

图5-14　闸板式圆缺孔板量水装置结构图
1—闸室；2—等径距测压孔；3—角接
测压孔；4—节流闸板

量较大，如仍采用自来水表，则既造价高，又会因渠水含沙量大，还含有其他杂质，而使水表失效。采用闸板式圆缺孔板量水装置或配合分流式量水计量测水精度更精确，其测流误差不大于3％，价格低，加工安装简易，使用维护均很方便。图5-14所示为闸板式圆缺孔用于量水，应装在各级管道首部进水闸门下游，以节流板位置为准，要求上游直管段需要有10～15倍管道内径的长度，下游应有5～10倍管道内径的长度。

4. 给水装置的布设

给水装置是低压管灌系统由地埋暗管向田间管灌供水的主要装置，可分为两类：①直接向土渠供水的装置，称出水口；②接下一级软管或闸管的装置，称给水栓。一般每个出水口或给水栓控制的面积为$0.7hm^2$左右，压力不小于3kPa，间距为30～60m。

出水口和给水栓的结构类型很多，选用时应因地制宜，依据其技术性能、造价和在田间工作的适应性，并结合当地的经济条件和加工能力等，综合考虑确定。一般要求：①结构简单，坚固耐用；②密封性能好，关闭时不渗水，不漏水；③水力性能好，局部水头损失小；④整体性能好，开关方便，容易装卸；⑤功能多，除供水外，尽可能具有进排气，

消除水锤、真空等功能，以保证管路安全运行；⑥造价低。

根据止水原理，出水口和给水栓可分为外力止水式、内水压式和栓塞止水式三大类型。图 5-15～图 5-19 所示为目前我国低压管灌系统中主要采用的出水口与给水栓类型。

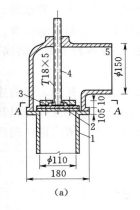

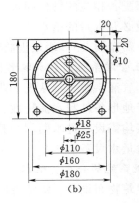

图 5-15 螺杆压盖型给水栓图

1—与管道三通立管插接的法兰盘管；2—压盖；3—半圆扣瓦；4—螺杆；5—弯头外壳

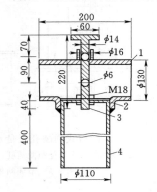

图 5-16 销杆压盖型给水栓图

1—三通管；2—压盖；
3—销杆；4—铸铁管

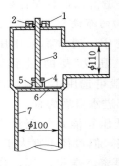

图 5-17 弹簧销杆压盖型给水栓图

1—顶帽；2—卡棍；3—压杆；4—弹簧；
5—凹槽；6—压盖；7—立管

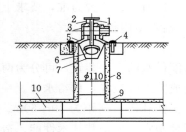

图 5-18 浮球阀型给水栓图

1—压杆；2—挂钩；3—上栓体；4—出水口管；
5—浮塞；6—下栓体；7—钢筋笼；8—竖管；
9—三通管；10—输水管

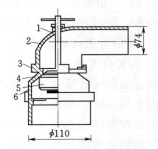

图 5-19 浮塞型给水栓图

1—丝杆；2—上栓体；3、4—密封圈；
5—浮塞；6—下栓体

5. 管道安全装置的布设

为防止管道因进气、排气不及时或操作运用不当，以及井灌区泵不按规程操作或突然停电等原因而发生事故，甚至使管道破裂，必须在管道上设置安全保护装置。目前在低压管灌系统中使用的安全保护装置主要有球阀型进排气装置（图5－20）、平板型进排气装置（图5－21）、单流门直排气阀（图5－22）和安全阀四种，它们一般应装设在管道首部或管线较高处。

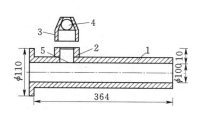

图5－20　球阀型进排气阀图
1—横管；2—竖管；3—孔盖；
4—阀球；5—球笼

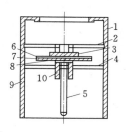

图5－21　平板型进排气装置图
1—上阀体；2—螺母；3—大垫圈；
4—导向支筋；5—导轴；6—橡
胶垫；7—阀盖板；8—小垫圈；
9—下阀体；10—导向管

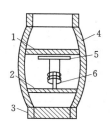

图5－22　单流门进排气阀图
1—孔盖；2—弹簧支座；
3—螺纹口；4—阀壳体；
5—压盖；6—弹簧

单元四　低压管灌系统水力计算

一、设计流量的确定

管网设计流量是水力计算的依据。灌溉规模确定后，根据水源条件、作物灌溉制度和灌溉工作制度计算灌溉设计流量。然后以灌溉期间的最大流量作为管网设计流量，以最小流量作为系统校核流量。

（一）灌溉制度

灌溉制度是指作物播种前（或水稻栽秧前）及全生育期内的灌水次数、每次的灌水日期、灌水定额及灌溉定额。

1. 设计灌水定额

灌水定额是指单位面积一次灌水的灌水量或水层深度。管网设计中，采用作物生育期内各次灌水量中最大的一次作为设计灌水定额，对于种植不同作物的灌区，通常采用设计时段内主要作物的最大灌水定额作为设计灌水定额。冬小麦、棉花和玉米不同生育期灌水湿润层深度和适宜含水率可参考表5－6。

$$m = 1000\gamma_s h\beta(\beta_1 - \beta_2) \tag{5-1}$$

式中　　m——设计净灌水定额，m^3/hm^2；

　　　　h——计划湿润层深度，m，一般大田作物取0.4～0.6m，蔬菜取0.2～0.3m，果树取0.8～1.0m；

　　　　γ_s——计划湿润层土壤的干容重，kN/m^3；

β_1——土壤适宜含水率（重量百分比）上限，取田间持水率的 $85\%\sim95\%$；

β_2——土壤适宜含水率（重量百分比）下限，取田间持水率的 $60\%\sim65\%$；

β——田间持水率，占干土重的百分比。

表 5 - 6　　　　　　　　　　**土壤计划湿润层深度 h 和适宜含水率表**

冬小麦			棉花			玉米		
生育阶段	h /cm	土壤适宜含水率 /%	生育阶段	h /cm	土壤适宜含水率 /%	生育阶段	h /cm	土壤适宜含水率 /%
出苗	30～40	45～60	幼苗	30～40	55～70	幼苗	40	55
三叶	30～40	45～60	现蕾	40～60	60～70	拔节	40	65～70
分蘖	40～50	45～60	开花	60～80	70～80	孕穗	50～60	70～80
拔节	50～60	45～60	吐絮	60～80	50～70	抽穗	50～80	70
抽穗	50～80	60～75				开花	60～80	
扬花	60～100	60～75				灌浆		
成熟	60～100	60～75				成熟		

注　土壤适宜含水率以田间持水率的百分比计。

2. 设计灌水周期

根据灌水临界期内作物最大日需水量值按式（5-2）计算理论灌水周期，因为实际灌水中可能出现停水，故设计灌水周期应小于理论灌水周期，即

$$T_1 = \frac{m}{10Et_d}, \quad T < T_1 \tag{5-2}$$

式中　T_1——理论灌水周期，d；

　　　T——设计灌水周期，d；

　　　m——设计灌水定额，m^3/hm^2；

　　　Et_d——控制区内作物最大日需水量，mm/d。

（二）设计灌溉流量

$$Q_0 = \frac{0.0001\alpha mA}{\eta Tt} \tag{5-3}$$

式中　Q_0——灌溉系统设计流量，m^3/h；

　　　α——控制性作物种植比例；

　　　m——灌水定额，m^3/hm^2；

　　　A——灌溉系统设计灌溉面积，m^2；

　　　η——灌溉水利用系数，一般在 0.8 以上；

　　　t——日工作小时数，h/d，一般为 12～16h/d；

　　　T——灌水周期，d，$T = m/E_a$，E_a 为作物临界期日需水量，mm/d。

树状管网各级管道设计流量：

$$Q = \frac{n}{N}Q_0 \tag{5-4}$$

式中　Q——管道设计流量，m^3/h；

n——管道控制范围内同时开启的给水栓（或出水口）个数；

N——全系统同时开启的给水栓（或出水口）个数。

环状管网各级管道设计流量，应根据具体情况确定。单井单环设计流量为灌溉系数设计流量的一半。

（三）灌溉工作制度

灌溉工作制度是指管网配水及田间灌水的运行方式和时间，是根据系统的引水流量、灌溉制度、畦田形状及地块平整程度等因素制定的。有续灌、轮灌和随机灌溉三种方式。

1. 续灌方式

灌水期间，整个管网系统的出水口同时出流的灌水方式称为续灌。在地形平坦且引水流量和系统容量足够大时，可采取续灌方式。

2. 轮灌方式

在灌水期间，灌溉系统内不是所有管道同时通水，而是将输配水管分组，以轮灌组为单元轮流灌溉。系统同时只有一个出水口出流时称为集中轮灌；有两个或两个以上的出水口同时出流时称为分组轮灌。井灌区管网系统通常采用这种灌水方式。

系统轮灌组数目是根据管网系统灌溉设计流量、每个出水口的设计出水量及整个系统的出水口个数按式（5-5）计算时，当整个系统各出水口流量接近时，式（5-5）可简化为式（5-6）。

$$N = \mathrm{int}(\sum_{i=1}^{n} q_i / Q_0) \qquad (5-5)$$

$$N = \mathrm{int}(nq / Q_0) \qquad (5-6)$$

式中　N——轮灌组数；

q_i——第 i 个出水口设计流量，$\mathrm{m^3/h}$；

int——取整符号；

n——系统出水口总数。

轮灌组数划分的原则：①每个轮灌组内工作的管道应尽量集中，以便于控制和管理；②各个轮灌组的总流量尽量接近，离水源较远的轮灌组总流量可小些，但变动幅度不能太大；③地形地貌变化较大时，可将高程相近地块的管道分在同一轮灌组，同组内压力应大致相同，偏差不宜超过 20%；④各个轮灌组灌水时间总和不能大于灌水周期；⑤同一轮灌组内作物种类和种植方式应力求相同，以方便灌溉和田间管理；⑥轮灌组的编组运行方式要有一定规律，以利于提高管道利用率并减少运行费用。

3. 随机灌溉方式

随机灌溉方式用水是指官网系统各个出水口在启闭时间和顺序上不受其他出水口工作状态的约束，管网系统随时都可供水，用水单位可随时取水灌溉。

4. 树状管网各级管道流量计算

对于单井出水量小于 $60\mathrm{m^3/h}$ 的井灌区，通常按开启一个出水口的集中轮灌方式运行，此时各条管道的流量均等于系统设计流量。同时开启的出水口个数超过两个时，按式（5-7）计算各级管道流量。

$$Q = \frac{n}{N} Q_0 \qquad (5-7)$$

式中 Q——管道设计流量，m^3/h；

　　　 n——管道控制范围内同时开启的给水栓个数；

　　　 N——全系统同时开启的给水栓个数。

二、水损失计算

1. 初选管径

$$d=18.8\sqrt{\frac{Q}{v}} \tag{5-8}$$

式中 d——管道内径，mm；

　　　 v——管内流速，m/s，按表 5-7 选用。

表 5-7   管 道 流 速 表

管材	混凝土管	石棉水泥管	水泥砂土管	硬塑料管	移动软管
流速/$(m \cdot s^{-1})$	0.5~1.0	0.7~1.3	0.4~0.8	1.0~1.5	0.5~1.2

2. 水头损失

沿程水头损失的通式形式如式（5-9），相应系数指数见表 5-8，糙率 n 值见表 5-9。地面移动软管的糙率大多不是固定值，它随管内径及铺设条件不同而变，其野外测试值见表 5-10。

$$h_f=Ff\frac{LQ^m}{d^b} \tag{5-9}$$

式中 h_f——沿程水头损失，m；

　　　 F——多口系数，对等距多出口支管，F 可采用公式计算，当计算管段内流量不变时，$F=1$；

　　　 f——与摩阻有关的摩阻系数；

　　　 L——管段长，m；

　　　 Q——管段流量，m^3/h；

　　　 d——管内径，mm；

　　m、b——流量、管径指数，与摩阻损失有关。各种管材的 f、m 及 b 的值见表 5-8。

表 5-8   管道沿程水头损失公式中的 f、m、b 值表

管　材		f	m	b
混凝土管及钢筋混凝土管	$n=0.013$	$1.312×10^6$	2	5.33
	$n=0.014$	$1.516×10^6$	2	5.33
	$n=0.015$	$1.749×10^6$	2	5.33
旧钢管、旧铸铁管		$6.25×10^5$	1.9	5.1
石棉水泥管		$1.455×10^5$	1.85	4.89
硬塑料管		$0.948×10^5$	1.77	4.77
铝管、铝合金管		$0.861×10^5$	1.74	4.74

表 5-9　　　　　　　　　　　　各 种 管 材 糙 率 表

管　材	糙　率
硬塑料管	0.008～0.009
石棉水泥管、灰土管	0.012～0.013
水泥砂管、水泥土管	0.012～0.014
预制混凝土管	0.013～0.014
内壁较粗糙的混凝土管、现浇混凝土管	0.014～0.015

表 5-10　　　　　　　　　　　　地面软管糙率测试率

管材	管径 d/mm	沿程阻力系数 λ	谢才系数 C	糙率 n
维纶塑料软管	101.6	54	0.027	0.0
	63.5	56	0.025	0.009
	50.8	69	0.016	0.007
高压聚乙烯软管	203.2	55	0.026	0.011
	152	64	0.019	0.009
	127	63	0.020	0.009
	101.6	60	0.022	0.009
	76	74	0.014	0.007
涂胶布质软管	101.6	45	0.038	0.012

管道局部水头损失：

$$h_j = \frac{v^2 \xi}{2g} \tag{5-10}$$

式中　h_j——局部水头损失，m；

　　　　ξ——局部损失系数；

　　　　g——重力加速度，取 9.8m/s²。

三、管道系统设计扬程

1. 管道系统最大和最小工作水头

在管道系统中，各给水栓（出水口）实行轮灌，因开启的出水口不同，管道系统工作水头在一定范围内变动，这一个范围的上、下界，就是管道系统最大、最小工作水头。

为了确定管道系统的最大和最小工作水头，应选择两个参考点，设参考点 2 和参考点 1 分别为产生最大和最小工作水头的出水口，其位置应视管道水头损失和地形而定，在平原井区参考点 1 和参考点 2 分别为距水源最近和最远的出水口。

$$H_{max} = Z_2 - Z_0 + \Delta Z_2 + \sum h_2 \tag{5-11}$$

$$H_{min} = Z_1 - Z_0 + \Delta Z_1 + \sum h_1 \tag{5-12}$$

式中　H_{max}、H_{min}——管道系统最大和最小工作水头，m；

Z_0——管道系统进口高程，m；

Z_1、Z_2——参考点 1 和 2 的地面高程，m；

ΔZ_1、ΔZ_2——参考点 1 和 2 出水口中心线与地面高差，m，出水口中心线高程应为所控制的田间最高地面高程加 0.15m；

$\sum h_1$、$\sum h_2$——管道系统进口（管道系统与泵管连接处）至参考点 1 和 2 的水头损失，m，水头损失包括管道沿程和局部水头损失以及出水口局部水头损失。

2. 管道系统设计工作水头

$$H_0 = (H_{max} + H_{min})/2 \tag{5-13}$$

3. 管道系统设计扬程

$$H_p = H_0 + Z_0 - Z_d + \sum h_0 \tag{5-14}$$

式中 H_p——灌溉系统设计扬程，m；

Z_d——机井动水位，m；

$\sum h_0$——水泵吸水管沿程和局部水头损失之和，m。

四、水泵选型与配套

1. 新配水泵的选型与配套

灌溉工程新配水泵，宜选用国家公布的节能型产品，严禁选用国家公布的淘汰产品。

选用水泵的流量应满足灌溉设计流量的要求，且不大于根据抽水试验确定的机井出水量，扬程应根据灌溉系统设计扬程合理选定，在灌溉系统设计流量下，应分别校核在管道系统最大工作水头和最小工作水头下，水泵的工作点是否在高效区，若偏离过大应重新选泵或调整管道系统设计。井用潜水泵的配套泵管，在经济合理的情况下可增大一级管径，但不应影响水泵的安装和检修。

2. 现有机井装置的利用和改造

利用现有机井装置建设低压管灌工程，应收集有关技术资料，测试水泵扬程、流量、转速及动力机能耗性能参数，根据水泵及配套装置的技术指标、目前技术状况、设计要求等，通过技术论证和经济分析确定其改造的可行性。

3. 机井装置效率

新配机井装置的装置效率应符合《农用机井技术规范》（SD188）规定的指标；现有机井装置的装置效率，电动机配套应不低于 35%，柴油机配套应不低于 30%。

机井装置效率按下式计算：

$$\eta_w = 1000 \frac{\gamma Q_t (H_t + Z_0 - Z_d)}{N_i} \times 100\% \tag{5-15}$$

式中 η_w——机井装置效率；

γ——水的容量，N/m³；

Q_t——灌溉系统实测流量，m³/s；

H_t——管道系统实测工作水头，m；

N_i——动力机输入功率，kW。

五、管道系统工作压力校核

管道系统各管段的设计工作压力，应为正常运行情况下最大工作压力的 1.4 倍。正常运行情况下，管道工作压力不得为负值。

单元五 管灌系统设计实例

一、基本资料

某井灌区地势平坦，地块东西长 360m，南北宽 360m，面积 12.96hm²。机井位于地块西部中间，井深 80m，机井动水位 24.0m，机井出水量 82m³/s。作物南北向种植，以冬小麦、玉米为主。取冬小麦计划湿润层 0.6m，最大日耗水量 6.0mm。土质为中壤土，干密度 1.47t/m³。

二、设计灌水定额和灌水周期

1. 设计灌水定额

田间持水率取质量百分比为 22.5%，含水率适宜上、下限取田间持水率的 95% 和 60%，则设计灌水定额为

$$m = 1000 \times 1.47 \times 0.6 \times 22.5\% \times (95\% - 60\%) = 69.5 \text{ (mm)} = 695 \text{ (m}^3/\text{hm}^2)$$

2. 设计灌水周期

$T = 69.5/6.0 = 11.58$ (d)，取为 12d。

三、管网布置

管网布置如图 5 - 23 所示，共布置 4 条支管，支管间距 90m，出水口间距 60m，共布设 24 个出水口。

四、系统设计流量

灌溉水利用系数取为 0.8，冬小麦种植比例为 1.0，系统每天工作 12h，则系统

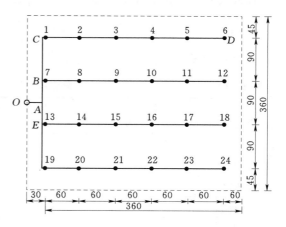

图 5 - 23 管网布置示意图

设计流量为 $Q_0 = (0.001 \times 1 \times 69.5 \times 360 \times 360)/(0.8 \times 12 \times 12) = 78.1$ (m³/h)，机井出水量能满足灌溉用水要求。

五、轮灌顺序

每次同时打开两个出水口，每个出水口设计流量为 40m³/h。轮灌顺序见表 5 - 11。

表 5-11　　　　　　　　　　　　　　　　　　轮 灌 顺 序

轮灌顺序	同时开启出水口	轮灌顺序	同时开启出水口
第 1 天	1，13	第 7 天	7，19
第 2 天	2，14	第 8 天	8，20
第 3 天	3，15	第 9 天	9，21
第 4 天	4，16	第 10 天	10，22
第 5 天	5，17	第 11 天	11，23
第 6 天	6，18	第 12 天	12，24

六、管道水力计算

1. 各管段设计流量

根据轮灌顺序，推算各管段设计流量，见表 5-12。

2. 初选管径

管道采用工作压力为 0.4MPa 的 PVC 管，管道流速初定为 1.2m/s，根据管段设计流量初选管径。

当 $Q=80 \mathrm{m^3/h}$ 时，$d=18.8 \times \sqrt{\dfrac{80}{1.2}}=154$ （mm），初选 ϕ160PVC 管。

当 $Q=40 \mathrm{m^3/h}$ 时，$d=18.8 \times \sqrt{\dfrac{40}{1.2}}=108.5$ （mm），初选 ϕ110PVC 管。

3. 水头损失计算

局部水头损失按沿程水头损失的 5% 计算。

OA 段水头损失为：$h=1.05 \times 94800 \times \dfrac{80^{1.77}}{154^{4.77}} \times 30=0.26$ （m）

其余各管段水头损失计算见表 5-12。

表 5-12　　　　　　　　　　　　管段流量、管径及水头损失

管段名称	设计流量 /(m³·h⁻¹)	外径 /mm	内径 /mm	管长 /m	水头损失 /m
OA	80	160	154	30	0.26
AB	40	110	106	45	0.67
BC	40	110	106	90	1.34
CD	40	110	106	360	5.36
AE	40	110	106	45	0.67

4. 管道系统最大和最小工作水头

选择第 13 出水口作为参考点 1；选择出水口 6 作为参考点 2。系统范围内地势平坦。

$$H_{\max}=0.15+5.36+1.34+0.67+0.26=7.78 \text{（m）}$$
$$H_{\min}=0.15+0.67+0.26=1.08 \text{（m）}$$

七、选择水泵

1. 水泵吸水管水头损失

水泵吸水管选择内径100mm，长40m的钢管，局部水头损失按沿程的5%计算，则吸水管水头损失为

$$h = 1.05 \times 625000 \times \frac{80^{1.9}}{100^{5.1}} \times 40 = 6.84 \text{（m）}$$

2. 系统设计扬程

机井动水位为24m，则系统设计扬程为

$$H_p = 4.43 + 24.00 + 6.84 = 35.27 \text{（m）}$$

3. 水泵选型

根据系统设计流量与扬程，选择200QJ80 – 33/3型井用潜水泵，具体性能见表5 – 13。

表 5 – 13　　　　　　　　　200QJ80 – 33/3 型井用潜水泵性能表

流量/(m³·h⁻¹)	扬程/m	转速/(r·min⁻¹)	效率/%	轴功率/kW
64	42		73.2	10.0
80	35.8	2870	75.8	10.3
96	26.7		69.0	10.1

小　　结

（1）低压管道灌溉系统是是以低压管网来代替明渠输配水系统的一种农田水利工程形式。可划分为水源与引水取水枢纽、输水配水管网、田间灌水系统和灌溉系统附属建筑物和装置四大组成部分。

（2）地埋固定管网主要有树枝状、环状和混合状三种类型；地面移动管网常见的布设形式及其相应的使用方法有长畦短灌双浇、长畦短灌单浇、方畦双浇和移动闸管四种。

（3）在低压管灌系统中，作为地埋暗管使用的管材主要有塑料硬管、水泥制品管及当地材料管等，作为地面移动管道的管材有软管和硬管两类。管件包括弯头、三通、四通和堵头等。而在渠灌区，一般还需设置各种类型的附属建筑物。

（4）低压管灌系统的水力计算主要有设计流量的确定、水头损失计算、管道系统设计扬程计算及水泵的选型与配套，应熟练掌握。

思　考　题

1. 简述与一般明渠灌溉相比较，低压管道灌溉具有哪些优点。

2. 低压管道灌溉系统由哪几部分组成？

3. 低压管道灌溉系统有哪几种类型？各有什么特点？

4. 低压管道灌溉系统中的管道系统布置有哪些原则与要求？

5. 低压管道输水系统中管网布置形式有几种？

6. 低压管道灌溉系统中常见的管材和管件有哪些？

7. 低压管道灌溉系统的设计流量如何确定？

8. 低压管道灌溉系统的水头损失如何计算？

9. 低压管道灌溉系统的水泵选型和配套应注意哪些问题？

项目六 雨 水 集 蓄 灌 溉

教学基本要求

单元一：理解并掌握雨水径流集蓄灌溉意义，明确雨水径流集蓄灌溉工程系统组成。

单元二：理解并掌握用水量分析计算，在对基本资料进行分析、采用水平衡法计算的基础上，能够进行雨水集蓄工程的集流场规划、蓄水系统规划、灌溉系统规划，以及投资预算、效益分析和实施措施等总体规划；截流输水工程的设计（包括设计资料的收集与计算、灌溉用水量的确定、集流场面积的确定、集流面的设计）；雨水集蓄水源工程的结构设计（包括水源工程位置的选择容积设计、结构设计）。

单元三：了解水源的净化设施。掌握水源的输水与排水系统，能够对水源工程及其配套设施进行维护管理。

能力培养目标

（1）理解雨水集蓄灌溉的意义，明确雨水径流集蓄工程系统组成。

（2）掌握雨水集蓄工程的规划方法，能够初步完成截流输水、雨水集蓄水源工程的设计。对雨水集蓄工程配套设施技术有个总体认识和理解，并对其能够进行初步的管理。

学习重点与难点

重点：雨水集蓄工程规划。

难点：雨水集蓄工程总体规划，截流输水工程的设计。

项目专业定位

在我国干旱地区对雨水资源的集蓄利用已有近千年历史，人们曾利用场院、坡面、道路或修筑水窖收集雨水。在甘肃等地，至今还有保存完好的明朝修筑的水窖。这些雨水收集工程在一定程度上解决了人们的生存用水，但因技术条件的限制，雨水集蓄利用的效率比较低，由于水资源短缺，干旱山区的社会经济一直处于相对缓慢的发展状态。为解决制约干旱地区农村经济发展的这一瓶颈问题，面对严酷的水资源条件，在广泛总结群众经验的基础上，充分利用现代科学技术，在雨水集蓄利用方面作出了举世瞩目的成就，"121"雨水集流工程的实施，在很大程度上解决了干旱区的人畜饮水和部分生产用水问题。

旱区发展雨水集蓄一方面能够改善群众生产生活条件，促进社会发展；另一方面能够促进农村经济健康发展；这也是生态环境保护的需要；此外，还能够减少城市街道雨水径流量，减轻城市排水的压力，同时有效降低雨污合流，减轻污水处理的压力。

单元一 概　　述

一、雨水径流集蓄灌溉意义

旱区通常是指广大的干旱地区、半干旱地区、半干旱半湿润地区以及半湿润偏旱地区。雨水径流集蓄灌溉工程是导引、收集雨水径流，并把它蓄存起来，作为一种有效水资源而予以灌溉利用的工程技术措施。

雨水径流集蓄利用已有悠久的历史。远古时期，人们为了在沙漠或其他干旱缺水地区生存和发展，就已开始集蓄利用雨水径流。如公元前4500年，中东一些地区已开始收集雨水用于人类饮用和农业生产。距今4000多年以前，以色列Negev沙漠的居民修建了石制的雨水收集工程灌溉农作物。墨西哥的考古遗迹表明，雨水集蓄系统早在公元300年就有了。距今700年以前，居民在美国西南部的印第安人也应用了类似的雨水利用系统。世界上有些地方，人们收集房顶上的雨水径流专门作为家庭用水。如今在威尼斯，房顶雨水集流和储存是直到16世纪为止1300年间的主要水源。雨水径流集蓄利用技术目前已在世界许多地方得到不断发展，包括发达国家中的美国、瑞典、澳大利亚、加拿大、以色列以及发展中国家如印度、孟加拉国、印度尼西亚、马来西亚、新几内亚、加勒比群岛、突尼斯、约旦等，集蓄的雨水用于人畜饮用，厕所、冷暖用水，草坪、果园、菜园以及大田作物灌溉。

我国尤其在西北、华北的许多地区，雨水一直以多种形式被广泛地利用着。我国干旱半干旱及半湿润偏旱山丘区的耕地面积约占全国总耕地面积的1/3，区内人口约占全国人口的32%。这类地区，蒸发量大，降水量小，且多以暴雨形式集中发生在年内几个月份（6~9月）。水资源贫缺是其农业生产发展受阻的主要原因，有些地方甚至人畜饮水都成问题。许多地区，如陕西北部、山西西北部及甘肃宁夏的许多山丘地区，在中等干旱年情况下，其农作物产量仅能达到平原灌溉条件地区的1/4左右。面对大面积这类地区的农业生产，尤其是近几年果树等经济作物的迅速发展，只要有水源，即在需水关键期进行一两次限额灌水，也能大幅提高产量，增加收入。

这类地区，还会经常遭受汛期暴雨径流的冲刷，致使水土流失严重，土层剧烈剥蚀，生态环境恶化。若能充分有效地利用当地的水资源，不仅可在很大程度上解决缺水问题，而且还可有效减少暴雨径流灾害，防止水土流失。因此，当地雨水径流的集蓄利用有利于振兴该地区的社会经济，改善其生态环境，经济效益、社会效益和生态环境效益显著，对旱区建设具有重要意义。

二、雨水径流集蓄灌溉工程系统组成

从工程技术的角度分析，雨水径流集蓄灌溉工程基本上由四大部分组成，即集水工程、输水工程、蓄水工程和灌溉工程。集水工程和输水工程是雨水集蓄灌溉工程的基础，蓄水工程是雨水集蓄灌溉工程的"心脏"（其调节作用，类似于调节水库），灌溉工程则是其目的。

（一）集雨区

集雨区是集雨灌溉工程的水源地，可分为非耕地与耕地两大类。

1.非耕地集雨区

这是目前普遍的做法，即收集区院（含屋顶）、道路、荒山荒坡以及经过拍实、硬化的弃耕地的雨水，为了提高集流效率，在条件允许时，需对集雨区的表面进行防渗处理，如硬化、铺膜、喷防渗材料等。非耕地集雨区的优点是技术比较简单，集雨季节长，其缺点是集雨区未硬化时会带来较多的泥沙。

2．耕地集雨区

利用耕地作为集雨区的方法有两种：一种是把耕地既作为灌区又作为水源地，降雨高峰期通过作物垄间塑膜，收集部分雨水并妥善蓄存，在作物最干旱时进行灌溉；另一种是在人均耕地较多的地方，可采用土地轮休的方法，用塑膜覆盖耕地作为集流面，第二年该集流面转为耕地，可另选一块地作为集流面。耕地集雨区的优点是无泥沙淤积，且不受水源地条件的束缚，可以使所有旱地实施集雨灌溉。缺点是费用较高，直接用于大田尚需进一步研究试验方可推广。

集雨区面积的大小与当地降雨量的大小、集雨的容积和集雨区的表面植被等因素有关（表 6-1）。表中列出几种下垫面条件下集 1m³ 水所需积水区的面积。

表 6-1　　　　　　　　　　集 1m³ 水所需积水区的面积　　　　　　　　　　单位：m³

水源地类型		降雨量/mm			
		400～450	451～500	501～550	551～600
非耕地集雨	土路面	≥12.0	11.0	10.0	9.0
	沥青路面	≥4.4	4.0	3.6	3.2
	塑料薄膜	≥4.1	3.8	3.4	3.0
耕地集雨	塑料薄膜	≥7.0	6.3	5.6	5.0

（二）截流输水工程

截流输水工程的作用是把集水区汇集的雨水输入到蓄水区，并尽可能地减少输水损失。可以采用暗渠或管道输水，以减少渗漏和蒸发。其基本类型有三种。

（1）屋面集流面的输水沟布置在屋檐落水下的地面上，庭院外的集流面可以用土渠或混凝土渠将水输到蓄水工程。输水工程宜采用 20cm×20cm 的混凝土矩形渠、开口 20cm×30cm 的 U 形渠、砖砌、石砌、暗管（渠）和 UPVC 管。

（2）利用公路作为集流面且具有公路排水沟的截流输水工程，从公路排水沟出口处连接修建到蓄水工程，或者按计算所需的路面长度分段修筑与蓄水工程连接。

（3）利用荒山荒坡作集流面时，可在坡面上每 20～30m 沿等高线修截流沟，截流沟可采用土渠，坡度宜为 1/30～1/50，截流沟应连接到输水沟。输水沟宜垂直等高线布置，应采用矩形或 U 形混凝土渠，尺寸按集雨流量确定。

（三）蓄水工程及其配套设施

蓄水工程可以是水（窖）窖、蓄水池、涝池或塘坝等类型。由于水窖具有基本不占用耕地、材料费少、可以基本做到无蒸发和渗漏以及技术易为群众掌握等优点，所以，是目前最重要的集雨蓄水工程形式。在水流进入蓄水工程之前，要设置沉淀、过滤设施，以防杂物进入水池。同时应在蓄水窖（池）的进水管（渠）上设置闸板并在适当位置布置排水道，在降雨开始时，先打开排水口，排掉脏水，然后再打开进水口，雨水经过过滤后再流入水窖（池）蓄存，窖蓄满时可打开排水口把余水排走。根据各地区开展集雨灌溉工程的经验，水窖形式以缸式和瓶式水窖为主。容积一般为 40～60m³，若配以节水农业技术，每窖控制灌溉面积 0.13～0.2hm²。

（四）灌溉设施

由于受到蓄水工程水量的限制，不可能采用传统的地面灌水方法进行灌溉。必须采用节水灌溉的方法，如担水点浇、坐水种、地膜穴灌、地膜下沟灌、渗灌和滴灌等，这样才能提高单方集蓄雨水的利用率。对于雨水集蓄灌溉工程，在地形条件允许时，应尽可能实行自流浇地。

（五）旱作农业措施

集雨灌溉的目的在于提高农业生产能力，使农民得到更广大的经济效益。因此，为了充分发挥集雨灌溉工程的效益，必须配套地膜覆盖、适水种植等旱作农业技术，这样才能真正提高旱地的农业生产能力。

单元二　雨水集蓄工程规划

一、用水量分析计算

用水量分析计算的任务是根据当地可供雨水资源量和农田灌溉及生活用水要求，进行分析和平衡计算，进而确定雨水储蓄工程的规模。

（一）年集水量的计算

全年单位集水面积上的可集水量按式（6-1）～式（6-3）计算：

$$W = E_y R_p / 1000 \tag{6-1}$$

$$R_p = K P_p \tag{6-2}$$

$$P_p = K_p P_0 \tag{6-3}$$

式中　W——保证率等于 P 的年份单位集水面积全年可集水量，m^3 / m^2；

E_y——某种材料集流面的全年集流效率，以小数表示；

R_p——保证率等于 P 的全年降雨量，mm，可从水文气象部门查得，对雨水集蓄来说，P 一般取 50%（平水年）和 75%（中等干旱年），也可按式（6-2）和式（6-3）计算；

P_p——保证率 P 的年降水量，mm；

P_0——多年平均降水量，mm，由气象资料确定；

K_p——根据保证率及 C_v（离差系数）值确定的系数，用小数表示，可从水文气象部门查得；

K——全年降雨量与降水量之比值，用小数表示，可根据气象资料确定。

由于集雨材料的类型，各地的降水量及其保证率的不同。全年的集流效率也不同，要选用当地的实测值，若缺乏资料，可参考类似地区选用，表6-2列出了甘肃和宁夏两省（自治区）推荐值，供参考。

（二）用水量的计算

用水量包括灌溉用水量和生活用水量。在庭院种植和进村地带的蓄雨设施，往往灌溉和生活用水要同时考虑。在远离村庄地带的蓄雨设施，一般只考虑灌溉用水。

表6-2　　　　　　　　不同材料集流场在不同降水量及保证率情况下全年集流效率表

多年平均降雨量 /mm	保证率 /%	集流效率/%								
		混凝土	塑膜覆砂	水泥土	水泥瓦	机瓦	青瓦	黄土夯实	沥青路面	自然土坡
400~500	50	80	46	53	75	50	40	25	68	8
	75	79	45	25	74	48	38	23	67	7
	95	76	36	41	69	39	31	19	65	6
300~400	50	80	46	52	75	49	40	26	68	8
	75	78	41	46	72	42	34	21	66	7
	95	75	34	40	67	37	29	17	64	5
200~300	50	78	41	47	71	41	34	20	66	6
	75	75	34	40	66	34	28	17	64	5
	95	73	28	33	62	30	24	13	62	4

1. 灌溉用水量

雨水集蓄的作物种植要突出"二高一优"的模式。合理确定粮食、林果、瓜类和蔬菜等作物的种植比例，以充分发挥水的效益。农业灌溉应采用适宜的节水灌溉方法，在节水灌溉的前提下，按非充分灌溉（限额灌溉）的原理进行分析计算。计算所需的作物需水量或灌溉制度资料，要用当地的实验值，降雨量资料由当地气象站或雨量站搜集。若当地资料缺乏，可搜集类似地区的资料分析选用。单位面积年灌溉用水量可按式（6-4）计算：

$$M_d = (W - P - WT)\eta \qquad (6-4)$$

式中　M_d——非充分灌溉条件下年灌溉定额，m^3/a；

　　　W——灌溉作物的全年需水量，m^3/hm^2；

　　　P——作物生育期的有效降雨量，mm，可采用同期的降雨量值乘以有效系数而得，该系数对不同地区、不同作物则不同，如甘肃和宁夏两省（自治区）建议夏作物取0.7~0.9；

　　WT——播种前土壤中的有效储水量，根据实测资料确定，缺乏实测资料时，可按0.15~0.25，做粗略估计；

　　　η——灌溉水的利用系数，若采用灌溉等节水灌溉技术 η 可取0.9。

式（6-4）中的 W 值若是地面灌溉条件下的实验数值，应用在节水灌溉条件下，其值应乘以一个系数，根据所采用的灌溉方式不同来选用。若采用滴灌或膜下灌时，甘肃和宁夏两省（自治区）建议取0.5~0.8。单位面积上的年灌溉用水量也可根据灌溉水定额和灌水次数进行估算，即用水量＝各次灌水定额×灌水次数。表6-3列出了甘肃和宁夏集雨灌溉作物的灌水次数和灌水定额。

2. 生活用水量

生活用水主要指人及牲畜、家禽的饮用水量。规划时要考虑未来10年内可能达到的人口数及牲畜、家禽数，并按不同保证率年份的用水定额进行计算。各地的定额标准可能不一样，根据已求得的集水量（来水）和灌溉用水量以及生活用水量，进行平衡计算，确定工程规模。包括集雨面积、灌溉面积和蓄水容积。工程各类材料集流面应满足灌溉和生

表 6 - 3 甘肃和宁夏两省（自治区）集雨灌溉作物的灌水次数和灌水定额

项目		粮食作物		果实	蔬菜瓜果	
		夏作物	秋作物			
灌水次数	降雨量 300mm	3～4	3～4	4～5	8～9	
	降雨量 400mm	2～3	2～3	3～4	6～8	
	降雨量 500mm	2～3	1～2	2～3	5～6	
灌水定额 /(m³·亩⁻¹)	滴灌、膜孔灌	150～225	150～225	120～225	150～225	
	点浇、注水灌	75～150	75～150	75～120	75～150	

活用水要求，即符合式（6-5）。计算时应对典型保证率年份分别计算相应的集流面积，选用其中最大值进行设计，即

$$W_p = S_{p1}F_{p1} + S_{p2}F_{p2} + \cdots + S_{pn}F_{pn} \tag{6-5}$$

式中 W_p——保证率等于 P 的年份需用水量（m³），及灌溉用水量与生活用水量之和；

S_{p1}、S_{p2}、S_{pn}——保证率等于 P 的年份不同集雨材料的集雨面积，m²；

F_{p1}、F_{p2}、F_{pn}——保证率等于 P 的年份不同集雨材料单位集雨面积上可集水量，m³/m²。

蓄水设施的总容积可按式（6-6）计算：

$$V = \alpha W_{\max} \tag{6-6}$$

式中 V——蓄水设施总容积，m³；

     α——容积系数，一般取 0.8；

$W_{\max}$——不同保证率年份用水量中的最大值（m³），其中生活用水量可按平水年考虑。

二、总体规划

在对基本资料进行分析、采用水平衡法计算的基础上，就可以进行雨水集蓄工程的集流场规划、蓄水系统规划、灌溉系统规划，以及投资预算、效益分析和实施措施等总体规划。

（一）集流场规划

广大农村都有公路或乡间道路通过，不少农村，特别是山区农村房前屋后一般都有场院或一些山坡地等，应充分利用这些现有的条件作为集流面，进行集雨场规划。若现有集雨场面积小等条件不具备时，应规划修建人工防渗集流面。若规划结合小流域治理，利用荒山坡地作为集流面时，要按一定的间距规划截流沟和输水沟，把水引入蓄水设施或就地修建塘坝拦蓄雨水。用于解决庭院种植灌溉和生活用水的集雨场，首先利用现有的瓦屋面作集雨场，若屋面为草泥时，考虑改建为瓦屋面（如混凝土瓦）。若屋面面积不足时，则规划在院内修建集雨场作为补充。有条件的地方，尽量将集雨场规划于高处，以便自压灌溉。

（二）蓄水系统规划

蓄水设施可分为蓄水窖、蓄水池和塘坝等类型，要根据当地的地形、土质、集流方式及用途进行规划布置。用于大田灌溉的蓄水设施要根据地形条件确定位置，一般应选择在比灌溉地块高 10m 左右的地方，以便实行自压灌溉。用于解决庭院经济和生活用水相结合的蓄水设施，一般应选择在庭院内地形较低的地方以方便取水。为安全起见，所有的蓄水设施位置必须避开填方或易滑坡的地段，设施的外壁距崖坎或根系发达的树木的距离不小于 5m，根据式（6-6）计算的总容积规划一个或多个蓄水设施，两个蓄水设施的距离应不少于 4m。公路两旁的蓄水设施应符合公路部门的排水、绿化、养护等有关规定。蓄水设施的主要附属设施如沉砂池、输水渠（管）等应统一规划考虑。

（三）灌溉系统规划

雨水集蓄系统规划的任务是确定灌溉地段的具体范围，选择节水灌溉方法和类型、系统的首部枢纽和田间管网布置等。

1. 灌溉范围的确定

根据水量平衡计算结果规划的集雨场和蓄水设施，确定单个或整个系统控制的范围，并在平面图上标出界线，以便进行管网布置。

2. 灌溉方法的选定

雨水集蓄应采用适宜的节水灌溉方法，如滴灌、渗灌、注水灌和坐水种等。具体采用哪一种方法，要根据当地的灌溉水源、作物、地形和经济条件等来确定。

3. 灌溉类型的选定

集水灌溉，水量非常有限，一般采用节水灌溉技术。为了节省投资，有条件的地方，首先应考虑自压灌溉方式，没有自压条件的地方，才考虑人工手压泵或微型电泵提水。

（四）投资预算

较大的工程应分别列出集雨场、蓄水系统与附属设施、首部枢纽、管网系统（含灌水器）的材料费、施工费、运输费、勘测设计费和不可预见费等几项算出工程的总投资和单位面积投资。若灌溉和生活用水结合的工程，应按用水量进行投资分摊。

（五）效益分析

对工程建成投入运行后所能产生的经济、社会和生态效益进行分析，进而证明工程建设的必要性，经济效益主要是对工程的投资、年费用及增产效益进行分析计算。规划阶段一般用静态分析法计算，对较大的系统可同时用静态法和动态法进行计算。社会效益是指工程建成后对当地脱贫致富和精神文明建设等方面的内容。生态效益是指对当地生态环境影响，如缓解用水矛盾、减少水土流失、环境卫生条件改善等方面的内容。

（六）实施措施

对较大的工程，为了保证工程的顺利实施，要根据当地具体情况提出具体的实施措施，一般包括组织施工领导班子和施工技术力量、具体施工安排材料供应、安全和质量控制等内容、雨水集流场设计。

影响集流效率的重要因素如下。

1. 降雨特性对集流效率的影响

全年降雨量的多少及雨强的大小影响到集流效率。随着降雨量和雨强的增加，集流效率也增加。在多年平均降雨量越小的地区，说明该地区是干旱，小雨量、小雨强的降雨过程也就多，全年的集流效率也就越低。也就是说，愈是干旱的年份（保证率愈高），全年的集雨效率也就愈低。

2. 集流面材料对集流效率的影响

雨水集流的防渗材料有很多种，各地实验效果表明以混凝土和水泥瓦的效率最高，可达 70%～80%。这是因为这类材料吸水率低，在较小的雨量和雨强下即能产生径流。而土料防渗效率差，一般在 30% 以下。各种防渗材料集流效率大小依次为混凝土、水泥瓦、机瓦、塑膜覆沙（或覆土）、青瓦、三七灰土、原状土夯实、原状土。同一种防渗材料在不同地方全年集流效率亦有差别，这主要是各地施工质量差别所造成的。

3. 集流面坡度对集流效率的影响

一般来讲，集流面坡度较大，其集流效率也较大。因为坡度较大时可增加流速，可减少降雨过程中坡面水流的厚度，降雨停止后坡面上的滞留水也减少，因而可提高集流效率。下垫面材料相同，不同坡度对集流效率的影响差别也较大。据甘肃省的试验，榆中集流场坡度为 1/50，混凝土面集流效率仅 40%～50%，西风集流场坡度为 1/9，集流效率达 68%～80%，西峰试验原土夯实全年效率可达 19%～30%。而榆中试验，在一般雨量下不产生径流，在每次降雨达到 10mm 以上时才能产流，效率也仅为 10%～15%。因此，为了提高集流效率，集流场纵坡应不小于 1/10。

4. 集流面前期来水量对集流效率的影响

前次降雨造成集流面含水量高时，本次降雨集流效率就高。下垫面材料不同这种影响差别也较大，特别是土质集流面，前期含水量对集流效率的影响更明显。据甘肃西峰试验，原状土夯实地块在前期土壤饱和度达 95% 时，集流效率达 80% 以上，混凝土面集流面则影响较小。

集流场位置与集流面材料的选择，利用当地条件集蓄雨水进行作物灌溉时，首先应考虑现有的集流面，如沥青公路路面，乡村道路、场院和天然坡地等。现有的集流面面积小，不能满足积水量要求时，则需修建人工防渗集流面来补充。防渗材料有很多种，如混凝土、瓦（水泥瓦、机瓦、青瓦）、天然坡面夯实，塑料薄膜、片（块）石衬等。要本着因地制宜、就地取材、集流效率高和工程造价低的原则选用。若当地砂石料丰富，运输距离较近时，可优先采用混凝土和水泥瓦集流面。因这类材料吸水率低，渗水速度慢，渗透系数小，在较小的雨量和雨强下即能产生径流，在全年不同降水量水平下，效率比较稳定，可达 70%～80%，而且寿命长，积水成本低、施工简单、干净卫生。混合土（三七灰土）因渗透速度和渗透系数较大，受雨强和前期土壤含水率也较大，故集流面形成的径流相对较少。原状土夯实比混凝土集流面形成的径流又少，这是因为土壤表面的抗蚀能力较弱，固结程度差，促使土壤下渗速度加快。下渗量增大，因而地表径流就相应减少，效率一般在 30% 以下，所需集流面较大，且随着年降雨水平的不同，年效率不稳定，差别较大。若当地人均耕地较多，可采用土地轮休的办法，用塑膜覆盖部分耕地作为集流面，第二年该集流面转为耕地，再选另一块耕地作为集流面，这种材料集流效率较高，但塑膜寿命短。在有条件的地方，可结合小流域治理，利用荒山坡地作为集流面，并按设计要求修建截留沟和输水沟，把水引入蓄水设施。

三、截流输水工程的设计

由于地形条件和集雨场位置，防渗材料的不同，其规划布置也不相同。对于因地形条件限制离蓄水设施较远的集雨场，考虑长期使用，应规划建成定型的土集。若经济条件允许，可建成 U 形或矩形的素混凝土渠。利用公路、道路作为集流场且具有路边排水沟的节流输水沟，可从路边排水沟的出口处连接到蓄水设施。路边排水沟及输水沟渠应进行防渗处理，蓄水季节应注意经常清除杂物和浮土。利用山坡地作为集流场时，可依地势每隔 20～30m 沿等高线布置截留沟，避免雨水在坡面上浸流距离过长而造成水量损失。截流沟可采用土渠，坡度宜为 1/30～1/50，截流沟应与输水沟连接，输水沟宜垂直等高线布置。并采用矩形或 U 形素混凝土渠或用砖（石）砌成，利用已经进行混凝土硬化防渗处理的小面积庭院或坡面，可将集流面规划成一个坡向，使雨水集中流向沉砂池的入水口。若汇集的雨水较干净，可直接流入蓄水设施，也可不另设输水渠。

（一）设计资料的收集与计算

当地降雨量的多少关系到集流场面积大小的确定和工程造价等问题。由于各地自然地理和气象条件的不同，降雨量差别也较大，因此，需根据当地资料来计算分析才符合实际。降雨资料主要从当地水文部门搜集，若只有降水资料，可根据式（6-2）和式（6-3）计算。

（二）灌溉用水量的确定

尽量搜集当地或类似地区不同作物的灌溉用水量资料。若资料缺乏可参考式（6-4）进行估算，用水保证率按 $P=75\%$ 设计。

（三）集流场面积的确定

由集水量推求集流面积公式为

$$S = 1000W/P_p E_p \qquad (6-7)$$

式中　S——集流场面积，m^2；

　　　W——年蓄水量（m），可按式（6-1）～式（6-4）计算，也可查表 6-4 选用；

　　　P_p——用水保证率时的降水量，mm；

　　　E_p——用水保证率等于 P 时的集流效率，当地试验资料缺乏时可参考表 6-2 选用。

　　　表 6-4 为宁夏不同材料集水场在不同降水量及保证率情况下全年集水量。

（四）集流面的设计

集流面材料有很多种，设计要求也不同，主要有以下几种。

1. 混凝土集流面

施工前应对地基进行洒水翻夯处理，翻夯厚度以 30cm 为宜，夯实后的干容重不小于 1.5t/m^2。没有特殊荷载要求的可直接在地基上铺浇混凝土。若有特殊荷载要求，如碾压场、拖拉机或汽车行驶等，则应按特殊要求进行设计。砂石料丰富地区，可将河卵石、小块石砸入土层内，使其露出地面 2cm，然后再浇混凝土，集流面宜采用横向坡度为 1/10

~1/50，纵向坡度为 1/50～1/100。一般用 C14 混凝土分块现浇，并留有伸缩缝，厚度 3～6cm。砂石料含泥量不大于 4%，并不得用矿化度大于 2g/L 的水拌和，分块尺寸以 1.5m×1.5m 或 2m×2m 为宜，缝宽为 1～1.5cm。缝间填塞浸油沥青砂浆牛皮纸，3 毡 2 油沥青油毡、水泥砂浆、细石混凝土或红胶泥等。在兼有人畜饮水用的集流面，其缝间不得用浸油沥青材料，伸缩缝深度应与混凝土深度一致，在混凝土面初凝后，要覆盖麦草、草袋等物洒水养护 7 天以上，炎热夏季施工时，每天洒水不得少于 4 次。

表 6-4　　　　宁夏不同材料集水场在不同降水量及保证率情况下全年集水量

多年平均年降水量 /mm	保证率 /%	集流量/[m²・(100m²)⁻¹]						
		混凝土	水泥土	机瓦	青瓦	黄土夯实	沥青路面	自然土坡
400～500	50	40	26.5	25	20	12.4	34	4
	75	39.5	22.5	24	19	11.5	33.5	3.5
	95	38	20.5	19.5	15.5	9.5	32.5	3.0
300～400	50	32	20.8	19.6	16	10.4	27.2	3.2
	75	31.5	18.4	16.8	13.6	8.4	26.4	2.8
	95	30	16	14.8	11.6	6.8	25.6	2.0
200～300	50	23.4	14.1	12.3	10.2	6	19.8	1.8
	75	22.5	12	10.2	8.4	5.1	19.2	1.5
	95	21.9	9.9	9	7.2	3.9	18.6	1.2

2. 瓦面集流

瓦的种类有水泥瓦、机瓦、青瓦等。水泥瓦的集流效率要比机瓦、青瓦高出 1.5～2 倍，故应尽量采用水泥瓦做集流面。用于庭院灌溉和生活用水要与建房结合起来，按建房要求进行设计施工。一般水泥瓦屋面坡度为 1/4，也可模拟屋面修建斜土坡。铺水泥瓦作为集流面，瓦与瓦间应搭接良好。

3. 片（块）石衬砌集流面

利用片（块）石衬砌坡面作为集流面时，应根据片（块）石的大小和形状采用不同的衬砌方法。片（块）石尺寸较大，形状较规则，可以水平铺垫，铺垫时要对地基进行翻夯处理，翻夯厚度以 30cm 为宜，夯实后干容重不小于 1.5t/m³，若尺寸较小、形状不规则，可采用竖向按次序砸入地基的方法，厚度不小于 5cm。

4. 土质集流面

利用农村土质公路横向作为集流面要进行平整，一般纵向坡度沿地形走向，横向倾向于路边排水沟，利用荒山坡地作集流面，需对原土进行洒水翻夯深 30cm，夯实后干容重不小于 1.5t/m³。

5. 塑膜防渗集流面

该集流面可分为裸露式和埋藏式两种。裸露式是直接将塑料薄膜铺设在修整完好的地面上，在塑膜四周及接缝处可搭接 10cm，用恒温熨斗焊接或搭接 30cm 后折叠止水。埋藏式可用草泥或细沙等覆盖于薄膜上，厚度以 4～5cm 为宜。草泥应抹匀压实拍光，细沙应摊铺均匀。塑膜集流面的土基要求铲除杂草、整平，适当拍实或夯实，其程度以人踩不落陷为准，表面适当部位用砖块石块或木条等压实。

四、雨水集蓄水源工程的结构设计

（一）水源工程位置的选择

1. 窖（窑）

北方干旱地区，特别是西北黄土丘陵区地形复杂。梁、峁、墟、台、坡等地貌交错，草地、荒坡、沟谷、道路以及庭院等均有收集天然降水的地形条件。选择窖（窑）位置应按照因地制宜的原则，综合考虑窖址的集流，灌溉和建窖土质三方面条件，即选择降水后能形成地表径流且有一定积水面积；水窖应选在灌溉农田附近；饮水取水都比较方便的位置。山区要充分利用地形高差大的特点多建立自流灌溉窖，同时窖址应选择在土质条件好的地方，避免在山洪沟边、陡坡、陷穴等地点打窖。不同土质条件的地区要选择与之相适应的窖型结构，如土质夯实的黄土、红土地区可布设水泥砂浆薄壁窖，而土质疏松的土质（如砂壤土）地区则布置混凝土盖窖或素混凝土盖窖。

2. 蓄水池

蓄水池按其结构形式和作用分为涝池、普通蓄水池和调压蓄水池等。

（1）涝池。在黄土丘陵区，群众利用地形条件在土质较好、有一定集流面积的低洼地修建的季节性简易蓄水设施。在干旱风沙区，一些地方由于降水入渗形成浅层地下水，群众开挖长几十米、宽数米的涝池，提取地下水发展农田灌溉。

（2）普通蓄水池。蓄水池一般是用人工材料修建的具有防渗作用，用于调节和蓄存径流的蓄水设施，根据其地形和土质条件可修建在地上和地下，其结构形式有圆形、矩形等。蓄水池水深一般为2～4m，防渗措施也因其要求不同而异，最简易的是水泥砂浆面防渗，蓄水池的选址分以下三种情况。

1）有小股泉水出漏地表，可在水源附件选择适宜地点修建蓄水池，起到长蓄短灌的作用，其容积大小视来水量和灌溉面积而定。

2）在一些地质条件较差、不宜打窖的地方，可采用蓄水池代替水窖，选址应考虑地形和施工条件。另外一些引水工程（包括人畜饮水工程和灌溉引调水工程），为了调剂用水，可在田间地头修建蓄水池，在用水紧缺时使用。

3）调压蓄水池。在降雨量多的地方，为了满足低压管道输水灌溉、喷灌、微灌等所需要的水头而修建的蓄水池。选址应尽量利用地形高差的特点，设在较高的位置实现自压灌溉。

3. 土井

土井一般指简易人工井，包括土圆井、大口井等。它是开采利用浅层地下水，解决干旱地区人畜饮水和抗旱灌溉的小型水源工程。适宜打井的位置，一般在地下水埋藏较浅的山前洪积扇，河漫滩及一级阶地，干枯河床和古河道地段，山区基岩裂隙水、溶洞水及铁、锰和侵蚀性二氧化碳含量高的地区。

（二）容积设计

1. 水窖容积的确定

按照技术、经济合理的原则确定水窖的容积是集水工程建设的一个重要方面。影响水窖容积的主要因素有地形和土质条件，按照不同用途要求、当地经济水平和技术能力来选择窖型结构。

（1）根据地形土质条件确定水窖容积。水窖作为农村的地下集水建筑物，其容积大小受当地地形和土质条件影响和制约。当地土质条件好，土壤质地密实，如红土、黄土区，开挖水窖容积可适当大一点。而土质较差的地区，如沙土、黄绵土等，如窖容较大，则容易产生塌方。一些地方因土质条件不好甚至不宜建窖。

（2）按照不同的用途要求选择的窖型结构和容积。如主要用于解决人畜饮水的窖大都采用传统土窖，有瓶式窖、坛式窖等，其容积一般为 20～40m³。这类窖要求窖口口径小（60cm 左右），窖脖长，如图 6-1 所示。用于农田灌溉的水窖一般要求容积较大，窖身和窖口通常采取加固措施，以防止土体坍塌，如改进型水泥薄壁窖、盖窖、钢筋混凝土窖，水容积一般为 50m³、60m³、100m³ 左右。窑窖一般适用于土质条件较好的自然崖面或可作人工剖理的崖面，先挖开窑洞，窑顶做防潮处理，然后在窑内开挖蓄水池。这种在窑内建蓄水池或窖的设施被群众俗称为窑窖，窑窖的容积根据土质情况和集流面的大小确定，容积一般为 60～100m³，个别容积可达 200m³。水窖容积的确定除考虑上述因素外，还受当地经济水平的投入能力的制约。修建水窖时要考虑适宜的窖型结构、容积大小和适用寿命的长短。根据土质条件和适宜的建窖类型，可参考表 6-5 确定建窖容积。

表 6-5　　　　　　　　　　　　　　建 窖 容 积

土 质 条 件	适宜建窖类型	建窖容积/m³
土质条件好，质地密实的红土、黄土区	传统土窖	30～40
	改进型水泥薄壁窖	40～50
	窑窖	60～80
土质条件一般的壤质土区	钢筋土盖碗窖	50～60
	钢筋混凝土窖	50～60
土壤质地松散的砂质土区	不用建窖，易修建蓄水池	100

2. 蓄水池的确定

（1）确定蓄水池的原则。确定蓄水池的容积时：首先考虑可能收集、储存水量的多少，是属于临时或季节性蓄水还是常年蓄水，蓄水池的主要用途和蓄水量要求；其次，要调查、掌握当地的地形、土质情况（收集 1/500～1/200 大比例尺地形图，地质剖面图）；再次，要结合当地经济水平和可能投入与技术要求参数全面衡量、综合分析；最后，选用多种形式进行对比、筛选，按投入产出比（或单方水投入）确定最佳容积。

（2）蓄水池的容积计算。蓄水池因用途、结构不同有多种多样：按形状、结构可分为圆形池、方形池、矩形池等；按建筑材料、结构可分为土池、砖池、混凝土池和钢筋混凝土池等；按用途可分为涝池（涝坝、平塘）、普通蓄水池（农用蓄水池）、调压蓄水池等。

1）涝池。涝池形状多样。随地形条件而异，有矩形池、平底圆池，池的容积一般为

$100\sim200\mathrm{m}^3$，最小不小于 $50\mathrm{m}^3$。其容积计算如下：

矩形池容积为

$$V=(H+h)\frac{F+f}{2} \tag{6-8}$$

平底圆池容积为

$$V=\frac{\pi}{2}(R^2+r^2)(H+h) \tag{6-9}$$

式中　V——总容积，m^3；

　　　H——水深，m；

　　　h——超高，m；

　　　F——池上口面积，m^2；

　　　f——池底面积，m^2；

　　　R——池上口半径，m；

　　　r——池底半径，m。

锅底圆池，参照其形状近似计算其容积，在计算实际最大蓄水量时，要减去超高部分。

2）普通蓄水池。主要用于小型农业灌溉或兼作人畜饮水用。蓄水池根据用途、结构等不同，其容积一般为 $50\sim100\mathrm{m}^3$，特殊情况蓄水量可达 $200\mathrm{m}^3$。按其结构、作用不同一般可分为两大类型，即开敞式和封闭式。开敞式蓄水池是季节性蓄水池，它不具备防冻、防蒸发功能。农用蓄水池只是在作物生长期内起补充调节作用，即在灌水前引入外来水蓄存，灌水时放水灌溉，或将井、泉水长蓄短灌。开敞式蓄水池一般根据来水量和用水量，选定蓄水容积，其变化幅度较大。就其结构形状可分为圆形和矩形两种，蓄水量一般为 $50\sim100\mathrm{m}^3$。对于开敞式圆形蓄水池，根据当地建筑材料情况可选用砖砌池、浆砌石池、混凝土池等，池内采取防渗措施。主要规格尺寸：长 $4\sim8\mathrm{m}$，宽 $3\sim4\mathrm{m}$，深 $3\sim3.5\mathrm{m}$，蓄水量为 $50\sim100\mathrm{m}^3$。封闭式蓄水池的池顶增加了封闭设施，具有防冻、防蒸发功效，可常年蓄水。可用于农业节水灌溉，也可用于干旱地区的人畜饮水工程。结构形式可分为以下两种：

a. 梁板式圆形池。又可分为拱板式和梁板式两种，但其蓄水池结构尺寸是相同的。主要规格尺寸：直径 $3\sim4\mathrm{m}$，深 $3\sim4\mathrm{m}$，蓄水量 $25\sim45\mathrm{m}^3$。盖板式矩形池，顶部选用混凝土空心板，再加保温层防冻，冬季寒冷期较长的西北地区生活用水工程普遍采用。主要规格尺寸：池长 $8\sim20\mathrm{m}$，池宽 $3\mathrm{m}$，深 $3\sim4\mathrm{m}$，蓄水量 $80\sim200\mathrm{m}^3$。

b. 盖板式钢筋混凝土矩形池。主要用于特殊工程之用，其结构多为钢筋混凝土矩形、圆形池，蓄水量可根据需要确定，一般在 $200\mathrm{m}^3$ 左右。宁夏固原县西源自压喷灌压力池长 $25\mathrm{m}$、宽 $7.2\mathrm{m}$、深 $3.7\mathrm{m}$ 的钢筋混凝土结构，蓄水量可达 $500\mathrm{m}^3$，既可蓄水调压，又兼有沉沙作用，为自压喷灌提供可靠水源。

3）调压蓄水池。调压蓄水池的结构形式和普通蓄水池一样。只要选好地势，形成自压水头，就可以达到调压目的，其需水量根据用水需求选定。

（三）结构设计

1. 窖（窑）

（1）窖（窑）常用的结构形式。水窖按其修建的结构不同可分为传统型土窖、改进型水泥薄壁窖、盖碗窖、窑窖、钢筋混凝土窖等。按采用的防渗材料不同又可分为胶泥窖、水泥砂浆抹面窖、混凝土和钢筋混凝土窖、土工膜防渗窖等。由于各地的土质条件、建筑材料及经济条件不同，可因地制宜选用不同结构的窖形。在建窖中，对用于农田灌溉水窖与人畜饮水窖在结构要求上有所不同。根据黄土高原群众多年的经验，人饮窖要求窖水温度尽可能不受地表和气温的影响，窖深一般要达到 6～8m 保持窖水不会变质，长期使用，而灌溉水窖则不受深度的限制。

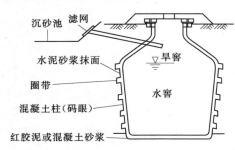

图 6-1　水泥砂浆薄壁窖

（2）适合当前农村生产的几种窖形结构。

1）水泥砂浆薄壁窖。水泥砂浆薄壁窖（图 6-1）窖型是由传统的人饮窖经多次改进，筛选成型。窖体结构包括水窖、旱窖、窖口和窖盖。水窖位于窖体下部，是主体部位，形似水缸，旱窖位于水窖上部，有窖口经窖脖子（窖筒）向下逐渐呈圆弧形扩展，至中部直径（缸口）后与水窖部分吻接。这种倒坡结构，受土壤力学结构的制约，其设计结构尺寸是否合理直接关系到水窖的稳定与安全，窖口和窖盖的作用是稳定上部结构，防止来水冲刷，并连接提水灌溉设施。

水泥砂浆薄壁窖近似"坛式酒瓶"缩短了旱窖部分长度，有传统人饮窖的 4～5m 缩减为 3m 左右。加大了水窖中部直径和蓄水深度，将窖口尺寸由传统的 0.5～0.6m 扩大到 0.8～1.0m，减轻了上部土体重量，便于施工开挖取土。防渗处理分为窖壁防渗和窖底防渗两部分。为了使防渗层与窖体土层紧密结合并防止防渗砂浆整体脱落，沿中径以下的水窖部分每隔 1.0m，在窖壁上沿等高线挖一条宽 5cm、深 8cm 的圈带，在两圈带中间，每隔 30cm 打混凝土柱（码眼），品字形布设，以增加防渗砂浆与窖壁的整体性。

窖底结构以反坡形式受力最好，即窖底呈圆弧形，中间低 0.2～0.3m，边角亦加固成圆弧形。在处理窖底时，首先要对窖底原状土轻轻夯实，增强土壤的密实程度，防止底部发生不均匀沉陷。窖底防渗可根据当地材料情况因地制宜选用，一般可分为两种：①胶泥防渗，可就地取材，是传统土窖的防渗形式。首先要将红胶泥打碎过筛、浸泡拌捣成面团状，然后分 2 层夯实，厚度 30～40cm，最后用水泥砂浆墁一层，作加固处理。②混凝土防渗。在处理好的窖底土体上浇筑 C19 混凝土，厚度 10～15cm。此窖型适宜土质比较密实的红、黄土地区。对于土质疏松的砂壤土地区和土壤含水量过大地区不宜采用。其主要技术指标为窖深 7～7.8m，其中水窖深 4.5～4.8m，底径 3～3.4m，中径 3.7～4.2m。旱窖深（含窖脖子）2.5～3.0m，窖口径 0.8～1.1m。窖体由窖口以下 50～80cm 处圆弧形向下扩展至水窖中径部位，窖台高 30cm，蓄水量 40～50m³。附属设施包括进水渠、沉沙池（坑）、拦栅、进水管（槽）、窖口和窖台等。有条件的地方还要设溢流口、排水渠等。

2）混凝土盖碗窖。混凝土盖碗窖（图6-2）形状类似盖碗茶具，故取名盖碗窖。此窖型避免了因传统窖型窖脖子过深，带来打窖取土、提水灌溉及清淤等困难。适宜于土质比较松散的黄土和砂壤土地区，适应性强。窖体包括水窖、窖盖与窖台三部分。混凝土帽盖为薄壳型钢筋混凝土拱盖，在修整好的土模上现浇成型，施工简便。帽盖上布设圈梁、进水管、窖口和窖台。

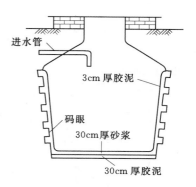

图6-2 混凝土盖碗窖

3）素混凝土肋拱盖碗窖。窖体包括水窖、窖盖和窖台三部分。水窖部分结构尺寸与混凝土盖碗窖完全一样。混凝土帽盖的结构尺寸也与混凝土盖碗窖相同，不同之处是将原来的钢筋混凝土帽盖改进为素混凝土肋拱帽盖，可节省30kg钢筋和20kg铅丝口适应性更强，便于普遍推广。其结构特点为帽盖为拱式薄壳型，混凝土厚度为6cm，在修整好的半球状土模表面上由窖口向圈梁辐射形均匀开挖8条宽10cm、深6～8cm的小槽。窖口外沿同样挖一条环形槽，帽盖混凝土浇筑后，拱肋与混凝土壳盖形成一整体，肋槽部分混凝土厚度由拱壳的6cm增加到12～14cm，即成为混凝土肋拱，起到替代钢筋的作用。适用范围、主要技术指标、附属设施与混凝土盖碗窖相同。

4）混凝土拱底顶盖圆柱形水窖。该窖型是甘肃省常见的一种形式（图6-3），主要由混凝土现浇弧形顶盖、水泥砂浆抹面窖壁、三七灰、混凝土顶盖水泥砂浆抹面窖剖面、原土翻夯窖基、混凝土现浇弧形窖底、混凝土预制圆柱形窖颈和进水管等部分组成。

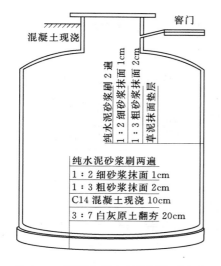

图6-3 混凝土拱底顶盖圆柱形水窖

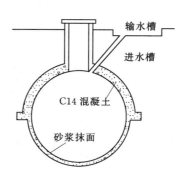

图6-4 凝土球形窖

5）混凝土球形窖。该窖型为甘肃省的一种形式（图6-4）。主要由现浇混凝土上半球壳、水泥砂浆抹面下半球壳、两半球接合部圈梁、窖颈和进水管等部分组成。

6）砖拱窖。这种窖型是为了就地取材，减少工程造价而设计的一种窖型，适用当地

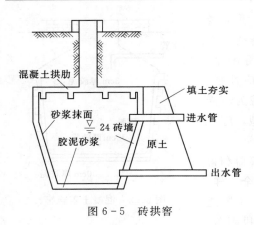

图 6-5　砖拱窖

烧砖的地区。窖体包括水窖、窖盖与窖口三部分，水窖部分结构尺寸与混凝土盖碗窖相同。窖盖，属盖碗窖的一种形式，为砖砌拱盖，如图6-5所示。结构特点为：窖盖为砖砌拱盖，可就地取材，适应性较强，施工技术简易、灵活。一般泥瓦工即可进行施工，既可在土模表面自下而上分层砌筑，又可在大开挖窖体土方后再分层砌筑窖盖，适用范围和主要技术指标与混凝土盖碗窖基本相同。

7）窑窖。窑窖按其所在的地形和位置可分为平窑窖和崖窑窖两类。平窑窖一般在地势较高的平台上修建，其结构形式与封闭式蓄水池相同（参阅封闭式蓄水池）。将坡、面、路壕雨水引入窑窖内，再抽水（或自流）浇灌台下农田，崖窑窖是利用土质条件好的自然崖面或可作人工刮理的崖面，先挖窑然后在窑内建窖，俗称窑窖，如图6-6所示。

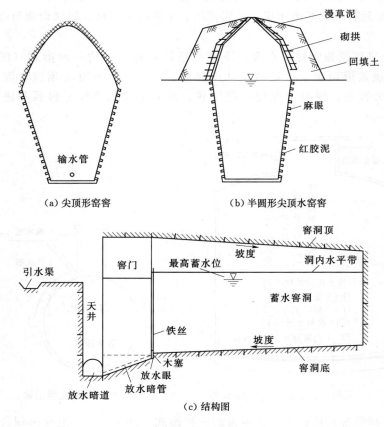

（a）尖顶形窑窖　　　　　（b）半圆形尖顶水窑窖

（c）结构图

图 6-6　宁夏崖窑窖

窑窖包括土窑、窖池两大主体。附属部分有窖口封闭墙，进出水管（或取水管）、溢流管等。土窑是根据土质情况、来水量多少和蓄水灌溉要求确定尺寸大小。窑宽控制在4～4.5m，窑深6～10m，窑窖拱顶矢跨比不超过 1：3。由窑口向里面开挖施工，整修窑顶后用草泥或水泥砂浆进行处理，当拱顶土质较差时，要设置一定数量的拱肋，且 C19 混凝土浇筑，以提高土拱强度。在土窑下部开挖窑池，形似水窑，池体挖成后再进行防渗处理。进、出水管根据地形条件布设，可在窑顶上面开挖布置，也可在侧墙脚埋设安装，最后在墙外填土夯实，增加侧墙强度和保温防冻性能。受地形条件限制，这种形式只能因地制宜推广。它是由工作窑（取土、进水、取水用）和蓄水窑洞两部分组成。工作窑宽度及高度宜为 1.5m，蓄水窑宽度和高度宜取为 3m。工作窑及盛水窑为抛物线状，蓄水池深 2m 为宜，单位长度窑深蓄水量约 4.7m³，根据蓄水总量推求窑窖深度。

8）土窖。传统式土窖因各地土质不同，窖型样式较多，归纳起来主要有瓶式窖和坛式窖两大类。其区别在于瓶式窖脖子小而长，窖深而蓄水量小；坛式窖脖子相对短而肚子大，蓄水量多。当前除个别山区群众还习惯修建瓶式窖用来解决生活用水外，现在主要多采用坛式土窖。传统土窖因防渗材料不同又分为红胶泥防渗和水泥砂浆防渗两种。窖体由水窖、旱窖、窖口与窖盖四部分组成。

土窖适宜于土质密实的红、黄土地区。黏土防渗土窖更适合干旱山区人畜饮用。土窖的口径 80～120cm，窖深 8.0m，其中水窖深 4.0m，旱窖（含窖脖子）深 4m，中径 4m，底径 3～3.2m，蓄水量 40m³。但大部分土窖结构尺寸均小于标准尺寸，口径只有 60cm 左右，水窖深和缸口尺寸均较小，蓄水量也只有 15～25m³，个别窖容量达 40m³。

2. 蓄水池

（1）涝池。涝池包括矩形池、平底圆池、锅底圆池等，因其结构简单，技术要求不高，故予以省略。

（2）普通蓄水池。普通蓄水池按其结构作用不同分为开敞式和封闭式两大类，按其形状特点又可分为圆形和矩形两种。

1）开敞式圆形蓄水池。因建筑材料不同有砖砌池、浆砌石池、混凝土池等。

圆形蓄水池由池底、池墙两部分组成。附属设施有沉沙池、拦污栅、进水管、出水管等，池底用浆砌石和混凝土浇筑，底部原状土夯实后，用 75 号水泥砂浆砌石，并灌浆处理，厚 40cm，再在其上浇筑 10cm 厚的 C19 混凝土。池墙有浆砌石、砌砖和混凝土三种形式，可根据当地建筑材料选用。①浆砌石池墙。当整个蓄水池位于地面以上或地下埋深很小时采用。池墙高 4m，墙基扩大基础，池墙厚 30～60cm，用 75 号水泥砂浆砌石，池墙内壁用 100 号水泥砂浆防渗，厚 3cm，并添加防渗剂（粉）。②砖砌池墙。当蓄水池位于地面以下或大部分池体位于地面以下时采用，用"74"砖砌墙，墙内壁同样用 100 号水泥砂浆防渗，技术措施同浆砌石墙。③混凝土池墙。混凝土池墙和砖砌池墙地形条件相同，混凝土墙厚度 10～15cm。池塘内墙用稀释水泥浆作防渗处理。

2）开敞式矩形蓄水池。开敞式矩形蓄水池按建筑材料不同分砖砌式、浆砌石式和混凝土式三种。矩形蓄水池的池体组成、附属设施、墙体结构与圆形蓄水池基本相同，不同的只是根据地形条件将圆形变为矩形罢了。开敞式矩形蓄水池当蓄水量在 60m³ 以内时，其形状近似正方形布设，当蓄水量再增大时，因受山区地形条件的限制，蓄水池长宽比逐渐增大（平原地区除外）。矩形蓄水池结构不如圆形池受力条件好，拐角处是薄弱处，需采取防范加固措施。蓄水池长宽比超过3时，在中间需布设隔墙，以防侧压力过大边墙失去稳定性。

3）封闭式圆形蓄水池。封闭式圆形蓄水池的结构特点如下：封闭式圆形蓄水池增设了顶盖结构部分，增加了防冻保温功效，封闭式圆形蓄水池剖面图工程结构较复杂，投资加大，所以蓄水容积受到限制，一般蓄水量为25～45m³；池顶多采用薄壳型混凝土拱板或肋拱板，以减轻荷重和节省投资。池体大部分结构布设在地面以下，可减少工程量。因此要合理选定地势较高的有利地形。

4）封闭式矩形蓄水池。封闭式矩形蓄水池的结构特点如下：矩形蓄水池适应性强，可根据地形、蓄水量要求采用不同的规格尺寸和结构形式，蓄水量变化幅度大，可就地取材，选用当地最经济的墙体结构材料，并以此确定墙体类型（砖、浆砌石、混凝土等），池体顶盖多采用混凝土空心板或肋拱板。池宽以3m左右为宜，可降低工程费用，池体大部分结构要布设在地面以下，可减少工程量。保温防冻层厚度设计，要根据当地气候情况和最大冻土层深度确定，保证池水不发生结冰和冻胀破坏。蓄水池长宽比超过3时，要在中间布设隔墙，以防侧墙压力过大边墙失去稳定性，在隔墙上部留水口，可有效地沉淀泥沙。

（3）调压蓄水池。调压蓄水池是为了满足输水管灌（滴、渗灌）和微喷灌所需水头而特设的蓄水池。形成压力水头有不同途径，在地势较高处修建蓄水池。利用地面落差用管道输水即可达到设计所需水头，实现压力管道输水灌溉或微喷灌。修建高水位的水塔，抽水入塔，形成压力水头，利用抽水机泵加压，满足管道输水灌溉和微喷灌需要。后两种方法投资大，不宜普遍推广。第一种方法投资最省，山区可因地制宜推广应用，因此在山区只要选好地形修建普通蓄水池就可实现调压目的。

3. 土井

（1）土井类型。土井一般分为土圆井和大口井两种形式。土圆井结构形式一般为开口直径在1.0m左右的圆筒形。大口井为开口较大的圆筒形、阶梯形和缩径形结构，上面开口大，下面底径小。大口井要根据水文地质和工程地质条件、施工方法、建筑材料等因素选型。

（2）土井结构设计。

1）井径、井深确定。井径要根据地质条件、便利施工的原则确定。土圆井多为人工加简易机械开挖施工，以便利人员上下施工为出发点，井径一般为80～100cm，大口井井径在200cm以下。但井口开挖口径要根据地下水埋深、土质情况、施工机具等决定。井深要根据岩性、地下水埋深、蓄水层厚度、水位变化幅度及施工条件等因素确定。

2）进水结构设计。土圆井、大口井，其进水结构要设在动水位以下，顶端与最高水位齐平。进水方式有井底进水、井壁进水和井底井壁同时进水三种形式。

井底进水结构。井底设反滤层进水（井底为卵石层不设反滤层）一般布设2～5层，总厚度1.0m左右。

井壁进水结构。进水结构要根据地质情况和含水层厚度、含水量等情况选定。当含水层颗粒适中（粗砂或含有砾石）厚度较大时，可采用水平孔进水方式。当含水层颗粒较小（细砂）时，必须采用斜孔进水方式，以防细沙堵塞水道，当含水层为卵石时，可采用φ5～50mm的不填滤料的水平圆形或锥形（里大外小）的进水孔。

进水结构形式有砖（片石）干砌、无砂混凝土管和混凝土多孔管等。土圆井多采用砖石干砌和无砂混凝土管，根据当地建筑材料情况选用。大口井多采用分片预制的混凝土管和钢筋混凝土多孔管。滤水管与井壁空隙之间要填充滤料，形成良好的进水条件，严防用黏土填塞。

3）井台、顶盖。为便于机泵安装、维护、管理使用，土圆井要设井台、井盖。其规格标准按水窖形式设置，大口井可根据井口实际大小预制安装钢筋混凝土井盖。

单元三　雨水集蓄工程配套设施技术与管理

为了充分发挥雨水集蓄工程的效益，配套设施的建设是不可缺少的。如为集蓄干净的水，需要配套拦污及沉淀、过滤设施；为充分蓄纳雨水及保护水源，需要建设输水及排水设施，此外为了更好地利用水源，需要配套机泵等。

一、水源的净化设施

1. 沉沙池

沉沙池主要用于减少径流中的泥沙含量，一般建于离蓄水池或水窖 2～3m 处，其具体尺寸依径流量而定。沉沙池是根据水流从进入沉沙池开始，水流所挟带的设计标准粒径以上的泥沙，流到池出口时正好沉到池底设计。

此外，在泥沙含量较大时为充分发挥沉沙池的功能，在沉沙池内可用单砖垒砌斜墙。这样一方面可延长水在池内的流动时间，有利于泥沙下沉，另一方面可连接沉沙池和水窖或蓄水池取水口位置，使正面取水变成侧面取水，更有利于避免泥沙进入窖或蓄水池。沉沙池的池底需要有一定的坡度（下倾）并预留排沙孔。沉沙池的进水口、出水口、溢水口的相对高程通常为：进水口底高于池底 0.1～0.15m，出水口底高于进水口底 0.15m，溢水口底低于沉沙池顶 0.1～0.15m。

2. 过滤池

对水质要求高时，可建过滤池，过滤池尺寸及滤料可根据来水量及滤料的导水性能确定，过滤池施工时，其底部先预埋一根输水管，输水管与蓄水池或窑窖相连。滤料一般采用卵石及粗砂，中砂自下而上顺序铺垫，各层厚度应均匀，同时为便于定期更换滤料。各滤料层之间可采用聚乙烯塑料密网或金属网隔开。此外，为避免平时杂质进入过滤池，在非使用时期，过滤池顶应用预制混凝土板盖住。

3. 拦污栅

在沉沙池、过滤池的水流入口处均应设置拦污栅，以拦截汇流中的大体积杂物。拦污栅构造简单，可在铁板或薄钢板及其他板材上直接呈梅花状打孔（圆孔、方孔均可），亦可直接采用筛网制成，一般用 8 号铅丝编织成 1cm 方格网状方形栅。周边用 $\phi6$ 钢筋绑扎或焊接，长与宽根据水管（槽）尺寸而定。经济条件较差的地区，也可用竹条、木条、柳条制作成网状拦污栅。但无论采用何种形式，其孔径必须满足一定的要求，一般不大于 10mm×10mm。

4. 其他辅助净化水质措施

除建造沉沙池、过滤池、拦污栅等水质净化设施外，对于人畜饮水尚可采用简化的辅助净化保质手段，如地下建窖，窖口加盖；保持集流区域内干净卫生；用明矾或其他化学剂净化水质；煮沸饮用水；定期清洗蓄水设施等。

二、水源的输水与排水系统

汇集的雨水通过输水系统进入沉沙池或过滤池，而后流入蓄水池或窖窑中。输水一般采用引水沟（渠）。在引水沟（渠）需长期固定使用时，应建成定型土渠并加以衬砌，其断面形式可以是 U 形、半圆形、梯形和矩形，断面尺寸根据集流量及沟（渠）底坡等因素确定，采用明渠均匀流公式进行计算。

三、水源工程的维护管理

1. 窑（窖）工程的维护

窑（窖）管护工作的主要内容如下。

（1）适时蓄水。下雨前要及时整修清理进水渠道、沉沙池，清除拦污栅前杂物，疏通进水管道，以便不失时机地引水入窖。当窖水蓄至水窖上限时，即缸口处，要及时关闭进水口，防止超蓄造成窖体坍塌。引用山前沟壕来水的水窖，雨季要在沉沙池前布设拦洪墙，防止山洪从窖口漫入窖内，淤积泥沙。

（2）检查维修工程设施。要定期对水窖进行检查维修，经常保持水窖完好无损，蓄水期间要定期观测窖水位变化情况，并做好记录。发现水位非正常下降时，分析原因，以便采取维修加固措施。

（3）保持窖内湿润。水窖修成后，先用人工担水 3～5 担，灌入窖内，群众称为养窖。用黏土防渗的水窖，窖水用完后，窖底也必须留存一定的水，保持窖内湿润，防止干裂而造成防渗层脱落。

（4）做好清淤工作。每年蓄水前要检查窖内淤积情况，淤积轻微（淤深小于 0.5m）当年可不必清淤；当淤深大于 1.0m 时，要及时清淤，不然影响蓄水容积。清淤方法因地制宜，可采用污水泵抽泥、窖底出水管排泥（加水冲排泥）及人工窖内拘泥等方法。

（5）建立窖权归户所有的管护制度。贯彻谁建、谁管、谁修、谁有的原则。

2. 蓄水池维护

蓄水池管护工作内容如下。

（1）适时蓄水。蓄水池除及时收集天然降水所产生的地表径流外，还可因地制宜引蓄外来水（如水库水、渠道水、泉水等）长蓄短灌，蓄灌结合，多次交替，充分发挥蓄水与节水灌溉相结合的作用。

（2）检查维修工程设施。要定期检查维修工程设施，蓄水前要对池体进行全面检查，蓄水期要定期观测水位变化情况，做好记录。开敞式蓄水池没有保温防冻设施冬季不蓄水，秋灌后要及时排除池内积水，冬季要清扫池内积雪，防止池体冻胀破裂，封闭式蓄水池除进行正常的检查维修外，还要对池顶保温防冻铺盖和池外墙进行检查维护。

（3）及时清淤。开敞式蓄水池可结合灌溉排泥，池底滞留泥沙用人工清理。封闭式矩形池清淤难度较大，除利用出水管引水冲沙外，只能人工从检查口提吊。当淤积量不大时，可两年清淤一次。

四、配套设施的维护管理

水源工程是雨水集蓄工程的主体,配套设施也是其中不可缺少的组成部分。

1. 集水场维护管理

集水场主要指人工集水场。有混凝土集水场、塑膜覆砂、三七灰土、人工压实土场(麦场和简易人工集水场)及表土层添加防渗材料等多种形式。

(1)维护管理的内容。维护人工集水设备的完整,延长使用寿命,提高集水效率。

(2)维护管理的措施。

1)设置围墙。在人工集水场四周打 1.0m 高的土墙,可有效地防止牲畜践踏,保持人工集水场完整。

2)冬季降雨雪后及时清扫,可减轻冻胀破坏程度,对混凝土集水场和人工土场均有良好的效果。

2. 沉沙池维护管理

我国北方地区尤其是黄土高原地区水土流失严重,而雨水集蓄工程主要集蓄降雨径流,来水中含沙量大。因此合理布设沉沙池和加强对沉沙池的管理和维护至关重要,其主要内容如下:

(1)每次引蓄水前及时清除池内淤泥,以便再次发挥沉沙作用。

(2)冬季封冻前排除池内积水,使沉沙池免遭冻害。

(3)及时维修池体,保证沉沙池完好。

小　　结

本项目讲述了雨水径流集蓄灌溉的意义,雨水径流集蓄灌溉工程系统组;用水量分析计算,雨水集蓄工程的集流场规划、蓄水系统规划、灌溉系统规划,以及投资预算、效益分析和实施措施等总体规划;截流输水工程的设计(包括设计资料的收集与计算,灌溉用水量的确定,集流场面积的确定,集流面的设计);雨水集蓄水源工程的结构设计(包括水源工程位置的选择,容积设计,结构设计);水源的净化设施,水源的输水与排水系统,水源工程及其配套设施进行维护管理。

思　考　题

1. 雨水径流集蓄灌有何意义?

2. 总体规划包括哪些内容?

3. 雨水集蓄水源工程的结构设计包括哪些内容?

项目七　渠系灌溉技术

教学基本要求

单元一：概述。理解灌溉渠道系统工程各个组成部分及工程类型，了解灌溉排水系统的重要作用。

单元二：渠道灌溉规划设计。掌握渠道灌溉规划设计的基本原则，理解渠首工程、灌溉渠系、渠系建筑物及田间工程规划设计的一般要求及方法。

单元三：渠道工程设计。掌握灌溉渠道流量推算的基本方法，了解灌溉渠道纵横断面设计的基本原理、基本方法。

单元四：渠道衬砌与防渗。理解渠道衬砌与防渗的意义，了解渠道断面、防渗材料、止水材料的选择及现阶段一般施工技术。

能力培养目标

（1）能遵循规划设计基本原则，利用基本方法进行简单的灌溉渠道规划设计。

（2）能利用明渠均匀流等基本计算公式进行流量推算及渠道纵横断面设计。

（3）能正确选用合适的防渗材料、止水材料解决一般渠道衬砌与防渗问题。

学习重点与难点

重点：灌溉渠道分级与规划、灌溉渠道流量推算及纵横断面设计、渠道衬砌与防渗措施。

难点：灌溉渠道流量的推算及纵横断面设计。

项目的专业定位

20 世纪 50 年代以来，中国在南方一些土地分散、水源不足、水土资源分布不平衡的山区、丘陵区，为了充分利用水土资源，把邻近几个小型灌溉系统连接起来，对水资源实行统一调度和管理，并把输水配水渠道和星罗棋布的塘堰相连，河水充裕时，引水充塘；河水不足时，由塘堰放水灌溉，弥补河水的不足，形成了长藤结瓜式灌溉系统。在北方平原地区，为了提高已成灌区的灌溉保证率，扩大灌溉面积和防治土壤盐碱化，在引用地表水的灌区内部打井提水，井渠并用，形成了地表水与地下水联合运用的灌溉系统。

随着灌溉农业的发展，水资源日趋紧张。因此在规划、修建灌溉系统时，要求最大限度地节约水源，节省能源；在工程上，要求各级渠道的渗漏损失水量最小，凡有条件的地区多采用衬砌渠道；同时，要求用排水手段排除田间和土壤中的多余水分，控制地下水位埋深，实现灌溉、排水系统配套，提高灌溉排水效益。

单元一　概　　述

灌溉渠道系统是指从水源取水，通过渠道及其附属建筑物向农田供水，经由田间工程进行农田灌水的工程系统，由灌溉渠首工程，输水、配水工程和田间灌溉工程等部分组成。

1. 灌溉渠首工程

灌溉渠首工程有水库、提水泵站、有坝引水工程、无坝引水工程、水井等多种形式，用以适时、适量地引取灌溉水量。如丘陵山区，为了汇集地面径流，可修建水库和塘堰蓄水；水源水位高于农田地面时，可修筑进水闸引水自流灌溉；水源水位低于农田地面时，可修建泵站（扬水站）进行提水灌溉；为抽取地下水，可钻井提水灌溉；在干旱地区，为引取地下潜流灌溉农田，可修筑坎儿井等。

2. 输水、配水工程

输水、配水工程包括渠道和渠系建筑物，其任务是把渠首引入的水量安全地输送、合理地分配到灌区的各个部分。根据灌区地形条件、渠道设计流量和灌溉面积的大小，灌溉渠系一般分为干、支、斗、农、毛五级渠道。各级灌溉渠道的防渗与合理配套，对节约水量，提高渠系水利用系数十分重要。渠系建筑物的作用是保证渠道安全穿越障碍，调控水位和水量，主要包括分水建筑物、量水建筑物、节制建筑物、衔接建筑物、交叉建筑物、排洪建筑物、泄水建筑物等。

3. 田间灌溉工程

田间灌溉工程指农渠以下的临时性毛渠、输水垄沟和田间灌水沟、畦田以及临时分水、量水建筑物等，用以向农田灌水，满足作物正常生长或改良土壤的需要。为了节省土地并方便机械耕作，临时毛渠和输水垄沟等可用地下渠道或移动式管道代替。

4. 排水沟道

排水沟道一般应同灌溉渠系配套，也可分为干、支、斗、农、毛五级，或总干沟、分干沟、分支沟等。其主要作用是排除因降雨过多而形成的地面径流，或排除农田积水和表层土壤的多余水分，以降低地下水位，排除含盐地下水及灌区退水。对于主要排水沟道要防止坍塌、清淤除草、确保畅通。

5. 容泄区

泄区作用是承纳和宣泄排水系统的来水，一般指河流或湖泊。滨海地区也可以海洋作为容泄区，中国西北地区从内陆河引水的灌区，其容泄区常是低洼荒地。容泄区要有足够的输水能力和容量，平时应保持较低的水位，以便于自流排水。在地形、水位等条件不能自流排水时，则建立泵站进行抽排。

在现代灌区建设中，灌溉渠道系统和排水沟道系统是并存的，两者互相配合，协调运行，共同构成完整的灌区水利工程系统，如图 7-1 所示。灌溉排水系统主要由水源、水源工程、灌溉渠系、田间工程、排水沟道、泄水闸（或站）、容泄区等部分组成。各部分之间彼此联系，相互制约，组成统一的整体，并同相应的灌溉排水技术与农业措施结合，协同作用，促进农业高产稳产。

根据灌溉面积的大小，由灌溉排水系统组成的灌区可分为大、中、小型三类。30万亩以上的灌区为大型灌区，1万～30万亩的灌区为中型灌区，万亩以下的为小型灌区。

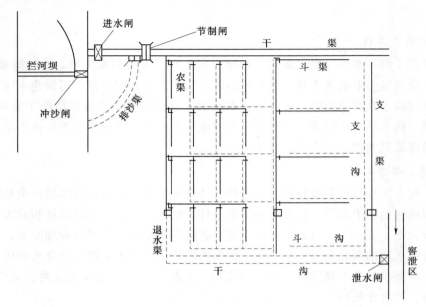

图 7-1 灌溉排水系统示意图

单元二 渠道灌溉规划设计

渠道灌溉工程类型繁多，本单元主要介绍渠首工程，输水、配水工程及田间工程规划设计的基本原则和相关知识。

一、渠首工程规划设计

渠首工程指为将河流、湖泊等水源的水引入灌溉渠道，而在引水段及干渠首部修建的工程设施。渠首工程应能保证按灌溉用水要求，从河流、湖泊水源向干渠供水。为使水位、流量经常变化的水源满足灌溉用水要求，可采用不同的工程设施对天然水流进行调节及引水。

1. 渠首工程分类

灌溉渠首工程一般分为由水库取水的蓄水渠首工程、用引水枢纽取水的渠首工程以及利用水泵提水的渠首工程三类。

（1）蓄水灌溉渠首工程。适用于河道年径流或多年径流总量满足灌溉要求，但其流量过程不能适应各时期灌溉所需水量的情况。此时，需拦河筑坝抬高水位，调蓄水量，形成水库；利用渠首闸或通过坝下埋管、坝内孔道、水工隧洞等向灌溉渠首引水。此类渠首工程常与水力发电、防洪或其他水利事业相结合，以达到综合利用水资源的目的。

（2）引水灌溉渠首工程。当流量过程能满足灌溉要求时，为引取设计流量，需在进水口附近修建一个或几个引水枢纽。引水枢纽可分为无坝引水及有坝引水两大类。无坝引水的主要建筑物是进水闸，必要时在进水口前设置导流坝，在河流的天然状况或水位稍有壅高的情况下引水。无坝引水枢纽主要用于防沙要求不高、水源水位能满足要求的情况。有坝引水除在渠首修建进水闸外，还需拦断河流修建壅水坝或拦河闸。枢纽通常还应有冲沙闸、防沙设施及上下游整治建筑物等。有坝引水枢纽由于坝高及上游库容较小，一般只能壅高水位，没有或仅在很小程度上起调节流量的作用，通常适用于河道流量能满足各时期用水要求，但水位低于正常引水位的情况。

（3）提水灌溉渠首工程。当水源来水丰富，但水位较低且不适于修建其他形式的渠首工程时，可建泵站，用水泵将水源的水抽到干渠。提水灌溉虽可缩短干渠长度及减少水量损失，但需耗费较多的能源及管理费用。

2. 渠首工程规划设计原则

灌溉渠首工程的位置在满足设计要求的前提下，应尽量靠近用水地点，以减少输水工程的投资。其规划设计应满足以下要求：

（1）根据灌溉对水质、水量的要求，有计划地供水。

（2）在多沙河流上，应采取有效的防沙措施，避免有害泥沙入渠，以防止渠道淤积及对护面、渠系建筑物等的磨损。

（3）拦阻漂浮物及冰凌进入渠道。

（4）结构简单，能对入渠流量及沙量进行控制和量测，并尽量采用现代化管理设施。

在引水灌溉渠首工程中不设或仅设很低的拦河建筑物，故引水河段水深与天然情况下的水深相比增加不多，而引水量一般较大，在山区河流在枯水期甚至达 100%。另与从水库引水相比，泥沙问题显得更加突出，故在引水枢纽的规划布置中妥善解决防沙、排沙问题，常成为枢纽运行成败的关键。

二、灌溉渠系规划设计

（一）灌溉渠系的组成

灌溉渠系由各级灌溉渠道和退（泄）水渠道组成。

灌溉渠道按其使用寿命分为固定渠道和临时渠道两种：多年使用的永久性渠道称为固定渠道，使用寿命小于一年的季节性渠道称为临时渠道。

按控制面积大小和水量分配层次又可把灌溉渠道分为若干等级：大、中型灌区的固定渠道一般分为干渠、支渠、斗渠、农渠四级，如图 7-1 所示；在地形复杂的大型灌区，固定渠道的级数往往多于四级，干渠可分成总干渠和分干渠，支渠可下设分支渠，甚至斗渠也可下设分斗渠；在灌溉面积较小的灌区，固定渠道的级数较小；若灌区呈狭长的带状地形，固定渠道的级数也较少，干渠的下一级渠道很短，可称为斗渠，这种灌区的固定渠道就分为干、斗、弄三级。农渠以下的小渠道一般为季节性的临时渠道。

退、泄水渠道包括渠首排沙渠、中途泄水渠和渠尾退水渠，其主要作用是定期冲刷和排放渠首段的淤沙、排泄入渠洪水、退泄渠道剩余水量及下游出现工程事故时断流排水等，达到调节渠道流量、保证渠道及建筑物安全运行的目的。中途退水设施一般布置在重要建筑物和险工渠段的上游。干、支渠道的末端应设退水渠道。

（二）灌溉渠系的规划原则

（1）干渠应布置在灌区较高地带，以便自流控制较大的灌溉面积。其他各级渠道亦应布置在各自控制范围内的较高地带。对面积很小的局部高地宜采用提水灌溉方式，不必据此抬高渠道高程。

（2）使工程量和工程费用最小。一般来说，渠线尽可能短直，以减少占地和工程量。但在山区、丘陵地区，岗、冲、溪、谷等地形障碍较多，地质条件比较复杂，若渠道沿等高线绕岗穿谷，可减少建筑物的数量或减小建筑物的规模，但渠线较长，土方量较大，占地较多；如果渠道直穿岗、谷，则渠线短直，工程量和占地较少，但建筑物投资较大。一般要通过经济比较才能确定最终方案。

（3）灌溉渠道的位置应参照行政区划确定，尽量使各用水单位都有独立用水渠道，以利管理。

（4）斗、农渠的位置要满足机耕要求。渠道线路要直，上、下级渠道尽可能垂直，斗、农渠的间距要有利于机械耕作。

（5）要考虑综合利用。山区、丘陵区的渠道布置应集中落差，以便发电和进行农副业加工。

（6）灌溉渠系规划应和排水系统规划结合进行。在多数地区，必须有灌有排，以便有效地调节农田水分状况。通常先以天然河沟作为骨干排水沟道，布置排水系统，在此基础上布置灌溉渠系。应避免沟、渠交叉，以减少交叉建筑物。

（7）灌溉渠系布置应和土地利用规划（如耕作区、道路、林带、居民点等规划）相配合，以提高土地利用率，方便生产和生活。

（三）干、支渠的规划布置举例

干、支渠的布置形式主要取决于地形条件，大致可以分为以下三种类型。

1. 山区、丘陵区灌区的干、支渠布置

山区、丘陵区地形比较复杂，岗冲交错，起伏剧烈，坡度较陡，河床切割较深，比降较大，耕地分散，位置较高。一般需要从河流上游引水灌溉，输水距离较长。所以，这类灌区的干、支渠道的特点是：渠道高程较高，比较平缓，渠线较长而且弯曲较多，深挖、高填渠段较多，沿渠交叉建筑物较多。渠道常和沿途的塘坝、水库相连，形成长藤结瓜式水利系统，以求增强水资源的调蓄利用能力和提高灌溉工程的利用率。

山区、丘陵区的干渠一般沿灌区上部边缘布置，大体上和等高线平行，支渠沿两溪间的分水岭布置，如图 7 - 2 所示。在丘陵地区，如灌区内有主要岗岭横贯中部，干渠可布置在岗脊上，大体和等高线垂直，干渠比降视地面坡度而定，支渠自干渠两侧分出，控制

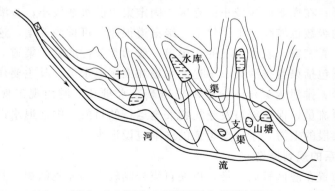

图 7 - 2　山区、丘陵区干支渠道布置

岗岭两侧的坡地。

2. 平原区灌区的干、支渠布置

这类灌区大多位于河流中、下游地区的冲积平原，地形平坦开阔，耕地集中连片。山前洪积冲积扇，除地面坡度较大外，也具有平原地区的其他特征。河谷阶地位于河流两侧，呈狭长地带，地面坡度倾向河流，高处地面坡度较大，河流附近坡度平缓，水文地质条件和土地利用情况和平原地区相似，这些地区的渠系规划具有类似的特征，可归为一类。干渠多沿等高线布置，支渠垂直等高线布置，如图 7-3 所示。

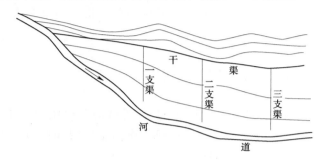

图 7-3　平原区干支渠道布置

3. 圩垸区灌区的干、支渠布置

分布在沿江、滨湖低洼地区的圩垸区，地势平坦低洼，河湖港汊密布，洪水位高于地面，必须依靠筑堤圈圩才能保证正常的生产和生活，一般没有常年自流排灌的条件，普遍采用机电排灌站进行提排、提灌。面积较大的圩垸，往往一圩多站，分区灌溉或排涝。圩内地形一般是周围高，中间低。灌溉干渠多沿圩堤布置，灌溉区系通常只有干、支两级，如图 7-4 所示。

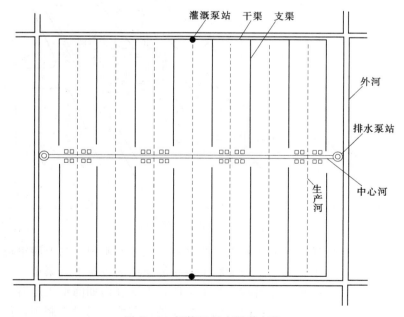

图 7-4　圩垸区干支渠道布置

三、渠系建筑物的规划布置

渠系建筑物系指各级渠道上的建筑物，按其作用的不同，可分为以下几种类型。

（一）引水建筑物

从河流无坝引水灌溉时的引水建筑物就是渠首进水闸，其作用是调节引入干渠的流量；有坝引水时的引水建筑物是由拦河坝、冲沙闸、进水闸等组成的灌溉引水枢纽，其作用是壅高水位、冲刷进水闸前的淤沙、调节干渠的进水流量，满足灌溉对水位、流量的要求。需要提水灌溉时修筑在渠首的水泵站和需要调节河道流量满足灌溉要求时修建的水库，也均属于引水建筑物。

（二）配水建筑物

配水建筑物主要包括分水闸和节制闸。

1. 分水闸

建在上级渠道向下级渠道分水的地方。上级渠道的分水闸就是下级渠道的进水闸。斗、农渠的进水闸惯称为斗门、农门，分水闸的作用是控制和调节向下级渠道的配水流量。其结构形式有开敞式和涵洞式两种。

2. 节制闸

节制闸垂直渠道中心线布置，其作用是根据需要抬高上游渠道的水位或阻止渠水继续流向下游。在下列情况下需要设计节制闸。

（1）在下级渠道中，个别渠道进水口处的设计水位和渠底高程较高，当上级渠道的工作流量小于设计流量时，就进水困难。为了保证该渠道能正常引水灌溉，就要在分水口的下游设一节制闸，壅高上游水位，满足下级渠道的引水要求，如图 7-5 所示。

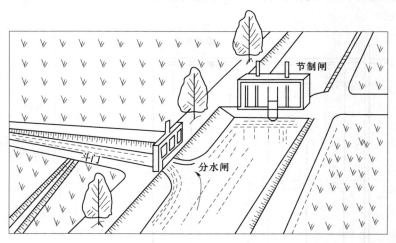

图 7-5 节制闸与分水闸

（2）下级渠道实行轮灌时，需在轮灌组的分界处设置节制闸，在上游渠道轮灌供水期间，用节制闸拦断水流，把全部水量分配给上游轮灌组中的各条下级渠道。

（3）为了保护渠道上的重要建筑物或险工渠段，退泄降雨期间汇入上游渠段的降雨径流，通常在它们的上游设泄水闸，在泄水闸与被保护建筑物之间设节制闸，使多余水量从泄水闸流向天然河道或排水沟道。

（三）交叉建筑物

渠道穿越山冈、河沟、道路时，需要修建交叉建筑物。常见的交叉建筑物有隧洞、渡槽、倒虹吸、涵洞、桥梁等。

1. 隧洞

当渠道遇到山冈时，或因石质坚硬，或因开挖工程量过大，往往不能采用深挖方渠道，如沿等高线绕行，渠道线路又过长，工程量仍然较大，而且增加水头损失。在这种情况下，可选择山冈单薄的地方凿洞而过。

2. 渡槽

渠道穿过河沟、道路时，如果渠底高于河沟最高洪水位或渠底高于路面的净空，大于行驶车辆要求的安全高度时，可架设渡槽，让渠道从河沟、道路的上空通过。渠道穿越洼地时，如采用高填方渠道，工程量太大，也可采用渡槽。图7-6所示为渠道跨越河沟时的渡槽。

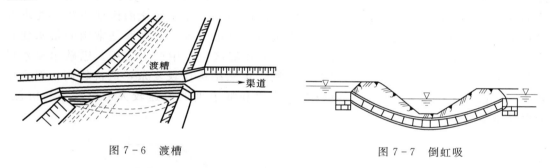

图7-6　渡槽　　　　　　　　　　　图7-7　倒虹吸

3. 倒虹吸

渠道穿过河沟、道路时，如果渠道水位高出路面或河沟洪水位，但渠底高程却低于路面或河沟洪水位时；或渠底高程虽高于路面，但净空不能满足交通要求时，就要用压力管道代替渠道，从河沟、道路下面通过，压力管道的轴线向下弯曲，形似倒虹，如图7-7所示。

4. 桥梁

渠道与道路相交，渠道水位低于路面，而且流量较大、水面较宽时，要在渠道上修建桥梁，满足交通要求。

（四）衔接建筑物

当渠道通过坡度较大的地段时，为了防止渠道冲刷，保持渠道的设计比降，就把渠道分成上、下两段，中间有衔接建筑物联结，这种建筑物常见的有跌水和陡坡，如图7-8和图7-9所示。一般当渠道通过跌差较小的陡坎时，可采用跌水；跌差较大、地形变化均匀时，多采用陡坡。

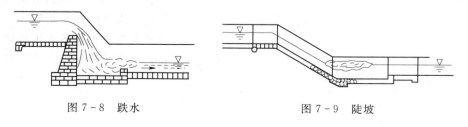

图7-8　跌水　　　　　　　　　　　图7-9　陡坡

149

（五）泄水建筑物

为了防止由于沿渠坡面径流汇入渠道或因下级（游）渠道事故停水而使渠道水位突然升高，威胁渠道的安全运行，必须在重要建筑物和大填方段的上游以及山洪入渠处的下游修建泄水建筑物，泄放多余的水量。通常是在渠岸上修建溢流堰或泄水闸，当渠道水位超过加大水位时，多余水量即自动溢出或通过泄水闸宣泄出去，确保渠道的安全运行。泄水建筑物具体位置的确定，还要考虑地形条件，应选在能利用天然河沟、洼地等作为泄水出路的地方，以减少开挖泄水沟道的工作量。从多泥沙河流引水的干渠，常在进水闸后选择有利泄水的地形，开挖泄水渠，设置泄水闸，根据需要开闸泄水，冲刷淤积在渠首段的泥沙。为了退泄灌溉余水，干、支、斗渠的末端应设退水闸和退水渠。

（六）量水建筑物

灌溉工程的正常运行需要控制和量测水量，以便实施科学的用水管理。在各级渠道的进水口需要量测入渠水量，在末级渠道上需要量测向田间灌溉的水量，在退水渠上要量测渠道退泄的水量。可以利用水闸等建筑物的水位—流量关系进行量水，但建筑物的变形以及流态不够稳定等因素会影响量水的精度。在现代化灌区建设中，要求在各级渠道进水闸下游，安装专用的量水建筑物或量水设备。量水堰是常用的量水建筑物，三角形薄壁堰、矩形薄壁堰和梯形薄壁堰在灌区量水中广为使用。巴歇尔量水槽（图7-10）也是广泛使用的一种量水建筑物，虽然结构比较复杂，造价较高，但壅水较小，行进流速对量水精度的影响较小，进口和喉道处的流速较大，泥沙不易沉淀，能保证量水精度。

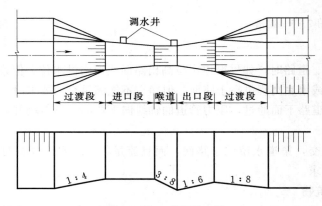

图7-10　巴歇尔量水槽

四、田间工程规划布置

田间工程通常指最末一级固定渠道（农渠）和固定沟道（农沟）之间的条田范围内的临时渠道、排水小沟、田间道路、稻田的格田和田埂、旱地的灌水畦和灌水沟、小型建筑物以及土地平整等农田建设工程，做好田间工程是进行合理灌溉、提高灌水工作效率、及时排除地面径流和控制地下水位、充分发挥灌排工程效益、实现旱涝保收，建设高产、优质、高效农业的基本建设工作。

（一）田间工程的规划要求

田间工程要有利于调节农田水分状况、培育土壤肥力和实现农业现代化。为此，田间工程规划应满足以下基本要求：

（1）有完善的田间灌排系统，旱地有沟、畦，种稻有格田，配置必要的建筑物，灌水能控制，排水有出路，消灭旱地漫灌和稻田串灌串排现象，并能控制地下水位，防止土壤过湿和产生土壤次生盐渍化现象。

（2）田面平整，灌水时土壤湿润均匀，排水时田面不留积水。

（3）田块的形状和大小要适应农业现代化需要，有利于农业机械作业和提高土地利用率。

（二）田间工程的规划原则

（1）田间工程规划是农田基本建设规划的重要内容，必须在农业发展规划和水利建设规划的基础上进行。

（2）田间工程规划必须着眼长远、立足当前，既要充分考虑农业现代化发展的要求，又要满足当前农业生产发展的时机需要，全面规划，分期实施，当年增产。

（3）田间工程规划必须因地制宜，讲求实效，要有严格的科学态度，注重调查研究，走群众路线。

（4）田间工程规划要以治水改土为中心，实行山、水、田、林、路综合治理，创造良好的生态环境，促进农、林、牧、副、渔全面发展。

（三）田间渠系布置

田间渠系指条田内部的灌溉网，包括毛渠、输水垄沟和灌水沟、畦等。田间渠系布置有以下两种基本形式。

1. 纵向布置

灌水方向垂直农渠，毛渠与灌水沟、畦平行布置，灌溉水流从毛渠流入与其垂直的输水垄沟，然后再进入灌水沟、畦。毛渠一般沿地面最大坡度方向布置，使灌水方向和地面最大坡向一致，为灌水创造有利条件。在有微地形起伏的地区，毛渠可以双向控制，向两侧输水，以减少土地平整工作量。地面坡度大于1％时，为了避免田面土壤冲刷，毛渠可与等高线斜交，以减小毛渠和灌水沟、畦的坡度。田间渠系的纵向布置如图7-11所示。

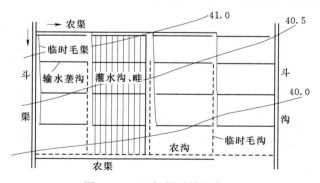

图 7-11 田间渠系纵向布置

2. 横向布置

灌水方向与农渠平行，毛渠和灌水沟、畦垂直，灌溉水流从毛渠直接流入灌水沟、畦,如图 7-12 所示。这种布置方式省去了输水垄沟,减小了田间渠系长度,可节省土地和减小田间水量损失。毛渠一般沿等高线方向布置或与等高线有一个较小的夹角,使灌水沟、畦和地面坡度方向大体一致,有利于灌水。

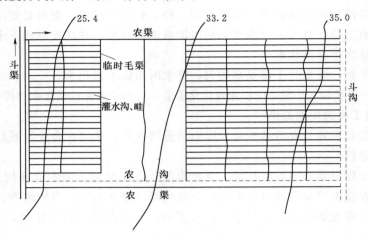

图 7-12 田间渠系横向布置

在以上两种布置形式中,纵向布置适用于地形变化较复杂、土地平整较差的条田;横向布置适用于地面坡向一致、坡度较小的条田。但是,在具体应用时,田间渠系布置方式的选择要考虑地形、灌水方向以及农渠和灌水方向的相对位置等因素。

单元三 渠道工程设计

一、灌溉渠道流量推算

在灌溉实践中,渠道的流量是在一定范围内变化的,设计渠道的纵横断面时,要考虑流量变化对渠道的影响。通常用以下三种特征流量覆盖流量变化的范围,代表在不同运行条件下的工作流量。

(1) 设计流量。在灌溉设计标准条件下,为满足灌溉用水要求,需要渠道输送的最大流量。通常是根据设计灌水模数(设计灌水率)和灌溉面积进行计算的。

在渠道输水过程中,有水面蒸发、渠床渗漏、闸门漏水、渠尾退水等水量损失。需要渠道提供的灌溉流量称为渠道的净流量,计入水量损失后的流量称为渠道的毛流量。设计流量是渠道的毛流量,它是设计渠道断面和渠系建筑物尺寸的主要依据。

(2) 最小流量。在灌溉设计标准条件下,渠道在工作过程中输送的最小流量。用修正灌水模数图上的最小灌水模数值和灌溉面积进行计算。应用渠道最小流量可以校核下一级渠道的水位控制条件和确定修建节制闸的位置等。

(3) 加大流量。考虑到灌溉工程运行过程中可能出现一些难以准确估计的附加流量,把设计流量适当放大后所得到的安全流量。简单地说,加大流量是渠道运行过程中可能出现的最大流量,它是设计渠堤堤顶高程的依据。

在灌溉工程运行过程中，可能出现一些和设计情况不一致的变化，如扩大灌溉面积、改变作物种植计划等，要求增加供水量；或在工程事故排除之后，需要增加引水量，以弥补因事故影响而少的引水量；或在暴雨期间因降雨而增大渠道的输水流量。这些情况都要求在设计渠道和建筑物时留有余地，按加大流量校核其输水能力。

（一）灌溉渠道水量损失

由于渠道在输水过程中有水量损失，就出现了净流量（Q_n）、毛流量（Q_g）、损失流量（Q_l）这三种既有联系，又有区别的流量，它们之间的关系是：

$$Q_g = Q_n + Q_l \qquad\qquad (7-1)$$

渠道的水量损失包括渠道水面蒸发损失、渠床渗漏损失、闸门漏失和渠道退水等。水面蒸发损失一般不足渗漏损失水量的 5%，在渠道流量计算中常忽略不计。闸门漏失和渠道退水取决于工程质量和用水管理水平，可以通过加强灌区管理工作予以限制，在计算渠道流量时不予考虑。把渠床渗漏损失水量近似地看作总输水损失水量。渗漏损失水量和渠床土壤性质、地下水埋藏深度和出流条件、渠道输水时间等因素相关。渠道开始输水时，渗漏强度较大，随着输水时间的延长，渗漏强度逐渐减小，最后趋于稳定。在已成灌区的管理运用中，渗漏损失水量应通过实测确定。在灌溉工程规划设计工作中，常用经验公式或经验系数估算输水损失水量。

1. 用经验公式估算输水损失水量

常用的经验公式是：

$$\sigma = \frac{A}{100Q_n^m} \qquad\qquad (7-2)$$

式中　σ——每公里渠道输水损失系数；

$\quad\ A$——渠床土壤透水系数；

$\quad\ m$——渠床土壤透水指数；

$\quad\ Q_n$——渠道净流量，m^3/s。

土壤透水性参数 A 和 m 应根据实测资料分析确定，在缺乏实测资料的情况下，可采用表 7-1 中的数值。

表 7-1　　　　　　　　　　土 壤 渗 水 参 数 表

渠床土壤	透水性	A	m
重黏土及黏土	弱	0.7	0.3
重黏壤土	中下	1.3	0.35
中黏壤土	中等	1.9	0.4
轻黏壤土	中上	2.65	0.45
砂壤土及轻砂壤土	强	3.4	0.5

则渠道输水损失流量可按式（7-3）计算：

$$Q_l = \sigma L Q_n \qquad\qquad (7-3)$$

式中　Q_l——渠道输水损失流量，m^3/s；

$\quad\ L$——渠道长度，km；

σ——意义同前，这里以小数表示；

　　Q_n——渠道净流量，m^3/s。

用式（7-3）计算出来的输水损失水量是在不受地下水顶托影响条件下的损失水量，如灌区地下水位较高，渠道渗漏受地下水壅阻影响，实际渗漏水量比计算结果要小。在这种情况下，就要给以上计算结果乘以表7-2所给的修正系数加以修正，即

$$Q'_l = \gamma Q_l \tag{7-4}$$

式中　Q'_l——有地下水顶托影响的渠道损失流量，m^3/s；

　　　γ——地下水顶托修正系数；

　　　Q_l——自由渗漏条件下的渠道损失流量，m^3/s。

表 7-2　　　　　　　　　　　　　地下水顶托修正系数 γ

渠道流量 /(m³·s⁻¹)	地下水埋深/m					
	小于 3	3	5	7.5	10	15
0.3	0.82	—	—	—	—	—
1.0	0.63	0.79	—	—	—	—
3.0	0.50	0.63	0.82	—	—	—
10.0	0.41	0.50	0.65	0.79	0.91	—
20.0	0.36	0.45	0.57	0.71	0.82	—
30.0	0.35	0.42	0.54	0.66	0.77	0.94
50.0	0.32	0.37	0.49	0.60	0.69	0.84
100.0	0.28	0.33	0.42	0.52	0.58	0.73

　　上述自由渗流或顶托渗流条件下的损失水量是根据渠床天然土壤透水性计算出来的。如拟采取渠道衬砌护面防渗措施，则应观测研究不同防渗措施的防渗效果，以采取防渗措施后的渗漏损失水量作为确定设计流量的根据。如无试验资料，可给上述计算结果乘以表7-3给出的经验折减系数，即

$$Q''_l = \beta Q_l \tag{7-5}$$

或

$$Q''_l = \beta Q'_l \tag{7-6}$$

式中　Q''_l——采取防渗措施后的渗漏损失流量，m^3/s；

　　　β——采取防渗措施后渠床渗漏水量的折减系数；

　　其他符号的意义同前。

表 7-3　　　　　　　　　　　　　　渗 水 量 折 减 系 数 β

防渗措施	β	备注
渠槽翻松夯实（厚度大于 0.5m）	0.3～0.2	
渠槽原状土夯实（影响厚度 0.4m）	0.7～0.5	
灰土夯实、三合土夯实	0.15～0.1	
混凝土护面	0.15～0.05	透水性很强的土壤，挂淤和夯实能使渗水量显著减小，可采取较小的 β 值
黏土护面	0.4～0.2	
人工夯填	0.7～0.5	
浆砌石	0.2～0.1	
塑料薄膜	0.1～0.05	

2. 用经验系数估算输水损失水量

总结已成灌区的水量量测资料，可以得到各条渠道的毛流量和净流量以及灌入农田的有效水量，经分析计算，可以得出以下几个反映水量损失情况的经验系数。

（1）渠道水利用系数。某渠道的净流量与毛流量的比值称为该渠道的渠道水利用系数，用符号 η_c 表示。

$$\eta_c = \frac{Q_n}{Q_g} \qquad (7-7)$$

对任一渠道而言，从水源或上级渠道引入的流量就是它的毛流量，分配给下级各条渠道流量的总和就是它的净流量。

渠道水利用系数反映一条渠道的水量损失情况，或反映同一级渠道水量损失的平均情况。

（2）渠系水利用系数。灌溉渠系的净流量与毛流量的比值称为渠系水利用系数，用符号 η_s 表示。农渠向田间供水的流量就是灌溉渠系的净流量，干渠或总干渠从水源引水的流量就是渠系的毛流量。渠系水利用系数的数值等于各级渠道水利用系数的乘积。即

$$\eta_s = \eta_{干} \, \eta_{支} \, \eta_{斗} \, \eta_{农} \qquad (7-8)$$

渠系水利用系数反映整个渠系的水量损失情况。它不仅反映出灌区的自然条件和工程技术情况，还反映出灌区的管理工作水平。我国自流灌区的渠系水利用系数见表 7-4。提水灌区的渠系水利用系数稍高于自流灌区。

表 7-4　　　　　　　　我国自流灌区渠系水利用系数

灌溉面积/万亩	<1.0	1.0~10.0	10~30	30~100	>100
渠系水利用系数 η_s	0.85~0.75	0.75~0.70	0.70~0.65	0.60	0.55

（3）田间水利用系数。田间水利用系数是实际灌入田间的有效水量（对旱作农田，指蓄存在计划湿润层中的灌溉水量；对水稻田，指蓄存在格田内的灌溉水量）和末级固定渠道（农渠）放出水量的比值，用符号 η_f 表示。

$$\eta_f = \frac{A_{农} \, m_n}{W_{农净}} \qquad (7-9)$$

式中　$A_{农}$——农渠的灌溉面积，亩；

　　　　m_n——净灌水定额，$\text{m}^3/$亩；

　　$W_{农净}$——农渠供给田间的水量，m^3。

田间水利用系数是衡量田间工程状况和灌水技术水平的重要指标。在田间工程完善、灌水技术良好的条件下，旱作农田的田间水利用系数可以达到 0.9 以上，水稻田的田间水利用系数可以达到 0.95 以上。

（4）灌溉水利用系数。灌溉水利用系数是实际灌入农田的有效水量和渠首引入水量的比值，用符号 η_0 表示。它是评价渠系工作状况、灌水技术水平和灌区管理水平的综合指标。可按下式计算：

$$\eta_0 = \frac{A m_n}{W_g} \qquad (7-10)$$

式中　A——某次灌水全灌区的灌溉面积，亩；

　　　m_n——净灌水定额，m³/亩；

　　　W_g——某次灌水渠首引入的总水量，m³。

以上这些经验系数的数值与灌区大小、渠床土质和防渗措施、渠道长度、田间工程状况、灌水技术水平以及管理工作水平等因素有关。在引用别的灌区的经验数据时，应注意这些条件要相似。

选定适当的经验系数之后，就可根据净流量计算相应的毛流量。

（二）渠道的工作制度

渠道的工作制度就是渠道的输水工作方式，分为续灌和轮灌两种。

1. 续灌

在一次灌水延续时间内，自始至终连续输水的渠道称为续灌渠道。这种输水工作方式称为续灌。

为了各用水单位的受益均衡，避免因水量过分集中而造成灌水组织和生产安排的困难，一般灌溉面积较大的灌区，干、支渠多采用续灌。

2. 轮灌

同一级渠道在一次灌水延续时间内轮流输水的工作方式叫作轮灌。实行轮灌的渠道称为轮灌渠道。实行轮灌时，缩短了各条渠道的输水时间，加大了输水流量，同时工作的渠道长度较短，从而减少了输水损失水量，有利于农业耕作和灌水工作的配合，有利于提高灌水工作效率。但是，因为轮灌加大了渠道的设计流量，也就增加了渠道的土方量和渠道建筑物的工程量。如果流量过分集中，还会造成劳力紧张，在干旱季节还会影响各用水单位的均衡受益。所以，一般较大的灌区，只在斗渠以下实行轮灌。

实行轮灌时，渠道分组轮流灌水，分组方式可归纳为以下两种：

（1）集中编组。将邻近的几条渠道编为一组，上级渠道按组轮流供水，如图 7 - 13（a）所示。采用这种编组方式，上级渠道的工作长度较短，输水损失水量较小。但相邻几条渠道可能同属一个生产单位，会引起灌水工作紧张。

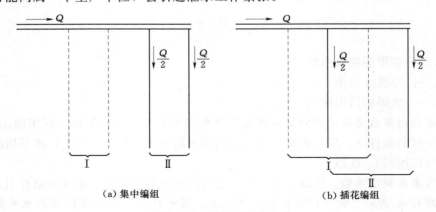

（a）集中编组　　　　　　　　（b）插花编组

图 7 - 13　轮灌组划分方式

（2）插花编组。将同级渠道按编号的奇数和偶数分别编组，上级渠道按组轮流供水，如图 7 - 13（b）所示。这种编组方式的优缺点恰好和集中编组相反。

实行轮灌时，无论采取哪种编组方式，轮灌组的数目都不宜太多，以免造成劳动力紧张，一般以 2～3 组为宜。

划分轮灌组时，应使各组灌溉面积相似，以利配水。

（三）渠道设计流量推算

渠道的工作制度不同，设计流量的推算方法也不同，下面分别予以介绍。

1. 轮灌渠道设计流量的推算

因为轮灌渠道的输水时间小于灌水延续时间，所以，不能直接根据设计灌水模数和灌溉面积自下而上地推算渠道设计流量。常用的方法是：根据轮灌组划分情况自上而下逐级分配末级续灌渠道（一般为支渠）的田间净流量，再自下而上逐级计入输水损失水量，推算各级渠道的设计流量。

以图 7 - 14 为例，支渠为末级续灌渠道，斗、农渠的轮灌组划分方式为集中编组，同时工作的斗渠有两条，农渠有四条。为了使其具有普遍性，设同时工作的斗渠有 n 条，每条斗渠里同时工作的农渠有 k 条。

（1）计算支渠的设计田间净流量。在支渠范围内，不考虑损失水量的设计田间净流量为

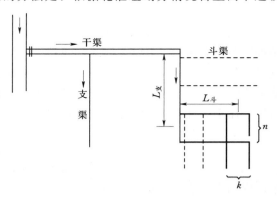

图 7 - 14　渠道轮灌示意图

$$Q_{支田净} = A_{支} \, q_{设} \qquad (7-11)$$

式中　$Q_{支田净}$——支渠的田间净流量，m^3/s；

$\quad\quad A_{支}$——支渠的灌溉面积，万亩；

$\quad\quad q_{设}$——设计灌水模数，$m^3/(s \cdot 万亩)$。

（2）计算由支渠分配到每条农渠的田间净流量。其式为

$$Q_{农田净} = \frac{Q_{支田净}}{nk} \qquad (7-12)$$

式中　$Q_{农田净}$——农渠的田间净流量，m^3/s。

在丘陵地区，受地形限制，同一级渠道中各条渠道的控制面积可能不等。在这种情况下，斗、农渠的田间净流量应按各条渠道的灌溉面积占轮灌组灌溉面积的比例进行分配。

（3）计算农渠的净流量。先由农渠的田间净流量计入田间损失水量，求得田间毛流量，即农渠的净流量。

$$Q_{农净} \frac{Q_{农田净}}{\eta_f} \qquad (7-13)$$

式中符号意义同前。

（4）推算各级渠道的设计流量（毛流量）。根据农渠的净流量自下而上逐级计入渠道输水损失，得到各级渠道的毛流量，即设计流量。由于有两种估算渠道输水损失水量的方法，由净流量推算毛流量也就有两种方法。

经验公式估算：

$$Q_g = Q_n(1+\sigma L) \tag{7-14}$$

式中　Q_g——渠道的毛流量，m^3/s；

$\quad\quad Q_n$——渠道的净流量，m^3/s；

$\quad\quad \sigma$——每公里渠道损失水量与净流量比值；

$\quad\quad L$——最下游一个轮灌组灌水时渠道的平均工作长度，km（计算农渠毛流量时，可取农渠长度的一半进行估算）。

经验系数估算：

$$Q_g = \frac{Q_n}{\eta_c} \tag{7-15}$$

在大中型灌区，支渠数量较多，支渠以下的各级渠道实行轮灌。如果都按上述步骤逐条推算各条渠道的设计流量，工作量很大。为了简化计算，通常选择一条有代表性的典型支渠（作物种植、土壤性质、灌溉面积等影响渠道流量的主要因素具有代表性）按上述方法推算支、斗、农渠的设计流量，计算支渠范围内的灌溉水利用系数 $\eta_{支水}$，以此作为扩大指标，用下式计算其余支渠的设计流量。

$$Q_支 = \frac{qA_支}{\eta_{支水}} \tag{7-16}$$

同样，以典型支渠范围内各级渠道水利用系数作为扩大指标，可计算出其他支渠控制范围内的支、农渠的设计流量。

2. 续灌渠道设计流量计算

在一次灌水延续时间内，自始至终连续输水的渠道称为续灌渠道，这种输水方式称为续灌。

续灌渠道一般为干、支渠道，渠道流量较大，上、下游流量相差悬殊，这就要求分段推求设计流量，各渠段采用不同的断面。另外，各级续灌渠道的输水时间都等于灌区灌水延续时间，可以直接由下级渠道的毛流量推算上级渠道的毛流量。所以，续灌渠道设计流量的推算方法是自下至上逐级、逐段进行推算。

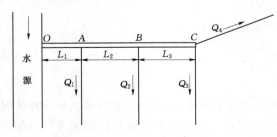

图 7-15　干渠流量推算图

由于渠道水利用系数的经验值是根据渠道全部长度的输水损失情况统计出来的，它反映出不同流量在不同渠段上运行时输水损失的综合情况，而不能代表某个具体渠段的水量损失情况。所以，在分段推算续灌渠道设计流量时，一般不用经验系数估算输水损失水量，而用经验公式估算。具体推算方法以图 7-15 为例说明如下：

图中表示的渠系有一条干渠和四条支渠，各支渠的毛流量分别为 Q_1、Q_2、Q_3、Q_4，支渠取水口把干渠分成三段，各段长度分别为 L_1、L_2、L_3，各段的设计流量分别为 Q_{OA}、Q_{AB}、Q_{BC}，计算公式如下：

$$Q_{BC} = (Q_3+Q_4)(1+\sigma_3 L_3) \tag{7-17}$$

$$Q_{AB} = (Q_{BC}+Q_2)(1+\sigma_2 L_2) \tag{7-18}$$

$$Q_{OA} = (Q_{AB} + Q_1)(1 + \sigma_1 L_1) \qquad (7-19)$$

（四）渠道最小流量和加大流量的计算

1. 渠道最小流量的计算

以修正灌水模数图上的最小灌水模数值作为计算渠道最小流量的依据，计算的方法步骤和设计流量的计算方法相同，不再赘述。

对于同一条渠道，其设计流量（$Q_设$）与最小流量（$Q_{最小}$）相差不要过大，否则在用水过程中，有可能因水位不够而造成引水困难。为了保证对下级渠道正常供水，目前有些灌区规定渠道最小流量以不低于渠道设计流量的 40% 为宜；也有的灌区规定渠道最低水位等于或大于 70% 的设计水位。在实际灌水中，如某次灌水定额过小，可适当缩短供水时间，集中供水，使流量大于最小流量。

2. 渠道加大流量的计算

渠道加大流量的计算是以设计流量为基础，给设计流量乘以"加大系数"即得，按公式（7-20）计算。

$$Q_J = J Q_d \qquad (7-20)$$

式中　Q_J——渠道加大流量，m^3/s；

　　　J——渠道流量加大系数，见表 7-5；

　　　Q_d——渠道设计流量，m^3/s。

表 7-5　　　　　　　　　　　　　渠 道 流 量 加 大 系 数

设计流量/($\text{m}^3 \cdot \text{s}^{-1}$)	<1	1~5	5~10	10~30	>30
加大系数 J	1.35~1.30	1.30~1.25	1.25~1.20	1.20~1.15	1.15~1.10

轮灌渠道控制面积较小，轮灌组内各条渠道的输水时间和输水流量可以适当调剂，因此，轮灌渠道不考虑加大流量。

在抽水灌区，渠首泵站设有备用机组时，干渠的加大流量按备用机组的抽水能力而定。

（五）流量推算实例

某灌区灌溉面积 A = 3.17 万亩，灌区有一条干渠，长 5.7km，下设三条支渠，各支渠的长度及灌溉面积见表 7-6。全灌区土壤、水文地质等自然条件和作物种植情况相近，第三支渠灌溉面积适中，可作为典型支渠，该支渠有六条斗渠，斗渠间距 800m，长 1800m。每条斗渠有十条农渠，农渠间距 200m，长 800m。干、支渠实行续灌，斗、农渠进行轮灌。渠系布置及轮灌组划分情况如图 7-16 所示。该灌区位于我国南方，实行稻麦轮作，因降雨较多，麦子一般不需要灌溉，主要灌溉作物是水稻，设计灌水模数 $q_设$ = 0.8m^3/（s·万亩）。灌区土壤为中黏壤土。

试推求干、支渠道的设计流量。

表 7-6　　　　　　　　　　　　　支 渠 长 度 及 灌 溉 面 积

渠别	一支	二支	三支	合计
长度/km	4.2	4.6	4.0	
灌溉面积/万亩	0.85	1.24	1.08	3.17

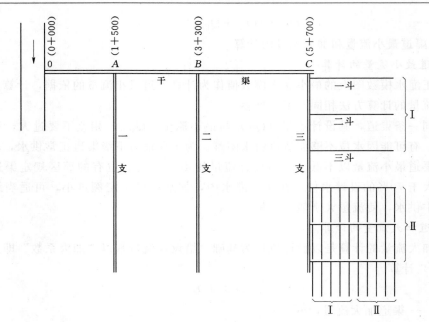

图 7-16 灌溉渠系布置

解:

（1）推求典型支渠（三支渠）及其所属斗、农渠的设计流量。

1）计算农渠的设计流量。三支渠的田间净流量为

$$Q_{3支田净}=A_{3支}\times q_{设}=1.08\times0.8=0.864(\text{m}^3/\text{s})$$

因为斗、农渠分两组轮灌，同时工作的斗渠有 3 条，同时工作的农渠有 5 条，所以，农渠的田间净流量为

$$Q_{农田净}=\frac{Q_{支田净}}{n\times k}=\frac{0.864}{3\times5}=0.0576\ (\text{m}^3/\text{s})$$

取田间水利用系数 $\eta_f=0.95$，则农渠的净流量为

$$Q_{农净}=\frac{Q_{农田净}}{\eta_f}=\frac{0.0576}{0.95}\times0.061\ (\text{m}^3/\text{s})$$

灌区土壤属中黏壤土，从表 7-1 中可查出相应的土壤渗透性参数：$A=1.9$，$m=0.4$。据此可计算农渠每公里输水损失系数：

$$\sigma_{农}=\frac{A}{100Q_{农净}^m}=\frac{1.9}{100\times0.061^{0.4}}=0.0582$$

农渠的毛流量或设计流量：

$$Q_{农毛}=Q_{农净}(1+\sigma_{农}\ L_{农})=0.061(1+0.0582\times0.4)=0.062\ (\text{m}^3/\text{s})$$

2）计算斗渠的设计流量。因为一条斗渠内同时工作的农渠有 5 条，所以，斗渠的净流量等于 5 条农渠的毛流量之和：

$$Q_{斗净}=5Q_{农毛}=5\times0.062=0.31\ (\text{m}^3/\text{s})$$

农渠分两组轮灌，各组要求斗渠供给的净流量相等。但是，第 1 轮灌组距斗渠进水口较远，输水损失量较多，据此求得的斗渠毛流量较大，因此，以第 1 轮灌组灌水时需要斗

渠每公里输水损失系数为

$$\sigma_斗 = \frac{A}{100Q_{斗净}^m} = \frac{1.9}{100 \times 0.31^{0.4}} = 0.0304$$

斗渠的毛流量或设计流量为

$$Q_{斗毛} = Q_{斗净}(1 + \sigma_斗 L_斗) = 0.31 \times (1 + 0.0304 \times 1.4) = 0.323 \ (\text{m}^3/\text{s})$$

3）计算三支渠的设计流量。斗渠也是分两组轮灌，以第 Ⅱ 轮灌组要求的支渠毛流量作为支渠的设计流量。支渠的平均工作长度 $L_支 = 3.2$（km）。

支渠的净流量为

$$Q_{3支净} = 3 \times Q_{斗毛} = 3 \times 0.323 = 0.969 \ (\text{m}^3/\text{s})$$

支渠每公里输水损失系数为

$$\sigma_{3支} = \frac{A}{100Q_{3支净}^m} = \frac{1.9}{100 \times 0.969^{0.4}} = 0.0192$$

支渠的毛流量为

$$Q_{3支毛} = Q_{3支净}(1 + \sigma_{3支} L_{3支}) = 0.969 \times (1 + 0.0192 \times 3.2) = 1.029 \ (\text{m}^3/\text{s})$$

（2）计算三支渠的灌水利用系数。

$$\eta_{3支水} = \frac{Q_{3支田净}}{Q_{3支毛}} = \frac{0.864}{1.029} = 0.84$$

（3）计算一、二支渠的设计流量。

1）计算一、二支渠的田间净流量。

$$Q_{1支田净} = 0.85 \times 0.8 = 0.68 \ (\text{m}^3/\text{s})$$

$$Q_{2支田净} = 1.24 \times 0.8 = 0.99 \ (\text{m}^3/\text{s})$$

2）计算一、二支渠的设计流量。以典型支渠（三支渠）的灌溉水利用系数作为扩大指标，用来计算其他支渠的设计流量。

$$Q_{1支毛} = \frac{Q_{1支田净}}{\eta_{3支水}} = \frac{0.68}{0.84} = 0.81 \ (\text{m}^3/\text{s})$$

$$Q_{2支毛} = \frac{Q_{2支田净}}{\eta_{3支水}} = \frac{0.99}{0.84} = 1.18 \ (\text{m}^3/\text{s})$$

（4）推求干渠各段的设计流量。

1）BC 段的设计流量。

$$Q_{BC净} = Q_{3支毛} = 1.03 \ (\text{m}^3/\text{s})$$

$$\sigma_{BC} = \frac{1.9}{100 \times 1.03^{0.4}} \approx 0.019$$

$$Q_{BC毛} = Q_{BC净}(1 + \sigma_{BC} L_{BC}) = 1.03 \times (1 + 0.019 \times 2.4) = 1.08 \ (\text{m}^3/\text{s})$$

2）AB 段的设计流量。

$$Q_{AB净} = Q_{BC毛} + Q_{2支毛} = 1.08 + 1.18 = 2.26 \ (\text{m}^3/\text{s})$$

$$\sigma_{AB} = \frac{1.9}{100 \times 2.26^{0.4}} = 0.0137$$

$$Q_{AB毛} = Q_{AB净} \times (1 + \sigma_{AB} L_{AB}) = 2.26 \times (1 + 0.0137 \times 1.8) = 2.32 \ (\text{m}^3/\text{s})$$

3）OA 段的设计流量。

$$Q_{OA净}＝Q_{AB毛}＋Q_{1支毛}＝2.32＋0.81＝3.13（m^3/s）$$

$$\sigma_{AB}＝\frac{1.9}{100×3.13^{0.4}}＝0.12$$

$$Q_{OA}＝O_{OA净}（1＋\sigma_{OA}L_{OA}）＝3.13×（1＋0.012×1.5）＝3.19（m^3/s）$$

二、灌溉渠道纵横断面设计

灌溉渠道的设计流量、最小流量和加大流量确定以后，就可据此设计渠道的纵横断面。设计流量是进行水力计算、确定渠道过水断面尺寸的主要依据。最小流量主要用来校核下级渠道的水位控制条件，判断当上级渠道输送最小流量时，下级渠道能够引足相应的最小流量。如果不能满足某条下级渠道的进水要求，就要在该分水口下游设节制闸，壅高水位，满足其取水要求。加大流量时确定渠道断面深度和堤顶高度的依据。

渠道纵断面和横断面的设计是相互联系、互为条件的。在设计实践中，不能把它们截然分开，而要通盘考虑交替进行、反复调整，最后确定合理的设计方案。但为了叙述方便，还得把纵、横断面设计方法分别予以介绍。

合理的渠道纵、横断面除了满足渠道的输水、配水要求外，还应满足渠床稳定条件，包括纵向稳定和平面稳定两个方面。纵向稳定要求渠道在设计条件下工作时，不发生冲刷和淤积，或在一定时期内冲淤平衡。平面稳定要求渠道在设计条件下工作时，渠道水流不发生左右摇摆。

（一）渠道纵横断面设计原理

灌溉渠道一般都是正坡明渠。在渠首进水口和第一个分水口之间或在相邻两个分水口之间，如果忽略蒸发和渗漏损失，渠段内的流量是个常数，为了水流平顺和施工方便，在一个渠段内要采用同一个过水断面和同一个比降，渠床表面要具有相同的糙率。因此，渠道水深、过水断面面积和平均流速也就沿程不变。这就表明渠中水流在重力作用下运动，重力沿流动方向的分量与渠床的阻力平衡。这种水流状态称为明渠均匀流。在渠道建筑物附近，因阻力变化，水流不能保持均匀流状态，但影响范围很小，其影响结果在局部水头损失中考虑。因此，灌溉渠道可以按明渠均匀流公式设计。

明渠均匀流的基本公式是：

$$Q＝AC\sqrt{Ri} \tag{7-21}$$

式中　Q——渠道设计水深，m^3/s；

　　　R——水力半径；

　　　i——渠底比降；

　　　A——过水断面面积，m^2；

　　　C——谢才系数，一般采用曼宁公式 $C＝\dfrac{1}{n}R^{1/6}$ 进行计算，其中 n 为糙率。

（二）梯形渠道横断面设计方法

设计渠道时要求工程量小，投资少，即在设计流量 Q、比降 i、糙率系数 n 相同的条件下应使过水断面面积最小，或在过水断面面积 A、比降 i、糙率系数 n 相同的条件下，使通过的流量 Q 最大。符合这些条件的断面称为水力最佳断面。从式（7-21）可以看出，当 A、n、i 一定时，水力半径最大或湿周最小的断面就是水力最佳断面。在各种几何图形中，以圆形断面的周界最小。所以半圆形断面是水力最佳断面。但天然土渠修成半圆形是很困难的，也是不稳定的，只能修成接近半圆的梯形断面。

渠道设计的依据除输水流量外，还有渠底比降、渠床糙率、渠道边坡系数、稳定渠床的宽深比以及渠道的不冲、不淤流速等。

1. 渠道比降

在坡度均一的渠段内，两端渠底高差和渠段长度的比值称为渠底比降。比降选择是否合理关系到工程造价和控制面积，应根据渠道沿线的地面坡度、下级渠道进水口的水位要求、渠床土质、水源含沙情况、渠道设计流量大小等因素，参考当地灌区管理运用经验，选择适宜的渠底比降。

在设计工作中，可参考地面坡度和下级渠道的水位要求先初选一个比降，计算渠道的过水断面尺寸，再按不冲流速、不淤流速进行校核，如不满足要求，再修改比降，重新计算。

2. 渠床糙率系数

渠床糙率系数 n 是反映渠床粗糙程度的技术参数。该值选择得是否切合实际，直接影响到设计成果的精度。如果 n 值选得过大，设计的渠道断面就偏大，不仅增加了工程量，而且会因实际水位低于设计水位而影响下级渠道的进水。如果 n 值取得太小，设计的渠道断面就偏小，输水能力不足，影响灌溉用水。糙率系数的正确选择不仅要考虑渠床土质和施工质量，还要估计到建成后的管理养护情况。表 7-7 中的数值可供参考。

表 7-7　　　　　　　　　　　渠 床 糙 率 系 数 值 n

1. 土渠

流量范围 /(m³·s⁻¹)	渠槽特征	糙率系数 n	
		灌溉渠道	退泄水渠道
>25	平整顺直，养护良好	0.020	0.0225
	平整顺直，养护一般	0.0225	0.025
	渠床多石，杂草丛生，养护较差	0.025	0.0275
25~1	平整顺直，养护良好	0.0225	0.025
	平整顺直，养护一般	0.025	0.0275
	渠床多石，杂草丛生，养护较差	0.0275	0.030
<1	渠床弯曲，养护一般	0.025	0.0275
	支渠以下的固定渠道	0.0275	
	渠床多石，杂草丛生，养护较差	0.030	

2. 岩石槽渠

渠槽表面的特征	糙率系数 n
经过良好修整	0.025
经过中等修整，无凸出部分	0.030
经过中等修整，有凸出部分	0.033
未经修整，有凸出部分	0.035~0.045

3. 护面渠槽

护面类型	糙率系数 n
抹光的水泥抹面	0.012
修理得极好的混凝土直渠段	0.013

续表

护面类型	糙率系数 n
不抹光的水泥抹面	0.014
光滑的混凝土护面	0.015
机械浇筑，表面光滑的沥青、混凝土护面	0.014
修整良好的水泥土护面	0.015
平整的喷浆护面	0.015
料石砌护	0.015
砌砖护面	0.015
修整粗糙的水泥土护面	0.016
粗糙的混凝土护面	0.017
混凝土衬砌较差或弯曲渠段	0.017
沥青混凝土、表面粗糙	0.017
一般喷浆护面	0.017
不平整的喷浆护面	0.018
修整养护较差的混凝土护面	0.018
浆砌块石护面	0.025
干砌块石护面	0.033
干砌卵石护面、砌工良好	0.025～0.0325
干砌卵石护面、砌工一般	0.0275～0.0375
干砌卵石护面、砌工粗糙厂	0.0325～0.0425

3. 渠道的边坡系数

渠道的边坡系数 m 是渠道边坡倾斜程度的指标，其值等于边坡在水平方向的投影长度和在垂直方向投影长度的比值。m 值的大小关系到渠坡的稳定，要根据渠床土壤质地和渠床深度等条件选择适宜的数值。大型渠道的边坡系数应通过土工试验和稳定分析确定；中小型渠道的边坡系数根据经验选定，可参考表 7-8 和表 7-9。

表 7-8　　　　　挖方渠道最小边坡系数表

渠床条件	水深 h/m			渠床条件	水深 h/m		
	<1	1～2	2～3		<1	1～2	2～3
稍胶结的卵石	1.00	1.00	1.00	轻壤土	1.00	1.25	1.50
夹砂的卵石和砾石	1.25	1.50	1.50	砂壤土	1.50	1.50	1.75
黏土、中壤土、重壤土	1.00	1.25	1.50	砂土	1.75	2.00	2.25

表 7-9　　　　　填方渠道最小边坡系数表

渠床条件	流量 $Q/(m^3 \cdot s^{-1})$						
	＞10		10～2		2～0.5		<0.5
	内坡	外坡	内坡	外坡	内坡	外坡	内坡	外坡
黏土、重壤土、中壤土	1.25	1.00	1.00	1.00	1.00	1.00	1.00	1.00
轻壤土	1.50	1.25	1.00	1.00	1.00	1.00	1.00	1.00
砂壤土	1.75	1.50	1.50	1.25	1.50	1.25	1.25	1.25
砂土	2.25	2.00	2.00	1.75	1.75	1.50	1.50	1.50

4. 渠道断面的宽深比

渠道断面的宽深比 α 是渠道底宽 b 和水深 h 的比值。宽深比对渠道工程量和渠床稳定有较大影响。

渠道宽深比的选择要考虑以下要求：工程量小，断面稳定，有利通航。

国内外很多学者对灌溉渠道稳定断面的宽深比做了大量的研究工作，提出了许多经验公式，这里介绍几个常用的公式，仅供参考。

（1）陕西省对从多泥沙河道引水的灌溉渠道进行了研究，提出了以下公式：

当 $Q<1.5\mathrm{m^3/s}$ 时
$$\alpha=NQ^{1/10}-m \tag{7-22}$$

式中 $N=2.35\sim3.25$，一般采用 2.8。

当 $Q=1.5\sim50\mathrm{m^3/s}$ 时
$$\alpha=NQ^{1/4}-m \tag{7-23}$$

式中 $N=1.8\sim3.4$，一般采用 2.6。

（2）苏联 C.A 吉尔氏康公式：

$$\alpha=3Q^{0.25}-m \tag{7-24}$$

（3）美国垦务局公式：

$$\alpha=4-m \tag{7-25}$$

由于影响渠床稳定的因素很多，也很复杂，每个经验公式都是在一定地区的特定条件下产生的，都有一定的局限性。这些经验公式的计算结果只能作为设计的参考。

5. 渠道的不冲流速

在稳定渠道中，允许的最大平均流速称为临界不冲流速，简称不冲流速，用 v_{cs} 表示；允许的最小平均流速称为临界不淤流速，简称不淤流速，用 v_{cd} 表示。为了维持渠床稳定，渠道通过设计流量时的平均流速（设计流速）v_d 应满足以下条件：

$$v_{cd}<v_d<v_{cs}$$

渠道不冲流速和渠床土壤性质、水流含沙情况、渠道断面水力要素等因素有关，具体数值要通过试验研究或总结已成渠道的运用经验而定。一般土渠的不冲流速为 $0.6\sim0.9\mathrm{m/s}$。表 7-10 中的数值可供设计参考。

表 7-10　　　　　　　　　　　土质渠床的不冲流速

土质	不冲流速/(m·s⁻¹)	土质	不冲流速/(m·s⁻¹)	备注
轻壤土	0.60～0.80	重壤土	0.70～1.00	干容重
中壤土	0.65～0.85	黏土	0.75～0.95	1.3～1.7t/m³

注　表中所列不冲流速值属于水力半径 $R=1\mathrm{m}$ 的情况，当 $R\neq1\mathrm{m}$ 时，表中所列数值乘以 R^α。指数 α 值依据下列情况采用：①各种大小的砂、砾石和卵石及疏松的砂壤土、黏土 $\alpha=1/3\sim1/4$；②中等密实和密实的砂壤土、壤土及黏土 $\alpha=1/4\sim1/5$。

土质渠道的不冲流速也可以用 C.A. 吉尔氏康公式计算：

$$v_{cs}=KQ^{0.1} \tag{7-26}$$

式中 K——根据渠床土壤性质而定的耐冲系数，查表 7-11。

有衬砌护面的渠道的不冲流速比土渠大得多，如混凝土护面的渠道允许最大流速可达 $12\mathrm{m/s}$。但从渠床稳定考虑，仍应将衬砌渠道的允许最大流速限制在较小的数值。美国垦务局建议：无钢筋的混凝土衬砌渠道的流速不应超过 $2.5\mathrm{m/s}$，因为流速太大的水流遇到裂缝或缝隙时，流速水头转变为压能，会使衬砌层翘起或剥落。

表 7-11 渠床土壤耐冲程度系数 K 值

非黏聚性土	K	黏聚性土	K
中砂土	1.45～0.50	砂壤土	0.53
粗砂土	1.50～0.60	轻黏壤土	0.57
小砾石	0.60～0.75	中黏壤土	0.62
中砾石	0.75～0.90	重黏壤土	0.68
大砾石	0.90～1.00	黏土	0.75
小卵石	1.00～1.30	重黏土	0.85
中卵石	0.30～0.45		
小卵石	1.45～1.60		

6. 渠道的不淤流速

渠道水流的挟沙能力随流速的减小而减小，当流速小到一定程度时，部分泥沙就开始在渠道内淤积。泥沙浆要沉淀而尚未沉淀时的流速就是临界不淤流速，渠道不淤流速主要取决于渠道含沙情况和断面水力要素，也应通过试验研究或总结实践经验而定。在缺乏实际研究成果时，可选用有关经验公式进行计算。如黄河水利委员会水利科学研究所的不淤流速计算公式：

$$v_{cd} = C_0 Q^{0.6} \qquad (7-27)$$

式中 C_0——不淤流速系数，随渠道流量和宽深比而变，见表 7-12。

表 7-12 不淤流速系数 C_0 值

渠道流量和宽深比		C_0
$Q>10\text{m}^3/\text{s}$		0.2
$Q=5\sim10\text{m}^3/\text{s}$	$b/h>20$	0.2
	$b/h<20$	0.4
$Q<5\text{m}^3/\text{s}$		0.4

式（7-27）适用于黄河流域含沙量为 $1.32\sim83.8\text{kg/m}^3$，加权平均泥沙沉降速度为 $0.0085\sim0.32\text{m/s}$ 的渠道。

含沙量很小的清水渠道虽无泥沙淤积威胁，但为了防止渠道长草，影响输水能力，对渠道的最小流速仍有一定限制，通常要求大型渠道的平局流速不小于 0.5m/s，小型渠道的平均流速不小于 0.4m/s。

7. 渠道水力计算

渠道水力计算的任务是根据上述设计依据，通过计算，确定渠道过水断面的水深 h 和底宽 b。土质渠道梯形断面的水力计算方法有以下四种。

（1）一般断面的水力计算。根据式（7-21）用试算法求解渠道的断面尺寸，具体步骤如下。

假设 b、h 值。为了施工方便，底宽 b 应取整数。因此，一般先假设一个整数的 b 值，再选择适当的宽深比 α，用公式 $h=\dfrac{b}{\alpha}$ 计算相应的水深值。

计算渠道过水断面的水力要素。根据假设的 b、h 值计算相应的过水断面面积 A、湿周 P、水力半径 R 和谢才系数 C。

计算渠道流量，用式（7-21）。

校核渠道输水能力。上面计算出来的渠道流量（$Q_{计算}$）是假设的 b、h 值相应的输水能力，一般不等于渠道的设计流量 Q，通过试算，反复修改 b、h 值，直至渠道计算流量等于或接近渠道设计流量为止，要求误差不超过 5%，即设计渠道断面应满足的校核条件是：

$$\left| \frac{Q - Q_{计算}}{Q} \right| \leqslant 0.05 \qquad (7-28)$$

校核渠道流速：

$$v_d = \frac{Q}{A} \qquad (7-29)$$

渠道的设计流速应满足前面提到的不冲不淤条件，如不满足，就要改变渠道的底宽值和渠道断面的宽深比，重复以上步骤，直到既满足流量校核条件又满足流速校核条件为止。

（2）水力最优梯形断面的水力计算。采用水力最优梯形断面时，可按以下步骤直接求解：

计算渠道的设计水深。

$$h_d = 1.189 \left[\frac{nQ}{\left(2\sqrt{1+m^2}-m\right)\sqrt{i}} \right]^{3/8} \qquad (7-30)$$

计算渠道的设计底宽。

$$b_d = \alpha_0 h_d \qquad (7-31)$$

式中　α_0——梯形渠道断面的最优宽深比。

校核渠道流速。流速计算和校核方法与采用一般断面时相同。如设计流速不满足校核条件时，说明不宜采用水力最优断面形式。

8. 渠道加大水深

渠道通过加大流量 Q_j 时的水深称为加大水深 h_j。计算加大水深时，渠道设计底宽 b_d 已经确定，明渠均匀流流量公式中只包含一个未知数，但因公式形式复杂，直接求解仍很困难。通常还是用试算法或查诺模图求加大水深，计算的方法步骤和设计水深的方法相同。

9. 安全超高

为了防止风浪引起渠水漫溢，保证渠道安全运行，挖方渠道的渠岸和填方渠道的堤顶应高于渠道的加大水位，要求高出的数值称为渠道的安全超高。《灌溉排水渠系设计规范》（SDJ 217—84）建议按下式计算渠道的安全超高。

$$\Delta h = \frac{1}{4} h_j + 0.2 \qquad (7-32)$$

10. 堤顶宽度

为了便于管理和保证渠道安全运行，挖方渠道和填方渠道的堤顶应有一定的宽度，以满足交通和渠道稳定的需要。渠岸和堤顶的宽度可按式（7-33）计算：

$$D = h_j + 0.3 \qquad (7-33)$$

如果渠堤与主要交通道路结合，渠岸或堤顶宽度应根据交通要求确定。

（三）渠道横断面结构

由于渠道过水断面和渠道沿线地面的相对位置不同，渠道断面有挖方断面、填方断面和半挖半填断面三种形式，其结构各不相同。

1. 挖方渠道断面结构

对挖方渠道，为了防止坡面径流的侵蚀、渠坡坍塌以及便于施工和管理，除正确选择边坡系数外，当渠道挖深大于 5m 时，应每隔 3～5m 高度设计一道平台。挖深大于 10m 时，不仅施工困难，边坡也不易稳定，应改用隧洞等，如图 7-17 所示。

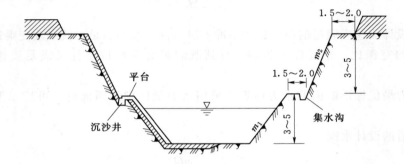

图 7-17　挖方渠道横断面（单位：m）

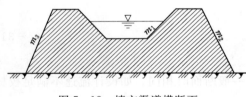

图 7-18　填方渠道横断面

2. 填方渠道断面结构

填方渠道易于溃决和滑坡，要认真选择内、外边坡系数。填方高度大于 3m 时，应通过稳定分析确定边坡系数，有时需在外坡脚处设置排水反滤体。填方高度很大时，需在外坡设置平台。如图 7-18 所示。

3. 半挖半填渠道

半挖半填渠道的挖方部分为筑堤提供土料，填方部分为挖方弃土提供场所，渠道工程费用少，当挖方量等于填方量（考虑沉陷影响，外加 10%～20% 的土方量）时，工程费用最少，如图 7-19 所示。

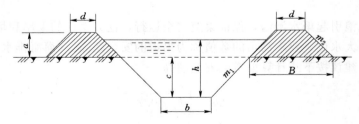

图 7-19　半挖半填断面

（四）渠道纵断面设计

灌溉渠道不仅要满足输送设计流量的要求，还要满足水位控制的要求。横断面设计通过水力计算确定了能通过设计流量的断面尺寸,满足了前一个要求。纵断面的设计任务是根据灌溉水位要求确定渠道的空间位置,先确定不同桩号处的设计水位高程,再根据设计水位确定渠底高程、堤顶高程、最小水位等。

1. 灌溉渠道的水位推算

为了满足自流灌溉的要求,各级渠道入口处都应具有足够的水位。这个水位是根据灌溉面积上控制点的高程加上各种水头损失,自下而上逐级推算出来的。

$$H_{进}=A_0+\Delta h+\sum Li+\sum \phi \qquad (7-34)$$

式中　$H_{进}$——渠道进水口处的设计水位,m;

　　　A_0——渠道灌溉范围内控制点的地面高程,m,控制点指较难灌到水的地面,在地形均匀变化的地区,控制点选择的原则是:如沿渠地面坡度大于渠道比降,渠道进水口附近的地面最难控制,反之,渠尾地面最难控制;

　　　Δh——控制点地面与附近末级固定渠道设计水位的高差,一般取 0.1~0.2m;

　　　ϕ——水流通过渠系建筑物的水头损失,m,可参考表 7-13 所列数值选用。

表 7-13　　渠道建筑物水头损失最小数值表　　单位:m

渠别	控制面积/万亩	进水闸	节制闸	渡槽	倒虹吸	公路桥
干渠	10~40	0.1~0.2	0.10	0.15	0.40	0.05
支渠	1~6	0.1~0.2	0.07	0.07	0.30	0.03
斗渠	0.3~0.4	0.05~0.15	0.05	0.05	0.20	0
农渠	0.02					

2. 渠道纵断面图的绘制

渠道纵断面图包括沿渠地面高程线、渠道设计水位线、渠道最低水位线、渠底高程线、堤顶高程线、分水口位置、渠道建筑物位置及其水头损失等,如图 7-20 所示。

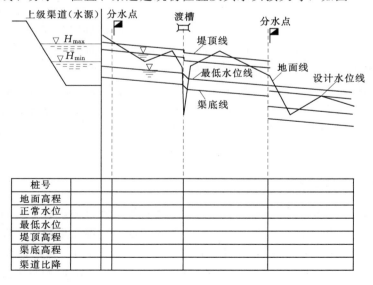

图 7-20　渠道纵断面图

根据渠道纵、横断面图可以计算渠道的土方工程量，也可以进行施工放样。

3. 渠道纵断面设计中的水位衔接

在渠道设计中，常遇到建筑物引起的局部水头损失和渠道分水处上、下级渠道水位要求不同以及上下游不同渠段间水位不一致等问题，必须予以正确处理。此处不再赘述。

单元四　渠道衬砌与防渗

渠道衬砌与防渗是我国应用最普遍的节水灌溉工程技术措施之一。据统计，我国80％以上的灌溉面积依靠渠道输水灌溉，有效灌溉面积接近 0.47 亿 hm²，而达到《节水灌溉工程技术规范》规定的较低标准的渠道防渗衬砌面积为 966.67 万 hm²，仅占渠道输水灌溉面积的 20.7％，渠系水利用系数平均不到 0.5，输水渠道渗漏严重，灌溉水利用率普遍较低。随着经济社会的快速发展，各行各业用水要求的不断增加，水资源供需矛盾日益突出，可用于灌溉的水量呈现减少趋势，采取渠道衬砌与防渗措施是解决水资源供需矛盾的重要措施。

近年来，灌区续建配套与节水改造项目、农业综合开发项目等工程相继实施，灌区完成了大量的渠道防渗衬砌工程，并在渠道防渗衬砌中重视新材料、新技术的采用，取得了显著成效，节水效果突出，灌区渠系面貌焕然一新。

一、断面形式的选择

灌区各级渠道数量众多，流量大小各异，且渠道衬砌都是在已成工程的基础上进行的。因此，选择合理的断面形式，既可减少工程土方回填量，缩短工期，降低成本，又可改善水流条件，减轻冻胀破坏，延长工程寿命。近年来，灌区渠道防渗断面结构形式主要依据渠道防渗设计规范要求、流量大小并结合工程实际情况，以及多年来渠道改造工程实践经验来确定的，一般分为以下三种情况：

设计流量在 $3\sim9.0\,\mathrm{m^3/s}$ 时，选择弧形坡脚梯形断面或弧底梯形断面；

设计流量在 $1\sim3\,\mathrm{m^3/s}$ 时，选择弧底梯形断面或 U 形断面；

设计流量小于 $1.0\,\mathrm{m^3/s}$ 时，选择 U 形断面。

弧形坡脚梯形断面、弧底梯形断面和 U 形断面，由于接近最佳水力断面，具有水流条件好、流速大、输水能力强和抗冻胀性能较高等特点，在灌区各级渠道防渗衬砌中应用十分广泛，其中弧形坡脚梯形断面和弧底梯形断面主要应用于干、支渠，U 形断面主要应用于设计流量较小的支渠及斗、分渠。

二、防渗材料的选择

大多灌区原衬砌渠道大部分采用单一的砼或砌石等防渗材料，有一定的防渗性能，又能适应高流速。但多年的运行实践表明，很难达到预期的防渗效果和耐久性。工程改造初期，灌区采用了板膜结合（混凝土预制板下铺设聚氯乙烯膜料）、梯形断面衬砌取得了一定的防渗效果，但由于这种防渗形式必须在塑料膜上铺设 $2\sim3\,\mathrm{cm}$ 厚的灰土或低标号水泥砂浆过渡层作为介质保护薄膜不被破坏，而在实际施工中，梯形渠道内坡比一般为 1∶1，内坡上2～3cm厚的过渡层不易操作，且渠道行水时，在砌缝较多的渠道上，过渡层往往会被水流冲走或掏空，导致上部混凝土板整体破坏或表面凹凸不平。因此施工难度较大，施工质量难以保证，工效较低。

近年来，随着防渗膜料科技水平的发展，不断总结经验，采用了复合土工膜防渗（即上层为100～150g/m² 土工布，下层为厚度不小于0.25mm聚氯乙烯膜）。由于其抗拉强度较高，抗穿透能力和抗老化性能好，可不设过渡层，另外，土工布表面摩擦力大，防滑效果好，便于预制板安砌或现浇。与塑料膜料防渗相比，具有施工简单、质量可靠、提高工效等特点。目前，各灌区除斗、分渠之外，干、支渠防渗工程大都采用这种板膜复合结构形式，即采用一布一膜土工布柔性材料做防渗层，其上再用C15混凝土作为保护层，厚度一般8～10cm，主要起保护膜料不被外力破坏和防止其老化以延长工程寿命的作用。两种材料相互扬长避短，显示了明显的经济技术性能。目前，此技术得到了广泛的应用。其主要优点如下。

（1）防渗效果好。其渗漏量是单纯的砼防渗材料的1/6，是砌石材料的1/3，是不防渗土渠的1/21。

（2）延长了渠道的工程寿命。明铺式膜料防渗，因老化严重而寿命较短。但铺在保护层以下，试验研究资料表明，其寿命可达30年以上。同时，膜料防渗层可以保温，从而减轻了冻胀破坏程度，使混凝土保护层裂缝减少，延长工程寿命。

（3）与单纯的混凝土防渗材料相比，投资大体相当。采用混凝土做膜料防渗层的保护层时，其厚度可以由10～14cm减少至7～10cm。购买土工布的投资虽较减薄混凝土节约的投资稍高，但其减轻了冻胀破坏程度，尚可减少维修费和管理费。

三、止水材料的选择

灌区以往大多采用沥青砂浆、油毡、聚氯乙烯油膏等作为伸缩缝止水材料。但这些材料有的性能差，有的造价高，有的施工技术复杂，施工质量难以保证，不能很好地解决工程实际中存在的问题，导致伸缝处渗漏水现象较为严重。近年来，干、支渠衬砌工程大都采用原水利部西北水科所在聚氯乙烯油膏基础上研制的性能与其相同，但造价相对较低的新型伸缩缝止水材料——焦油塑料胶泥。其施工方便，造价低，止水效果良好，在灌区已得到广泛使用。

四、施工技术

1. 基槽的填筑与开挖

灌区近年来渠道衬砌均是在旧渠道上进行，由于旧渠道多为土渠梯形断面，经长期输水运用，在水面以下均已变成不规则的弧形断面。对此，采用了如下处理方法。

如渠基土含水量很大甚至为饱和状态时，为了填筑施工，就提前停水，使基土风干，或使用抽排、翻晒等方法，降低基土含水量，以确保回填土方质量。

对于过流较大或有防冻胀要求的重要干、支渠工程，宜采用置换填土等方法。

对于设计流量小于2.0m³/s的支渠及斗、分渠，首先进行清淤和清基土，再进行填筑。填筑时先将全渠槽填至设计高程（分层夯实，每层铺土厚度，机械施工时，不大于

30cm，人工施工时，不大于 20cm），再用 U 形开渠机或人工进行开挖，最后再辅以人工检查和反复修整工作，直到满足防渗层断面设计要求。

对于设计流量大于 2.0m³/s 的干、支渠工程，由于全渠槽填筑土方量较大，采用局部断面进行填筑，填筑面的宽度一般应较设计加宽 50cm 以上，以满足一个蛙式电夯机的正常工作面。开挖时，仅开挖填筑时加宽的 50cm 的部分土体，然后按整修渠槽的方法修整渠道基槽，直至达到设计要求为止。

2. 土工膜的加工和铺设

土工膜的加工和铺设包括剪裁、接缝、铺设等项工序。

（1）剪裁。成卷的土工膜料应根据铺膜基槽断面尺寸的大小及每段长度剪裁。纵向铺设时，首先按基槽的断面尺寸计算所需膜料的幅数。横向铺设时，以铺设基槽断面的长度为一幅。剪裁的长度应以其大块膜料便于搬运和铺设为宜。支渠道一般为 50m～60m，干渠可选用 20m～40m。

（2）接缝。膜料连接处理的方法有搭接法、焊接法和黏接法等。灌区近年来多改简单的搭接及黏结剂黏接为机器焊接。焊接时的搭接宽度一般不小于 10cm，采用双焊缝焊接。确保了膜料接缝的施工质量。

（3）铺设。基槽检验合格后，在基槽表面洒水湿润，以保证膜料能紧贴在基床上。纵向铺设时，将按设计尺寸加工的大幅膜料叠成"琴箱"式，先横向放在下游槽内，再将一端与先铺好的膜料或原建筑物在现场焊接，再向上游拉展铺开。横向铺设时，由渠道一岸经渠底向另一岸铺设。铺膜的速度应与混凝土施工的速度相适应，当天铺膜，当天浇筑好混凝土板，以免膜料裸露时间过长，或受到人为毁坏。

3. 混凝土板的安砌、浇筑

为确保混凝土防渗渠道的防渗效果及耐久性，除了正确合理地设计外，还必须提高渠道防渗施工技术水平，确保施工质量，做到优质、经济、安全。

干渠过水能力为 9m³/s，设计采用了弧脚梯形及平底弧脚梯形两种断面，设计厚度为 8～10cm。支渠工程过水能力大都为 1～3m³/s，设计中采用了弧底梯形断面。衬砌中大部分为半机械化施工，为适应沉降变形破坏，弧底均采用 C15 混凝土现浇，渠坡分为现浇和预制两种方式，衬砌厚度一般为 7～8cm。预制板可在渠道行水期间采用提前预制，这样既缩短了工程工期，又解决了现浇混凝土由于不均匀沉陷等原因造成的难以避免的裂缝。在预制板安砌时，要求施工人员必须穿胶底鞋或软底鞋，严禁穿带钉鞋，不准在膜上卸放混凝土板及用带尖的钢钎作为撬动工具，以保护土工膜不被损坏。在基础稳定的渠段上，采用混凝土整体现浇。

灌区在各级渠道防渗衬砌工程实施过程中，积极采用新材料、新技术、新工艺，严把工程质量，技术水平不断提高，降低了输水损失，提高了灌溉效益，缩短了流程时间，提高了输水能力，实现年节水量约为 250 万 m³，效果较为显著。共计改善灌溉面积 8 万亩，扩灌面积 4 万多亩，取得了显著的综合效益，对提高灌区抗御自然灾害的能力、促进灌区农业结构的调整和农业增产、农民增收，保障农村经济的可持续发展起到了重要作用。同时这些新材料、新技术、新设备的应用，对提高防渗工程质量、加快施工进度，降低工程造价和提高工程效益起到了良好的作用，为今后的渠道防渗乃至灌区实现水利现代化奠定了坚实的基础。

小　结

本项目主要讲述了灌溉渠道系统工程的组成及其规划的一般原则、方法；渠道工程设计的基本知识，如灌溉流量推算及渠道纵横断面设计；渠道衬砌与防渗的材料选择及施工技术。旨在使学生了解渠道灌溉这种既传统又普遍的灌溉方式，掌握节水灌溉的基本方法和实现途径，为节水灌溉提供可靠方案。

思　考　题

1. 灌溉渠道系统工程包括哪些部分？进行工程规划时分别应注意哪些问题？
2. 如何进行灌溉渠道流量推算？
3. 渠道糙率系数 n 应如何选取？选值不当会造成什么影响？
4. 常用的防渗材料、止水材料有哪些？

项目八　地面灌溉节水技术

教学基本要求

单元一：明确地面灌溉的定义，了解地面灌溉节水技术的优缺点，掌握灌水技术分类。

单元二：掌握评价灌水质量的指标：用水效率 E_a、储水效率 E_s、灌水均匀度 F_d 计算方法。明确灌溉条件下土壤入渗规律，学会计算单宽畦长的总入渗水量。

单元三：明确传统地面灌溉技术畦灌、沟灌和淹灌的含义与分类，规格与灌水要素。掌握改进型地面灌溉节水技术：节水型畦灌技术、沟灌技术、地膜覆盖灌水技术、波涌灌溉技术。了解激光平地技术、地面灌水新技术。

能力培养目标

（1）能够掌握不同的地面灌溉节水技术规格和灌水技术，掌握地面灌水新技术。

（2）能正确地选用各种不同类型地面灌溉节水技术，为灌溉系统设计打下良好的基础。

项目的专业定位

地面灌溉是世界上应用最广泛、最主要的一种方法。地面灌溉与喷、微灌等压力灌溉系统等先进的灌水技术相比，具有投资少、运行费用低、使用管理简便等优点，而且研究显示，管理好地面灌溉系统可获得接近于压力灌溉系统的灌溉效率。研究地面灌溉理论，改进、完善、发展地面灌水技术，对减少农业水资源浪费，提高田间水利用率和灌水均匀度，减小灌水定额是一项投资小、操作简便、效果显著的农业节水增产措施，对提高灌水质量，扩大灌溉面积等方面都有直接的效益。

单元一　概　　述

地面灌溉早在 4000 年以前就已经开始应用，是目前世界上应用最广泛、最主要的一种方法。虽然近年来人们热衷于喷、微灌等压力灌溉系统的研究与推行，冷落了地面灌溉，但地面灌溉与这些先进的灌水技术相比，具有投资少、运行费用低、使用管理简便等优点，而且研究显示，管理好地面灌溉系统可获得接近于压力灌溉系统的灌溉效率。随着能源的紧缺，人们不得不重新重视耗能低的地面灌溉。据统计，全世界地面灌溉面积占总灌溉面积的 95% 以上，其中美国和苏联占 50% 以上。目前，我国所采用的灌水技术，由于受到资金、能源和喷、微灌设备条件的限制，不可能在短期内大量发展喷、微灌技术，灌溉面积的 97% 仍采用地面灌溉的方式，其中除水稻种植面积外，小麦、玉米、棉花、油料等主要旱作物种植面积中大多采用地面灌溉——畦灌或沟灌。但是地面灌溉一直存在着灌水均匀度差、用水量大、深层渗漏严重等缺点，浪费水的现象十分严重，不利于节约用水。调查结果显示，传统的灌溉方式使我国农业成了用水大户，其用水量占全国总用水量的 70% 以上，而水的有效利用率只有 30%～40%，仅为发达国家的 50% 左右，水的粮

食生产能力只有 $0.85kg/m^3$ 左右，远低于发达国家 $2kg/m^3$ 以上的水平。因此，研究地面灌溉理论，改进、完善、发展地面灌水技术，对减少农业水资源浪费，提高田间水利用率和灌水均匀度，减小灌水定额是一项投资小、操作简便、效果显著的农业节水增产措施，对提高灌水质量、扩大灌溉面积等方面都有直接的效益。沟、畦灌是通过水流在田面流动的过程中水分下渗到土壤中去，以供给作物吸收利用，其研究内容包括田面地表水流运动理论、土壤水分入渗规律及其灌溉系统优化模型的研究。

一、地面灌溉的定义

地面灌溉就是利用各种地面灌水方法将灌溉水通过田间渠沟或管道输入田间，水流在田面上呈持续薄水层或细小水流沿田面流动，主要借重力作用兼毛细管作用下渗湿润土壤的灌溉技术。又称重力灌溉或全面灌溉（灌水），如图 8-1 所示。

| (a) | (b) |

图 8-1 地面灌溉

地面灌溉是最古老的田间灌水技术，也是目前世界上特别是发展中国家广泛采用的一种灌水方法。由于我国水资源与能源短缺，广大农村地区经济势力不足，技术管理水平较低，大面积推广喷、微灌等先进灌水技术还受到很大的限制，因此在相当长的一段时间内，我国还仍须加大田间工程的建设力度，大力研究和推广节水型地面灌溉技术。我国现有 97% 以上的灌溉面积依然采用这类方法。

传统地面灌水方法能充分满足作物的需水要求；技术要求不高，容易掌握且管理简便；设备投资省，运行费用低；适用于质地较密实的土壤；在砂性土壤上会产生大量深层渗漏损失；容易发生超量灌溉，导致地下水位上升、土壤渍害和盐碱化，或沿田面发生跑水现象，造成水资源的浪费；对土地平整要求较高，地形复杂的地区平整土地的投资相对较大。因此，地面灌水方法比喷灌和滴灌更要注意改善和提高其灌水技术，以达到节水、省工、稳产、高产和低成本的目的。

目前，地面灌溉在灌水技术方面存在的主要问题是管理粗放，沟、畦规格不合理，田间水的浪费十分严重。据河南省调查，豫东平原井灌区的畦田，平均田间水利用率只有 0.7 左右，畦长小于 50m 的只占 9.1%，畦长超过 100m 的占 45%，平均为 100m，畦宽小于 4m 的只占 14%，畦宽大于 6m 的占 34%。西北不少地区则仍沿用大畦大水漫灌的旧习，水的浪费更为严重。

改进传统的沟、畦灌水技术，提高田间水利用率和灌水均匀度，减小灌水定额是一项投资小、操作简便、效果显著的农业节水增产措施。多年来这方面的工作主要是探求沟、畦灌水技术要素在不同土质、不同田面坡度条件下的合理组合，并在试验研究和生产性试验的基础上，提出了用于指导生产的灌水技术要素，推广了小畦灌溉、长畦短灌、细流沟灌、膜上灌溉、波涌灌溉等田间节水灌溉技术，取得了显著的节水增产效果。

二、地面灌溉节水技术的优缺点

地面灌溉节水技术是在传统的地面灌溉方法的基础上，经过改进而形成的比较先进的灌水技术，与传统的地面灌溉相比较，具有以下优点。

（1）节水。地面灌溉节水技术，通过改善灌水要素，田间灌溉用水量大大降低。以畦灌为例，大量试验资料表明，畦长越长，畦田水流的入渗时间越长，深层渗漏损失越大，因而灌水量也越大。所以，通过缩短畦长，就可以达到减小灌水量的目的。

（2）灌水质量高。据测试，畦灌的畦长在 30～50m 时，灌水均匀度可达 80％以上；畦长大于 100m 时，灌水均匀度则低于 80％。

（3）增产。由于地面灌溉节水技术比传统的地面灌溉灌水质量高，为作物生长创造了良好的条件，因此有利于作物生长，促进作物增产。据新疆有关单位试验，在同样条件下，棉花采用膜上灌技术比常规沟灌单产增产5.12％。

（4）改善作物生态环境。地面灌溉节水技术，改变了传统的耕作方式，改善了田间土壤水、肥、气、热等土壤肥力状况，可为作物生长创造良好的生态环境。

但是，地面灌溉节水技术与传统地面灌溉相比较，投资相对较高、技术较复杂等不足；与喷灌、滴灌等灌水方法相比较，虽然投资少、节约能源、管理运行费用低、操作简便，但是节水、增产、灌水质量等方面明显不如喷灌、滴灌等。

三、灌水技术分类

按照水输送到田间的方式和湿润土壤的方式来分类，常将灌水技术（又称灌水方法）分为全面灌溉与局部灌溉两大类。

（一）全面灌溉

灌溉时湿润整个农田根系活动层内的土壤，传统的常规灌水方法都属于这一类。比较适合于密植作物。主要有地面灌溉和喷灌两类。

1. 地面灌溉

水是从地表面进入田间并借重力和毛细管作用浸润土壤，所以也称为重力灌水法。这种方法是最古老的也是目前应用最广泛、最主要的一种灌水方法。按其湿润土壤方式的不同，又可分为畦灌、沟灌、淹灌、漫灌和波涌灌。

（1）畦灌。畦灌是用田埂将灌溉土地分隔成一系列小畦。灌水时，将水引入畦田后，在畦田上形成很薄的水层，沿畦长方向流动，在流动过程中主要借重力作用逐渐湿润土壤。适用于小麦、谷子等窄行密播作物以及牧草等的灌溉。

（2）沟灌。沟灌是在作物行间开挖灌水沟，水从输水沟进入灌水沟后，在流动的过程中主要借毛细管作用湿润土壤。和畦灌比较，其明显的优点是不会破坏作物根部附近的土壤结构，不导致田面板结，能减少土壤蒸发损失，多雨季节还可以起到排水作用。适用于宽行距的中耕作物。

（3）淹灌（又称格田灌溉）。淹灌是用田埂将灌溉土地划分成许多格田，灌水时，使格田内保持一定深度的水层，借重力作用湿润土壤，主要适用于水稻。

（4）漫灌。漫灌是在田间不做任何沟坝，灌水时任其在地面漫流，借重力渗入土壤，是一种比较粗放的灌水方法。灌水均匀性差，水量浪费较大。

（5）波涌灌。波涌灌又称涌泉灌溉或间歇灌溉，是通过置于作物根部附近的开口的小管向上涌出的小水流或小涌泉将水灌到土壤表面。它是把灌溉水断续地按一定周期向灌水沟（畦）供水，逐段湿润土壤，直到水流推进到灌水沟（畦）末端为止的一种节水型地面灌溉新技术。也就是说，波涌灌溉向灌水沟（畦）供水不是连续的，其灌溉水流也不是一次灌水就推进到灌水沟（畦）末端，而是灌溉水在第一次供水输入灌水沟（畦）达一定距离后，暂停供水，过一定时间后再继续供水，如此分几次间歇反复地向灌水沟（畦）供水的地面灌水技术。

涌灌灌水流量较大（但一般也不大于 220L/h），远远超过土壤的渗吸速度，因此通常需要在地表形成小水洼来控制水量的分布。适用于地形平坦的地区。其特点是工作压力很小，与低压管道输水的地面灌溉相近，出流孔口较大，不易堵塞。

2. 喷灌

喷灌是利用专门设备将有压水送到灌溉地段，并喷射到空中散成细小的水滴，像天然降雨一样进行灌溉。其突出优点是对地形的适应性强，机械化程度高，灌水均匀，灌溉水利用系数高，尤其是适合于透水性强的土壤，并可调节空气湿度和温度。但基建投资及运行费用较高，而且受风的影响大。适用于经济作物、蔬菜、果树等。

（二）局部灌溉

这类灌溉方法的特点是灌溉时只湿润作物周围的土壤，远离作物根部的行间或棵间的土壤仍保持干燥。为了要做到这一点，这类灌水方法都要通过一套塑料管道系统将水和作物所需要的养分直接输送到作物根部附近。并且准确地按作物的需要，将水和养分缓慢地加到作物根区范围内的土壤中去，使作物根区的土壤经常保持适宜作物生长的水分、通气和营养状况。一般灌溉流量都比全面灌溉小得多，因此又称为微量灌溉，简称微灌。这类灌水方法的主要优点是：灌水均匀，节约能量，灌水流量小；对土壤和地形的适应性强；能提高作物产量，增强耐盐能力；便于自动控制，明显节省劳力。比较适合于灌溉宽行作物、果树、葡萄、瓜类等。

（1）渗灌。渗灌是利用修筑在地下的专门设施（地下管道系统）将灌溉水引入田间耕作层借毛细管作用自下而上湿润土壤，所以又称为地下灌溉。近年来也有在地表下埋设塑料管，由专门的渗头向作物根区渗水。其优点是灌水质量好，蒸发损失少，少占耕地便于机耕，但地表湿润差，地下管道造价高，容易淤塞，检修困难。

（2）滴灌。滴灌是由地下灌溉发展而来的，是利用一套塑料管道系统将水直接输送到每棵作物根部，水由每个滴头直接滴在根部上的地表，然后渗入土壤并湿润作物根系最发达的区域。其突出优点是非常省水，自动化程度高，可以使土壤湿度始终保持在最优状态。但需要大量塑料管，投资较高，滴头极易堵塞。把滴灌毛管布置在地膜的下面，可基本上避免地面无效蒸发，称之为膜下灌，目前这种方法主要与地膜栽培结合起来进行。

（3）微喷灌。微喷灌又称为微型喷灌或微喷灌溉。是用很小的喷头（微喷头）将水喷洒在土壤表面。微喷头的工作压力与滴头差不多，但是它是在空中消散水流的能量。由于同时湿润的面积较大，这样流量可以大一些，喷洒的孔口也可以大一些，出流流速比滴头大得多，所以堵塞的可能性大大减小。它和滴灌一样，适用于果树、蔬菜和花卉的灌溉。

（4）膜灌。在地膜覆盖栽培技术的基础上，结合传统地面沟、畦灌所发展的新型节水灌水技术称为地膜覆盖灌水简称膜灌。在地面上覆膜，通过放苗孔、专用膜孔、膜缝等渗水、湿润土壤的局部灌溉技术。适宜在干旱半干旱地区透水性强的沙性土壤中应用。适宜作物有玉米、瓜菜、甜菜、小麦、高粱和葡萄等。

除以上所述外，局部灌溉还有多种形式，如拖管灌溉、雾灌等。

上述灌溉方法各有其优缺点，都有其一定的适用范围，在选择时主要应考虑到作物、地形、土壤和水源等条件。对于水源缺乏地区应优先采用滴灌、渗灌、微喷灌和喷灌；在地形坡度较陡而且地形复杂的地区及土壤透水性大的地区，应考虑采用喷灌；对于宽行作物可用沟灌；密植作物则应采用畦灌；果树和瓜类等可用滴灌；水稻主要用淹灌；在地形平坦、土壤透水性不大的地方，为了节约投资，可考虑用畦灌、沟灌或淹灌。各种灌水方法的适用条件见表8-1。

表8-1　　　　　　　　　　　　各种灌水方法适用条件简表

灌水方法		作物	地形	水源	土壤
地面灌溉	畦灌	密植作物（小麦、谷子、等），牧草，某些蔬菜	坡度均匀，坡度≤0.2%	水量充足	中等透水
	沟灌	宽行作物（棉花、玉米等）和某些蔬菜	坡度均匀，坡度0.2%～5%	水量充足	中等透水
	淹灌	水稻	平坦或局部平坦	水量丰富	透水性小（盐碱土）
	漫灌	牧草	较平坦	水量充足	中等透水
喷灌		经济作物、蔬菜、果树	各种坡度均可，尤其适用于复杂地形	水量较少	适用于各种透水性，尤其是透水性大的土壤
局部灌溉	渗灌	根系较深的作物	平坦	水量缺乏	透水性较小
	滴灌	果树、瓜类、宽行作物	较平坦	水量极其缺乏	适用于各种透水性
	微喷灌	果树、花卉、蔬菜	较平坦	水量缺乏	适用于各种透水性

单元二　灌水质量评价

一、地面灌溉田面水流推进与消退过程

地面灌溉是通过灌溉水在田面上的流动与向土壤中下渗同时完成的。灌溉水由田间渠沟或管道连续进入田块后，沿田面的纵方向推进，并形成一个明显的湿润锋，即水流准进的前锋。水流边向前推进，边向土壤中下渗，也即灌溉水流在继续向前推进的同时就伴随向土壤中的下渗。一般当湿润前锋到达田块尾端或到达田块某一距离，并已到达所要求的灌水量时即停止向田块放水。此时，田面水流将继续向田块尾端流动。田面水流深度不断下降，向土壤内下渗的水量逐渐增加，而且田块首端水层首先下降至零，地表面形成一落

千锋面，该锋面位置与时间的关系称为消退曲线，水流消退位置随田块水流和土壤入渗向下游移动，直至田块尾端或在出块某距离处与湿润锋相遇。当田面已完全无水时，田间水流全部渗入土壤转化为土壤水，灌水过程结束。地面灌溉水流推进与消退过程如图8-2所示。因此，地面灌溉水流推进、消退与下渗是一个随时间而变化的复杂过程。

地面灌溉水流运动特性通常可采用地面灌溉田间试验和理论分析两类方法确定。开展地面灌溉田间试验的目的，是针对一定的

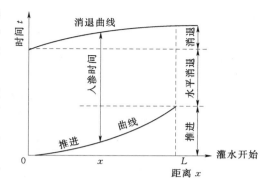

图8-2 地面灌溉水流推进与消退过程示意图

作物，根据当地条件，选择具有代表性的地块。采用小区或实际大田灌水对比试验的方法进行实地灌水，以探求作物省水、高产、低成本和高效益的地面畦、沟等地面灌水技术及其灌水技术要素最优组合。在进行地面灌水的过程中，应针对每个试验区，准确观测向田间开始供水的时间和引入流量；准确观测田面水流到达各测点距离的时间，即到达各水流推进长度处的推进时间以及相应的水流深度和水流由各测点消退的时间。同时，还应在放水前和灌水0.5d（对于砂土、砂壤土）后或灌水1d（对于壤土、黏土）后，对应于水流推进各个测点，从地面起至计划湿润土层深度。每10～20cm深度分层测定土壤含水量，以便绘制入渗水量分布图。此外，还应在灌水试验前，在灌水试验区内，选择典型位置进行土壤入渗试验。如图8-3所示，根据灌水试验观测资料，从水流进入田间首部开始，把对应于水流推进时间，t_1, t_2, t_3，…的水流推进距离x_1，x_2，x_3，…绘于图8-3中，就是水流推进曲线，再把田面停止供水后，相应于水流推进距离。x_1，x_2，x_3，…各点处的水流消退时间也绘于图8-3中，就得到水流消退曲线。任意距离x处的消退时间减去该点处的推进时间，就是这个测点的土壤入渗时间，从而可根据入渗公式确定该点处的土壤入渗水量。从图8-3、图8-4可以看出，若水流推进曲线与消退曲线平行，则说明沿田面纵向各点的灌水入渗时间相等，这表示该灌水方案灌水均匀度高，灌水质量好。如果将土壤入渗水量随时间的变化过程线（即累积入渗曲线）绘于图8-4的第三象限中，则可由虚线箭头方向得到地面上任意一点的入渗水量数值，并由入渗水量剖面可以确定其入渗水量分布的均匀度。

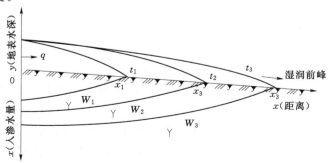

图8-3 地面灌溉水流推进过程

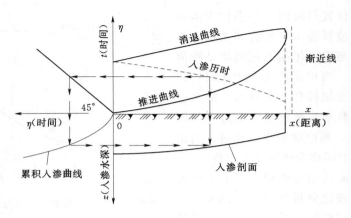

图 8-4 地面灌溉水流运动图解法

二、地面灌溉水流运动的数学模型

影响地面灌溉水流运动的因素很多，而且各因素间关系复杂。因此，要进行全面田间灌水试验，试验工作量很大，这就有必要采取理论分析方法，计算得出地面灌溉田面水流推进曲线和消退曲线及田面土壤的入渗量曲线，从而对灌水质量作出评价。

地面灌溉田面水流属于渗透底板上的明渠非恒定流。描述地面灌溉水流运动的数学模型主要有：①流体力学的完全水流动力学模型；②零惯性量模型；③运动波模型；④水量平衡模型。这四种模型都是结合地面水流运动的特性，以不同程度的假定和简化处理为基础，利用田间灌水试验资料达到验证模型的目的。

1. 水量平衡模型

水量平衡模型是人们最早提出的地面灌溉水流运动数学模型，早在 1931 年 Parber 等人对地面灌水方法开始研究以来，人们首先开始采用水量平衡模型对地面灌溉、水流运动进行研究。水量平衡模型首先由 Lewis 和 Milne 于 1938 年提出，该模型是在假定田面积水深度不变，且不计蒸发损失的情况下根据质量守恒原理，认为进入到灌水畦（沟）的总水量应等于地面积水量与土壤中蓄水量之和。即

$$Qt = \int_0^x h(s,t)\mathrm{d}s + \int_0^x Z(s,t)\mathrm{d}s \qquad (8-1)$$

式中　Q——灌水流量，$\mathrm{cm^3/h}$；

　　　t——放水时间，h；

　　　x——水流推进距离，m，$h(s,t)$；

$Z(s,t)$——地表水深和入渗水深的时空分布函数。

在已知应用流量 Q 和地表水深及入渗水深的时空分布函数的条件下，便可以求出不同时刻的水流推进距离 x。

在实际应用水量平衡模型时，先假定地面积水的平均深度不变，然后在考虑入渗函数的条件下，对模型进行数值求解或者利用拉普拉斯变换求解，才能得到水流的运动规律。1983 年 Essaifi 曾运用该模型分析了波涌沟灌的进水过程，该模型实际上是用田面平均积

水深度的假定代替了非恒定水流的动量方程，而未从水流运动的本质分析问题，所以此法较粗略，但由于其原理简单清晰、计算方便，很多情况下还能较合理地反映田间灌水状况。因而有时也应用此模型计算和调整地面灌水技术参数。

2. 完整水流动力学模型

完整水流动力学模型以质量守恒和动量守恒为原则，它反映了明渠非恒定流的圣—维南方程（Saint - Venat. Equatinn）。

$$\left.\begin{array}{l} \dfrac{\partial h}{\partial t} + \dfrac{\partial q}{\partial x} + i = 0 \\[2mm] \dfrac{1}{g}\dfrac{\partial v}{\partial t} + \dfrac{v}{g}\dfrac{\partial h}{\partial x} = s_0 - s_f + \dfrac{vi}{2gh} \\[2mm] i = \dfrac{\partial z}{\partial t} \end{array}\right\} \qquad (8-2)$$

式中　h——地表水深，m；

　　　　v——地表水流平均流速，m/s；

　　　　q——地表水流单宽流量，m/(s·m)；

　　　　x——田面水流推进距离，m；

　　　　i——土壤入渗率，mm/s；

　　　　s_f——水流运动阻力坡度；

　　　　s_0——田面纵坡；

　　　　g——重力加速度。

与水量平衡模型相比，该模具有三个特点：①理论比较完善，没有人为假定、简化处理及经验参数；②对于高阶精度数值计算，其稳定性好，且精度高；③物理概念明确，能模拟水流的推进和消退阶段。该模型解法较多，但计算过程较复杂。

3. 零惯量模型

零惯量模型基于圣—维南方程组动量方程中的惯性项和加速项，在大多数地面灌溉条件下可被忽略不计的假定，是对完整水动力学模型的一种简化。于 1977 年首先由 Strelkoff 和 Katapodes 提出。而后，其他研究者以田间实测数据为基础，对该模型进行了验证和改进。截至目前，所研究的各种灌溉条件下，零惯性模型模拟结果令人满意，与实测结果吻合较好，且接近完整水流动力学模型的结果。与完整水流动力学模型相比，该模型计算更为简便，占机容量小，计算费用低，结果也与精度较高的水流动力学模型相近，故零惯性模型是应用于模拟地面灌水过程中较多的模型。该模型的公式为

$$\left\{\begin{array}{l} \dfrac{\partial h}{\partial t} + \dfrac{\partial q}{\partial x} + i = 0 \\[2mm] \dfrac{\partial h}{\partial x} = s_0 - s_f \end{array}\right. \qquad (8-3)$$

式中符号意义同前。

4. 运动波模型

运动波模型是对零惯量模型的进一步简化。它的理论依据和假定是：在进行地面灌溉时，地表水深很小，$\dfrac{\partial h}{\partial x}$ 项可以忽略不计，可以简化为

$$\begin{cases} \dfrac{\partial h}{\partial t} + \dfrac{\partial q}{\partial x} + i = 0 \\ s_0 = s_f \end{cases} \tag{8-4}$$

式中符号意义同前。

该模型的计算结果与全水流动力学模型和零惯量模型的计算结果非常接近。它往往可用解析法求解，计算更加简单，它适用于弗劳德数比较小的情况。近年来，人们对该模型的研究并不局限于模拟地面灌水过程，Clemmens 等人研究发现，由于运动波模型忽略了地表水深与压力坡降，因此在停止放水时，用运动波模型模拟的退水时间会有一个很小的增量。因此，提出用零惯量模型来模拟停止供水处水流过程，其余地点的水流过程仍用运动波模型来模拟，这种方法为地面灌溉水流运动模拟提供了一种新的理念。

以上四种灌水过程模拟模型对于后人研究灌水过程，指导人们更加合理地进行地面灌溉提供了强有力的技术支撑。

三、灌水质量指标

我国评价灌水质量的指标一般有三个，分别为用水效率 E_a、储水效率 E_s、灌水均匀度 F_d。

1. 用水效率 E_a

这是指灌水后，储存于计划湿润层内的水量与实际灌入田间的水量的比值，即

$$E_a = \frac{W_s}{W_f} \times 100\% \tag{8-5}$$

式中　E_a——用水效率，100%；

W_s——灌水后储存于土壤计划湿润层中的水量，mm；

W_f——灌入田间的总水量，mm。

灌溉水有效利用率表征灌溉水有效利用程度，是评价灌水质量优劣的一个重要指标。对于旱作地面灌溉，根据 GB 5028—99《灌溉与排水工程设计规范》（以下简称《规范》）要求，灌溉水有效利用率 $E_a \geqslant 90\%$。

2. 储水效率（灌溉水储存率）E_s

这是指灌水后，储存于计划湿润层内的水量与灌溉前计划湿润层内所需要的总水量的比值，即

$$E_s = \frac{W_s}{W_n} \times 100\% \tag{8-6}$$

式中　E_s——储水效率，mm；

W_n——灌水前土壤计划湿润层中所需水量，mm。

灌溉水储存率表征灌水后，能满足计划湿润层所需水量的程度。对于地面灌溉，《规范》要求灌溉水储存率 $E_s \geqslant 85\%$。

3. 灌水均匀度 E_d

$$E_d = \left[1 - \frac{\sum\limits_{i=1}^{N} |Z_i - \sum|}{N \overline{Z}} \right] \times 100\% \tag{8-7}$$

其中
$$\overline{Z} = \frac{1}{N} \sum_{i=1}^{N} Z_i \tag{8-8}$$

式中　E_d——灌水均匀度，100%；

　　　Z_i、$\overline{Z}$——灌水后沿畦长方向各点土壤的入渗水不量及平均入渗水量，mm；

　　　N——计算时沿整个畦长方向的离散点数。

　　灌水均匀度表征灌水后，田面各点受水的均匀程度，以及计划湿润层内入渗水量分布的均匀程度，对于地面灌溉，《规范》要求灌水均匀度 $E_d \geqslant 85\%$。

　　以上三个灌水质量指标是评价灌水质量和进行理论分析的重要依据，在一定的灌水定额前提下，灌水质量指标是相互联系和制约的。目前，农田灌水技术都选用 E_a 和 E_d 两个指标作为设计标准，而实施田间灌水则必须采用三个

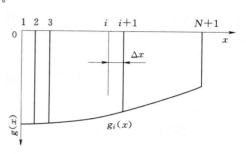

图 8-5　入渗水量计算示意图

指标共同评价其灌水质量的好坏，单独使用其中的任意一项都不能较全面和正确地判断田间灌水质量的优劣。

　　4. 单宽畦长总入渗水量 W_s

　　在实际计算中，可将沿畦长方向的入渗水量曲线离散成 N 段，如图 8-5 所示。设各离散点的入渗水量为 $g_i(x)$，则单宽畦长的总入渗水量为

$$W_s = \int_0^L g_i(x)\mathrm{d}x = \sum_{i=1}^{N} g_i(x)\Delta X + \frac{1}{2}\left[g_i(x) + g_{n+1}(x)\right] \tag{8-9}$$

则平均入渗水深：

$$\overline{Z} = \frac{1}{L}\int_0^L g_i x \mathrm{d}x = \frac{1}{L}\sum_{i=1}^{N} g_i x \Delta x + \frac{1}{2L}(g_i + g_{n+1} x) \tag{8-10}$$

$$\Delta \overline{Z} = \frac{1}{n}\sum_{i=1}^{N} |g_{ix} - \overline{Z}| \tag{8-11}$$

$$W_n = (\theta - \theta_0) r_0 h \tag{8-12}$$

式中　r_0——土壤干密度，g/cm³；

　　　h——计划湿润层深度，cm；

　　　θ——田间土壤持水率（以占土重的百分比计）；

　　　θ_0——灌前土壤含水率（以占土重的百分比计）；

　　　其他符号意义同前。

四、灌溉条件下土壤入渗规律

　　降雨和灌溉是补给农田水分的主要来源，水主要是靠重力作用渗入土壤的。因此研究土壤入渗的过程和速度，对合理选定灌水技术参数，实行定额灌水和计划用水具有重要意义。

灌溉水在入渗过程中，始终受到土水势的作用，促使水分向下运动，但在不同的时间表现出一定的阶段性。入渗阶段划分如下。

（1）初渗阶段。当开始下渗时，表土接受灌溉和降雨，由于土壤比较疏松干燥，孔隙率大，水力坡度大，因此下渗速度变慢，湿润锋前进速度快，湿润土层迅速增厚。

（2）稳渗阶段。随着入渗时间的增加，土壤湿润厚度增加，水力坡度减小，继续湿润的土壤比较密实，湿润锋前进速度变慢，当入渗进行到一定时间后，入渗速度趋近于常数。

单元三　地面灌溉技术

一、传统地面灌溉技术

根据灌溉水向田间输送的形式和湿润土壤的方式不同，地面灌溉可分为畦灌、沟灌和淹灌三类。

（一）畦灌

1. 畦灌的含义与分类

在田间筑田埂，将大田块分割成许多狭长小地块（畦田），水从毛渠放入畦中以薄层水流向前移动，边流边渗，润湿土层，这种灌水方法称为畦灌（图8-6）。

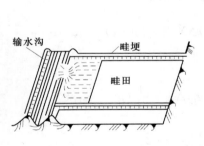

图8-6　畦田灌溉

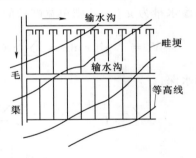

图8-7　顺畦

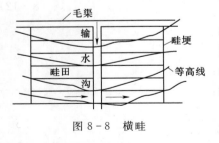

图8-8　横畦

畦田通常沿地面最大坡度方向布置，这种沿地面坡度布置的畦，称为顺畦（图8-7）。顺畦水流条件好。在地形平坦地区，沿等高线方向布置畦田，称为横畦（图8-8）。因水流条件较差，横畦畦田一般较短。

畦灌与大水漫灌相比较，具有渗漏少、灌水均匀一致、可促进作物苗齐苗壮、增产等优点；与沟灌相比较，畦灌因地面全部受水，故容易使表层土壤板结。

畦灌适宜于小麦、谷子和花生等窄行距、密植作物，在蔬菜、牧草和苗圃的灌溉中也常采用。

2. 畦田规格与畦田灌水要素

畦田规格受水源供水情况、土壤质地、地形坡度和土地平整等状况的影响。畦田灌水要素包括畦田长度、入畦单宽流量、灌水定额和灌水时间。

畦田长度取决于地面坡度、土壤透水性、入畦流量及土地平整程度。当土壤透水性强、地面坡度小、土地平整差、入畦流量小（井水）时，畦田长度宜短些；反之，畦田宜长些。畦田愈长，则灌水定额愈大，土地平整工作量愈大，灌水质量愈难以掌握。我国大部分渠灌区畦田长度在 30～100m，井灌区在 20～30m。

畦田宽度与地形、土壤和入畦流量大小有关，同时还要考虑机械耕作的要求。在土壤透水性好、地面坡度小、土地平整差时，畦田宽度宜小些；反之宜大些。畦田愈宽，灌水定额愈大，灌水质量愈难掌握。畦宽应按照当地农机具宽度的整数倍确定，一般为 2～3m，最大不超过 4m。

畦埂高度以不跑水为宜，一般为 10～15cm。畦埂做到不跑水，是畦灌管理中很重要的一项工作。田间毛渠深多为 15cm，顶宽 30cm 左右，一般采用半挖半填断面。

单宽流量是指每米畦宽入畦流量，常用单位为 L/(s·m)。入畦单宽流量的大小，取决于地面坡度及土壤透水性。地面坡度小，土壤透水性大，入畦单宽流量宜大些；反之，入畦单宽流量要小些。一般根据土壤质地确定入畦单宽流量，轻质土为 2～4L/(s·m)，重质土为 1～3L/(s·m)。

（二）沟灌

1. 沟灌的含义与分类

在作物种植行间开挖灌水沟，灌溉水由毛渠进入灌水沟后，在流动的过程中主要借土壤毛细管作用从沟底和沟壁向周围渗透而湿润土壤，同时在沟底也有重力作用浸润土壤，这种灌溉方法称为沟灌。由于灌水工程中仅沟底有水，不是田面全部受水，因此有利于保持土壤结构，不会导致田面土壤板结，还可减少土面蒸发损失。但是，沟灌需要开挖灌水沟，劳动强度较大。

沟灌有细流沟灌和蓄水沟灌两种。细流沟灌即沟中不留积水，水在沟中边流边渗，灌水时沟尾不需封闭；蓄水沟灌则要求沟深较大，灌水后沟尾封闭，沟中留有水层。细流沟灌适于地面坡度较大、土壤渗透性良好的地区；蓄水沟灌适于地形平缓、土壤渗透性差的地区。不同土质灌水沟浸润土壤状况如图 8-9 所示。

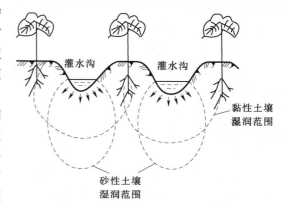

图 8-9 不同土质灌水沟浸润土壤状况

沟灌适于宽行距的中耕作物，如棉花、玉米和高粱等。

2. 灌水沟的规格

灌水沟的间距与不同土质灌水沟的湿润范围有关。一般轻质土壤的间距较窄，多设定为 50～60cm；重质土壤的间距较宽，达 75～80cm；中质土壤为 65～75cm。具体确定时需要结合作物的行距来考虑。

灌水沟的断面一般呈梯形或三角形，沟深基本介于8～25cm，上口宽20～40cm；适宜坡度为0.005～0.02；入沟流量通常为0.2～0.3L/s，沟内水深一般为沟深的1/3～2/3。

灌水沟的长度与土壤的透水性和地面坡度有直接关系。土壤透水性能较弱，地面坡度较大时，灌水沟长度宜长些；反之宜短些。不同土壤、灌水定额和地面坡度等条件下的灌水沟长度参见表8-2。

表8-2　　　　　　不同土壤、灌水定额和地面坡度等条件下的灌水沟长度　　　　单位：m

土壤				黏壤土			中壤土			轻壤土
灌水定额/（$m^3 \cdot hm^{-2}$）		375	450	525	375	450	525	375	450	525
地面坡度	0.001	30	35	45	20	25	35	20	25	30
	0.001～0.003	35	40	60	30	40	55	30	45	50
	0.004	50	65	80	45	60	70	45	50	60

（三）淹灌

淹灌，又称格田灌，是在田间用较高的土埂筑成一块块方格格田，引入较大流量迅速在格田内建立起一定厚度的水层，水主要借重力作用渗入土壤而湿润土壤的灌水方法。

淹灌主要适用于水稻、水生植物及盐碱地冲洗灌溉。旱作物严禁使用淹灌方法，以避免产生深层渗漏，损失浪费大量灌溉水。

二、改进型地面灌溉节水技术

近十多年来，我国广大灌区为杜绝大水漫灌、大畦漫灌，以节约灌溉水、提高灌水质量、降低灌水成本，推广应用了许多项改进型地面灌水技术，取得了明显的节水和增产效果。

（一）节水型畦灌技术

1. 小畦灌水技术

小畦灌水技术主要是指畦田"三改"灌水技术，也就是"长畦改短畦，宽畦改窄畦，大畦改小畦"，是我国北方井灌区行之有效的一种地面灌溉节水技术，河北、山东、河南等省的一些园田化标准较高的地方，正在逐步推广应用。其优点是灌水流程短，减少了沿畦长产生的深层渗漏，因此能节约灌水量，提高灌水均匀度和灌水效率，还能够减轻土壤冲刷和土壤板结，减少土壤养分流失。缺点是灌水单元缩小，整畦时费工。

小畦灌溉技术的关键指标是灌水定额、单宽流量、畦田地面坡度和畦长。地面坡度为1/400～1/1000时，单宽流量为0.12～0.27m^3/min，灌水定额为300～675m^3/hm^2；畦田宽度自流灌区一般为2～3m，机井提水灌区以1～2m为宜。畦田长度自流灌区以30～50m为宜，最长不超过80m，机井和高扬程提水灌区以30m左右为宜。畦埂高度一般为0.12～0.3m，底宽0.14m左右，地头埂和路边埂可适当加宽培厚。

2. 长畦分段短灌灌水技术

长畦分段短灌技术是将一条长畦分成若干个没有横向畦埂的短畦，采用毛渠或塑胶软管，将灌溉水输送入畦田，然后自下而上或自上而下依次逐段向短畦内灌水，直至全部短畦灌完为止的灌水技术（图8-10）。

长畦分段短灌，若用毛渠输水、灌水，第一次灌水时，应由长畦尾端短畦自下而上分段向各个短畦内灌水，第二次灌水时，应由长畦首端开始自上而下向各分段短畦内灌水；若用塑胶软管输水、灌水，每次灌水时均可将软管直接铺设在长畦田面上，软管尾端出口放置在长畦的最末一个短畦的上端放水口处开始灌水，该短畦灌水结束后脱掉一节软管，自下而上逐段向短畦内灌水，直至全部短畦灌水结束为止。

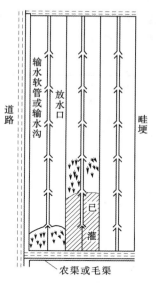

图 8-10 长畦分段短灌

应用长畦分段短灌法，畦田宽度可达 5~10m，畦田长度可达 200m 以上，一般在 100~400m，但其单宽流量并不增大。这种灌水技术的主要技术要求是确定适宜的入畦灌水流量，侧向分段开口的间距（即短畦长度与间距）和分段改水时间。可以依据水量平衡原理和畦灌水流运动方程计算确定，但公式较烦琐，一般可根据试验确定，也可参照表 8-3 试验资料。

根据水量平衡原理和畦灌水流运动基本规律，在满足计划灌水定额和十成改水的条件下，分段开口间距的基本计算公式如下。

对于有坡畦灌：

$$L_0 = \frac{40q}{1+\beta_0}\left(\frac{1.5m}{K_0}\right)^{\frac{1}{1-\alpha}} \tag{8-13}$$

对于水平畦灌：

$$L_0 = \frac{40q}{m}\left(\frac{1.5m}{K_0}\right)^{\frac{1}{1-\alpha}} \tag{8-14}$$

式中　　L_0——分段进水口间距；

q——入畦单宽流量，L/(s·m)；

m——灌水定额，m³/亩；

K_0——第一个单位时间内的土壤平均入渗速度，mm/min；

α——入渗递减系数；

β_0——地面水流消退历时与水流推进历时的比值。

实践证明，长畦分段短灌技术是一种良好的节水型灌水方法，它具有以下优点：①节水。长畦分段灌溉技术，可以实现灌水定额在 450m³/hm² 左右的低定额灌水，灌水均匀度大于 85%，与畦田长度相同的常规畦灌法相比较，可省水 40%~60%，田间灌水有效利用率可提高 1 倍左右或更多。②省工。灌溉设施占地少，可以省去一至二级田间毛渠。③适应性强。与常规畦灌法相比，可以灵活适应地面坡度、糙率和种植作物的变化，可以采用较小的单宽流量，减少土壤冲刷。④投资少，节约能源，管理费用低，技术操作简单，易于推广。⑤田间无横向畦埂或渠沟，方便机耕和采用其他先进的耕作方法，更有利于作物增产。

3. 宽浅式畦沟结合灌水技术

宽浅式畦沟结合灌水技术是群众创造的一种适应间作套种或立体栽培作物即"二密一稀"种植，灌水畦与灌水沟相结合的低成本地面灌溉节水技术。这种灌水方法的技术特点是，畦田和灌水沟相间交替更换。它的畦田宽度为40cm，可以种植两行小麦，就是"二密"，行距10~20cm，如图8-11（a）所示。

表8-3 长畦分段短灌灌水技术要素参考表

规格	输水沟或灌水软管流量/(L·s⁻¹)	灌水定额/(m³·亩⁻¹)	畦长/m	畦宽/m	单宽流量/[L·(s·m)⁻¹]	单畦灌水时间/min	长畦面积/亩	分段长度/m ×段数
1	15	40	200	3	5.00	40.0	0.9	50×4
				4	3.76	53.3	1.2	40×5
				5	3.00	66.7	1.5	35×6
2	17	40	200	3	5.76	35.0	0.9	65×3
				4	4.26	47.0	1.2	50×4
				5	3.40	58.8	1.5	40×5
3	20	40	200	3	3.67	30.0	0.9	65×3
				4	5.00	40.0	1.2	50×4
				5	4.00	50.0	1.5	40×5
4	23	40	200	3	7.67	26.1	0.9	70×3
				4	5.76	34.8	1.2	65×3
				5	4.60	43.5	1.5	50×4

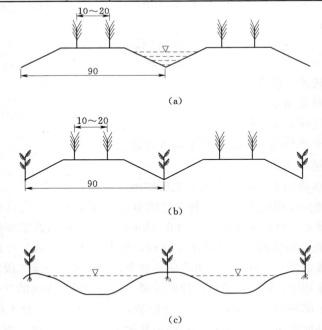

（a）

（b）

（c）

图8-11 宽浅式畦沟灌结合灌溉示意图

小麦播种于畦田后，可以采用常规畦灌法或长畦分段灌水法灌溉。到小麦乳熟期，在每隔两行小麦之间挖掘浅沟，套种一行玉米，就是"一稀"，行距90cm，如图8-11（b）

所示。

在此期间，如遇干旱，土壤水分不足，或遇有干热风时，可利用浅沟灌水，灌水后借浅沟湿润土壤，为玉米播种和发芽出苗提供良好的土壤水分条件。小麦收获后，玉米已近拔节期，可在小麦收割后的空白畦田处开挖灌水沟，并结合玉米中耕培土，把从畦田田面上挖出的土壤覆在玉米根部，就形成了灌水沟沟埂，而原来的畦田田面则成为灌水沟沟底，其灌水沟的间距正好是玉米的行距，灌水沟的上口宽则为 50cm，如图 8－11（c）所示。

这种做法既可使玉米根部牢固，防止倒伏，又能多蓄水分，增强耐旱能力。宽浅式畦沟结合灌水方法，最适宜于在遭遇干旱天气时，采用"未割先浇技术"，以一水促两种作物。就是在小麦即将收割之前，先在小麦行间浅沟内，玉米播种前进行一次小定额灌水，这次灌水不仅对小麦籽粒饱满和提早成熟有促进作用，而且也提高了玉米播种出苗、幼苗期的土壤含水量，对玉米出苗、壮苗都有促进作用。

宽浅式畦沟结合灌水技术的主要优点有：①节水。灌水量小，一般灌水定额 525m³/hm² 左右，而且玉米全生育期灌水次数比传统地面灌溉可以减少 1～2 次，耐旱时间较长。②有利于保持土壤结构。灌溉水流入浅沟后，由浅沟沟壁向畦田土壤侧渗湿润土壤，因此对土壤结构破坏小。③增产。该项灌水方法可以促使玉米适当早播，解决小麦、玉米两料作物"争水、争时、争劳"的尖锐矛盾和随后的秋夏两料作物"迟种迟收"的恶性循环问题，并使施肥集中，养分利用充分，有利于两料作物获得稳产、高产。

宽浅式畦沟结合灌水技术是我国北方广大旱作物灌区值得推广的节水灌溉新技术。但是，它也存在田间沟多畦多、沟畦轮番交替、劳动强度较大、费工较多等缺点。

（二）节水型沟灌技术

1. 加长垄沟灌水技术

由于沟灌主要是借毛细管力湿润土壤，土壤入渗时间较长。故对于地面坡度较大或透水性较弱的地块，为了增加土壤入渗时间，常有意增加灌水垄沟长度，使垄沟内水流延长，形成多种多样的灌溉垄沟形式，如直形沟、方形沟、锁链沟、八字沟等。各种加长垄沟形式如图 8－12 所示。

2. 细流沟灌技术

细流沟灌是用软管或从输水沟上开一个小口，在灌水沟内用细小流量通过毛细管作用浸润土壤的灌水方法。灌水过程中，水深为沟深的 1/5～2/5，水边流边下渗，直到全部灌溉水量均渗入土壤计划湿润层内为止，一般放水停止后在沟内不会形成积水，对于土壤透水性差的土壤，可以允许在沟尾稍有蓄水。

细流沟灌入沟流量控制在 0.2～0.4L/s 为宜，大于 0.5L/s 时沟内将产生冲刷，湿润均匀度差。中、轻壤土，地面坡度在 1/100～2/100 时，沟长一般控制在 60～120m。灌水沟在灌水前开挖，以免损伤禾苗，沟断面宜小，一般沟底底宽为 12～13cm，深度在 8～10cm，间距 60cm。

细流沟灌的优点：①由于沟内水浅，流动缓慢，主要借毛细管作用浸润土壤，水流受重力作用湿润土壤的范围小，所以对保持土壤结构有利。②减少地面蒸发量，比灌水沟存储器蓄水的封闭沟蒸发损失量减少 2/3～3/4。③湿润土壤均匀，而且深度大，保墒时

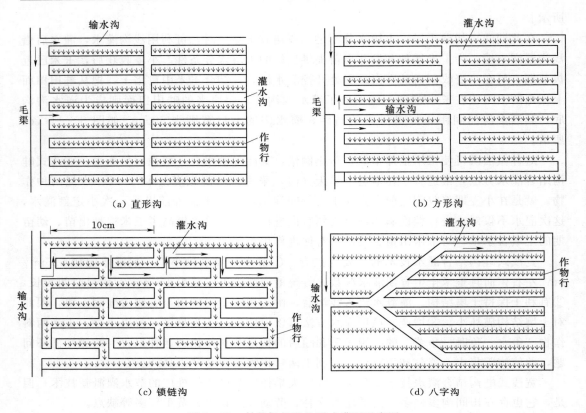

图 8-12 各种加长垄沟形式灌溉示意图

间长。

3. 沟垄灌灌水技术

沟垄灌灌水技术是在播种前根据作物行距，先在田块上按两行作物形成一个沟垄，在垄上种植两行作物，则垄间就形成灌水沟，留作灌水使用。灌溉水湿润作物根系区土壤的方式主要是靠灌水沟内的旁侧土壤毛细管作用渗透湿润。

沟垄灌灌水一般多适用于棉花、马铃薯等作物或宽窄行距相间种植的作物。灌水沟垄部位的土壤疏松，土壤通气状况好，土壤保持水分的时间久，有利于抗御干旱；当灌水沟垄部位土壤水分过多时，还可以通过沟侧土壤向外排水，从而不致使土壤和作物发生渍涝危害。因此是一种既可以抗旱又能防渍涝的节水沟灌方法，但修筑沟垄比较费工，沟垄部位蒸发面大，容易跑墒。

4. 沟畦灌灌水技术

沟畦灌灌水技术是类似于畦灌中宽浅式畦沟结合的灌水方法，大多用于灌溉玉米等作物。它是以三行作物作为一个单元，把每三行作物中的中行作物行间部位的土壤向两侧的作物根部培土以形成土垄，而中行作物只对单株作物根部周围培土，行间就形成浅沟，留作灌水时使用。

5. 播种沟灌水技术

播种沟沟灌主要适用于沟播作物播种缺墒时灌水。当在作物播种期遭遇干旱时，为了促使种子发芽，保证苗齐、苗壮，可采用播种沟沟灌。它是依据作物计划的行距要求，犁第一犁沟时随即播种下籽，犁第二沟时作为灌水沟，并将第二犁翻起来的土覆盖住第一犁沟内播种下的种子，同时立即向该沟内灌水，种子所需要的水分靠灌水沟内的水通过旁侧渗透浸润土壤；之后以此类推，直至全部地块播种结束为止。

6. 沟浸灌田字形沟灌水技术

沟浸灌田字形沟灌水技术是水稻田在水稻收割后种植旱作物的一种灌水方法。由于采用有水层长期淹灌的稻田，其耕作层下通常都形成有透水性较弱的密实土壤层（犁底层），这对旱作物生长期间的排水是很不利的。据经验和试验资料，采用沟浸灌田字形沟灌水技术可以同时起到旱灌、涝排的双重作用，小麦沟浸灌比格田淹灌可以节水 31.2%，增产5.0%左右。

7. 隔沟灌技术

采用隔沟灌灌水，不是向所有灌水沟都灌水，而是每隔一条灌水沟灌水或是在作物某个时期只对某些灌水沟实施灌水，而在另一个时期则对其相邻的灌水沟灌水。这种方法主要适用于作物需水少的生长阶段或地下水位较高的地区以及宽窄行作物，通常宽行间的灌水沟实施灌水，而窄行间的沟则不进行灌水。

8. 果园节水型沟灌技术

沟灌是果园地面灌溉中较为合理的一种灌水方法，它是在整个果园的果树行间开灌水沟，由输水沟或输水管道供水灌溉。灌水沟的间距视土壤类型及其透水性而定，一般易透水的轻质土壤沟距为 60～70cm，中壤土和轻壤土沟距为 80～90cm，黏重土壤沟距为100～120cm。一般密植果园在每一果树行间开一条灌水沟即可。一般灌水沟深 20～25cm，近树干的灌水沟深 12～15cm，灌溉结束后可将灌水沟填平。灌水沟的单沟流量通常为 0.5～1.0L/s。沟的比降应不致使灌水沟遭受冲刷，在坡度较陡的地区，灌水沟可接近平行于等高线布置。灌水沟的长度，在土层厚、土质均匀的果园，可达 130～150m；若土层浅，土质不均匀，沟长不宜大于 90m。

灌水沟除在果树行间开挖封闭式纵向深沟外，也可由纵沟分出许多封闭式的横向短沟，以布满树根所分布的面积上。

沟灌的主要优点是：湿润土壤均匀，灌溉水量损失小，可以减少土壤板结和对土壤结构的破坏，土壤通气良好，并方便机械化耕作。

（三）地膜覆盖灌水技术

地膜覆盖灌水技术，是在地膜覆盖栽培技术的基础上，结合传统地面沟、畦灌所发展的新型节水灌水技术。在地面上覆膜，通过放苗孔、专用膜孔、膜缝等渗水、湿润土壤的局部灌溉技术。适宜在干旱半干旱地区透水性强的沙性土壤中应用。适宜作物：玉米、瓜菜、甜菜、小麦、高粱和葡萄等。地膜覆盖灌水技术包括膜侧、膜上和膜下灌溉三类灌水方法，各类地膜覆盖灌水方法都有其特征和适用范围。

1. 膜上灌灌水技术

膜上灌也称膜孔灌溉，是在畦（沟）中铺膜，使灌溉水在膜上流动，通过作物放苗孔或专用灌水孔渗入到作物根部的土壤中。它是畦灌、沟灌和局部灌水方法的综合。

（1）开沟扶埂膜上灌。开沟扶埂膜上灌是膜上灌最早的应用形式之一，如图 8-13 所示。它是在铺好地膜的农田上，在膜床两侧用开沟器开沟，并在膜侧推出小土埂，以避免水流流到地膜以外。一般畦长 80～120m，入膜流量 0.6～1.0L/s，埂高 10～15cm，沟深35～45cm。这种方法因膜床土埂低矮，膜床上的水流容易穿透土埂或漫过土埂进入灌水沟内，既浪费灌溉水量又影响农机作业。

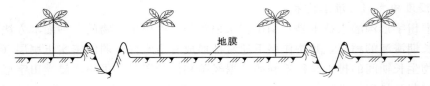

图 8-13 开沟扶埂膜上灌

（2）打埂膜上灌。打埂膜上灌应用较多，主要用于棉花和小麦。它是将原来使用的铺膜机前的平土板改装成打埂器，刮出地表 5～8cm 厚的土层，在畦田侧向构筑成高 20～30cm 的畦埂，如图 8-14 所示。

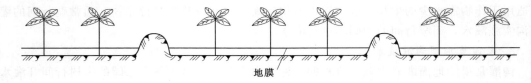

图 8-14 打埂膜上灌

这种膜上灌技术，畦面低于原田面，灌溉时水不易外溢和穿透畦埂，故入膜流量可加大到 5L/s 以上。一般畦田宽 0.9～3.5m，膜宽 0.7～1.8m，根据作物栽培的需要，铺膜形式可分为单膜或双膜。对于双膜的膜畦灌溉，其中间或膜两边各有 10cm 宽的渗水带，要求田面平整程度较高，以增加横向和纵向的灌水均匀度。

此外，还有一种浅沟膜上灌，它是在麦田套种棉花并铺膜的一种膜上灌形式。这种膜上灌技术在确定地膜宽度时，要根据麦棉套种所采用的种植方式和行距大小确定，同时还应加上两边膜侧各留出的 5cm 宽度，以作为用土压膜之用。

（3）膜孔灌溉。膜孔灌溉也称膜孔渗灌，它是指灌溉水流在膜上流动，通过膜孔（作物放苗孔或专用灌水孔）渗入到作物根部土壤中的灌水方法。

膜孔灌溉分为膜孔沟灌和膜孔畦灌两种。膜孔畦灌无膜缝和膜侧旁渗，地膜两侧必须翘起 5cm 高，并嵌入土埂中，如图 8-15 所示。

图 8-15 膜孔畦灌

膜畦宽度根据地膜和种植作物的要求确定，双行种植一般采用宽 70～90cm 的地膜，三行或四行种植一般采用 180cm 宽的地膜。作物需水完全依靠放苗孔和增加的渗水孔供给，入膜流量为 1～3L/s。该灌水方法增加了灌水均匀度，节水效果好。膜孔畦灌一般适合棉花、玉米和高粱等条播作物。

膜孔沟灌是将地膜铺在沟底，作物禾苗种植在垄上，水流通过沟中地膜上的专门灌水孔渗入到土壤中，在通过毛细管作用浸润作物根系附近的土壤，如图 8-16 所示。

图 8-16　膜孔沟灌

膜孔沟灌特别适用于甜瓜、西瓜、辣椒等易受水土传染病害威胁的作物。果树、葡萄和葫芦等作物可以种植在沟坡上。灌水沟规格依作物而异，蔬菜一般沟深 30～40cm，沟距 80～120cm、入沟流量以 1～1.5L/s 为宜；西瓜和甜瓜的沟深为 40～50cm，沟距 350～400cm。专用灌水孔可根据土质不同打弹孔或双排孔，对轻质土地膜打双排孔，重质土地膜打单排孔；对轻壤土、壤土孔径以 5mm 孔距为 20cm 的单排孔为宜。

（4）膜缝灌。

1）膜缝沟灌。膜缝沟灌是将地膜铺在沟坡上，沟底两膜相会处留有 2～4cm 的窄缝，通过放苗孔和膜缝向作物供水，如图 8-17 所示。膜缝沟灌的沟长为 50m 左右。这种方法减少了垄背杂草和土壤水分的蒸发，多用于蔬菜，其节水、增产效果都很好。

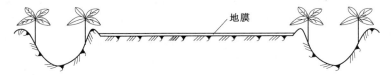

图 8-17　膜缝沟灌

2）膜缝畦灌。膜缝畦灌是在畦田田面上铺两幅地膜，畦田宽度为稍大于 2 倍的地膜宽度，两幅地膜间留有 2～4cm 的窄缝。水流在膜上流动，通过膜缝和放苗孔向作物供水。入膜流量为 3～5L/s；畦长以 30～50m 为宜，要求土地平整。

3）细流膜缝灌。细流膜缝灌是在普通地膜种植下，利用第一次灌水前追肥的机会，用机械将作物行间地膜轻轻划破，形成一条膜缝，并通过机械再将膜缝压成一条 U 形小沟。灌水时将水放入 U 形小沟内，水在沟中流动同时渗入到土中，浸润作物，达到灌溉目的。它类似于膜缝沟灌，但入沟流量很小，一般流量控制在 0.5L/s 为宜，所以它又类似细流沟灌。细流膜缝沟灌适用于 1‰以上的大坡度地块。

（5）温室波涌膜孔灌溉。温室波涌膜孔灌溉系统是由蓄水池、倒虹吸控制装置、多孔分水软管和膜孔沟灌组成的半自动化温室灌溉系统。其原理是灌溉小水流由进水口流到蓄水池中，当蓄水池的水面超过倒虹吸管时，倒虹吸管自动将蓄水池的水流输送到多孔出流配水管中，水流在通过多孔出流软管均匀流到温室膜孔沟灌的每条灌水沟中。该系统不仅可以进行间歇灌溉，而且还可以结合施肥和用温水灌溉，以提高地温和减小温室的空气湿度，并提高作物产量和防治病害的发生。该系统主要用于温室条播作物和花卉的灌溉，还可以用于基质无土栽培的营养灌溉上。

（6）格田膜上灌。格田膜上灌是将土地平整成大小在 0.2～1.3hm² 的格田，格田埂呈三角形，埂高 15～20cm，格田内要平整得特别水平，然后铺膜灌溉。它适用于稻田膜上灌。

膜上灌灌水技术的特点是：①节水效果明显。由于灌溉水是通过膜孔或膜缝渗入作物根系区土壤内的，所以它的湿润范围仅局限根系区域，其他部位仍处于原土壤水分状态；而且灌溉水在膜上流动，水流推进速度快，从而减少了深层渗漏，薄膜还完全阻止了作物植株之间的土壤蒸发损失，增强了土壤的保墒作用。与传统的地面灌溉相比较，一般可节水 30%～50%，最高可达 70%，节水效果显著。②灌水均匀度高。膜上灌不仅可以提高沿沟（畦）长度方向的灌水均匀度和湿润土壤的均匀度，同时也可以提高沟（畦）横断面上的灌水均匀度和湿润土壤的均匀度。这是因为膜上灌可以通过增开或封堵灌水孔来消除沟（畦）首尾或其他部位处进水量的大小，以调整和控制灌水孔数目对灌水均匀度的影响。③改善作物生态环境，增产效益显著。由于灌溉水是在地膜上流动或存储，通过放苗孔和灌水孔向土壤内渗水，因此不会冲刷膜下土壤表面造成土壤肥料的流失，又可以保持土壤疏松，不致使土壤产生板结。同时，地膜覆盖栽培技术与膜上灌灌水技术相结合，改善了田间土壤水、肥、气、热等作物生态环境，从而促使作物出苗率高，根系发育健壮，生长发育良好，增产增收。

2. 膜侧灌溉

膜侧灌溉又叫膜侧沟灌。在灌水沟垄背部位铺膜，灌溉水流在膜侧的灌水沟中流动，并通过膜侧入渗到作物根区的土壤内。技术要素与传统的沟灌法相同，适合于垄背窄膜覆盖，一般膜宽 0.7～0.9m。主要应用于条播作物和蔬菜。能够增加垄背部位种植作物根系的土壤温度和湿度，但灌水均匀度和田间水有效利用率与传统沟灌基本相同，没有多大改进，并且裸沟土壤水分蒸发损失量较大。

3. 膜下灌溉

膜下灌溉可以分为膜下沟灌和膜下滴灌两种。

（1）膜下沟灌，是将地膜覆盖在灌水沟上，灌溉水流在膜下的灌水沟中流动，以减少土壤水分蒸发。其入沟流量、灌水技术要素、田间水利用率和灌水均匀度与传统的沟灌相同。膜下沟灌主要应用于干旱地区的条播作物上，保护地中采用该法灌溉可以减小空气湿度，减少和防止病害的发生。

（2）膜下滴灌，是在土壤表面覆膜，滴灌带设置在膜下的灌水方法。这种灌水方式特别适用于干旱缺水地区。在新疆已得到大面积应用。

（四）波涌灌溉技术

波涌灌溉又称涌流灌溉或间歇灌溉，如图 8-18 所示。它是把灌溉水断续地按一定周期向灌水沟（畦）供水，逐段湿润土壤，直到水流推进到灌水沟（畦）末端为止的一种节水型地面灌溉新技术。也就是说，波涌灌溉向灌水沟（畦）供水不是连续的，其灌溉水流也不是一次灌水就推进到灌水沟（畦）末端，而是灌溉水在第一次供水输入灌水沟（畦）达一定距离后，暂停供水，过一定时间后再继续供水，如此分几次间歇反复地向灌水沟（畦）供水的地面灌水技术。

波涌灌溉具有灌水均匀、灌水质量高、田面水流推进速度快、省水、节能和保肥等优点，另外还具有容易实行小定额灌溉和自动控制等特点，特别适宜在我国旱作物灌区农田地面灌溉推广应用。但是波涌灌需要较高的管理水平，如操作者技术不熟练，可能会产生问题。

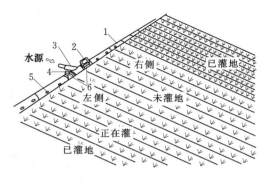

图 8-18　波涌灌溉示意图
1—带阀孔管；2—太阳能板与控制器；3—三通阀体；
4—左阀门减速箱；5—带阀孔口；6—左、右阀门

试验及示范推广表明：波涌灌较传统连续灌的灌水效果和节水效果与土壤质地、田面耕作状况、灌前土壤结构及灌水次数有关，一般波涌灌较同条件下的连续灌节水 10%～25%，水流推进速度为连续灌的 1.2～1.6 倍，灌水质量指标 E_a、E_s、E_d 分别提高 10%～25%、15%～25%、10%～20%。

波涌灌的一个供水和停水过程构成一个灌水周期，周期放水时间（t_{on}）与停水时间（t_{off}），之和为周期时间（t_c），而放水时间与周期时间之比为循环率（r），循环率应以在停水期间田面水流消退完毕并形成致密层，以降低土壤入渗能力和便于灌水管理为原则进行确定，循环率过小，间歇时间过长，田面可能发生龟裂而使入渗率增大；循环率过大，间歇时间过短，田面不能形成减渗层，波涌灌溉的优点难以发挥。循环率一般取 1/2 或 1/3。完成波涌灌全过程所需的放水和停水时间过程的次数为周期数（n），当畦长大于 200m 时，周期数以 3～4 个为宜；畦长小于 200m 时周期数以 2～3 个为宜。波涌灌技术要素包括循环率（r）、周期放水时间（t_{on}）、灌水流量 Q 和周期数 n。

目前，波涌灌溉的田间灌水方式主要有以下三种。

1. 定时段—变流程方式

定时段—变流程方式也称时间灌水方式。这种田间灌水方式是在灌水的全过程中，每个灌水周期（一个供水时间和一个停水时间）的放水流量和放水时间一定，而每个灌水周期的水流推进长度则不相同。这种方式对灌水沟（畦）长度小于 400m 的情况很有效，需要的自动控制装置比较简单，操作方便，而且在灌水过程中也很容易控制。因此，目前在实际灌溉中，波涌灌溉多采用此种方式。

2. 定流程—变时段方式

定流程—变时段方式也称距离灌水方式。这种田间灌水方式是每个灌水周期的水流新推进的长度和放水流量相同，而每个灌水周期的放水时间不相等。一般这种灌水方式比定时段—变流程方式的灌水效果要好，尤其是对灌水沟（畦）长度大于 400m 的情况，灌水效果更佳。但是，这种灌水方式不容易控制，劳动强度大，灌水设备也相对比较复杂。

3. 定流程—变流量方式

定流程—变流量方式也称增量灌水方式。这种灌水方式是以调整控制灌水流量来达到较高灌水质量的一种方式。这种方式是在第一个灌水周期内增大流量，使水流快速推进到灌水沟（畦）总长度的 3/4 的位置处停止供水，然后在随后的几个灌水周期中，再按定时段—变流程方式或定流程—变时段方式或定流程—变时段方式，以较小的流量来满足计划

灌水定额的要求。这种灌水方式主要适用于土壤透水性较强的地块。

三、激光控制土地平整技术

土地平整程度是农业生产最基础的条件之一，对农作物产量、成本及水资源的充分利用，具有很大影响，是影响农业发展的重要因素。

美国犹他州立大学首先研究和利用激光控制土地平格技术，为提高灌溉效率。犹他州在水管理中把激光控制平地技术作为重要措施。激光控制平地技术是目前世界上最先进的土地平整技术。它利用旋转的激光束取代常规机械平地中人眼目视作为控制基准，通过液压系统操纵铲运机具，挖高填底，实现高精度农田土地平整。

该激光控制土地平整设备的出现，是标志地面灌溉系统中最重要的进展之一。该系统有四种基本部件：激光发射器、激光感应器、电子和液压控制系统、拖拉机和土地平整机具。

激光发射装置包括一个电池驱功的激光发生器，该发生器以相对较高的速度在垂直于农田地面的轴上旋转。因此，这种旋转的激光可有效地在农田上方生成一个激光面。该面便可用作平整作业的参照面。而不像在常规土地平整技术中用在不连续网络点上的高程测量值。可安装具有各种自动调整机制的激光发生器，这样使能以任何期望的经纬坡度上调整激光面，这种激光参照面在土地平整作业中极具优点，因它不受运土的影响，也不需要田间测量来确定高低位置和操作人员判断挖方和填方的数量。限定了激光束和地面间的距离，以使与该距离的偏差变为挖方和填方。用激光系统时，几乎不需要常规方法中的大量工程的计算。平整的费用常以单位设备用时的费用商定。激光发射器一般位于田块上或附近的一个三脚架或塔式建筑物上，其高度往往是使激光束在高于田块上任何障碍物及平整设备本身的高度上旋转。光束瞄准并被安装在土地平整设备桅杆上的光感应器接收。感应器实际上是垂直安装的一系列检测器，这样随着平地机械向上或向下行走。光束被中心检测器上面或下面的检测器测到。这种信息传递到控制器启动液压系统升高或降低机具，直到光束又飞到中心检检测器。按照这种方式，桅杆上的感应器便不断地用激光束上的平面得到校正，并用激光束指示行走中的机械。值得注意的是，激光感应使系统的灵敏度至少比肉眼判断和拖拉机上的操作人员手动液压系统精确 $10\sim50$ 倍。因此，土地平整作业也较准确。操作人员的熟练程度对平地的重要性大大降低，这就使农民和其他人员都能使用土地平整机械。

电子液压控制系统一般有两种运行状态。第一种状态即观测状态，在操作人员驾驶机械在农田以网格状形式移动时，桅杆本身按照农田起伏而上下运动。拖拉机中的检测器产生高程数据。操作人员根据这些数据便可确定出农田平均高程和坡度。即本系统起配套测量系统的作用，在本状态时，平地机具上的刀被固定在一定位置，只有感应器桅杆移动；在第二种状态时，与机具刀相对桅杆位置固定，而面具刀依土地地形升高或降低。光束面位于农田中心点上的适当距离上，坡度取期望坡度。通过调整与该面和中心点对应的桅杆感器的高度，简单地驾驶拖拉机在农田行走便可完成挖土和填土。但是，在许多情况下，挖土深度会超过拖拉机功率所能挖的深度，操作人员必须停用自动控制，以便机器不停地工作。

平地系统的第四个部件是拖拉机—平地机具组合。这一设备一般为标准农用拖拉机和土地平整器。原液压和控制系统经改装，在装有激光发射器和感应器装置的电子控制系统下能够运行。应认真选用拖拉机，以防功率不足及其液压系统不足以在激光指使的高频繁运动和调整下工作。平地机具简单的可以是人型平地机，可切削并推运其前面的土，也可以是复杂机具，可运载土。前者主要用于平整工作量小的作业，修平和重复平整。后者对于挖土量较大的初次平整和在挖土量比畦田或垄沟田大的水平格田的整地中通常较好。

对一般土地平整，尤其是激光土地平整，对精确农田平整的重要性可能一直估计不足。高精度改善了灌水均匀度和效率，因而提高了水和土地生产力。在大面积农田，已证明生产力的提高可补偿和超过平整土地费用的经济负担。但是，设备昂贵，超出了除大型农场以外所有农民的购买能力。

"九五"期间，中国水利水电科学研究院水利研究所承担了国家科技攻关项目"水平畦田灌水技术应用研究"。通过对激光控制平地技术和常规机械平地技术的应用进行评价，提出了适合国情的土地平整新技术和组合平地技术模式。在田间实验基础上，研究了土地平整精度对畦田灌溉效果和作物产量的影响，确定了相应的水平畦田灌溉系统的工程模式，并在北京市昌平区项目试验区得到应用。冬小麦田间试验显示：激光控制平地技术的应用，使田间灌水效率由 50% 提高到 80%，冬小麦生长期节水 30%，增产达 30%，水分生产率由 $1.1\mathrm{kg/m^3}$ 提高到 $1.7\mathrm{kg/m^3}$。

为了推动激光控制平地技术在我国的应用，国家节水灌溉北京工程技术研究中心研制开发了系列化国产铲运机具，与进口激光控制部件配套使用。以高精度土地平整为基础，配合高效节水地面灌溉新技术，可显著改变传统地面灌溉田间灌水效率低下、灌溉管理粗放等现状。激光控制平地技术的推广应用将会推动我国节水型地面灌溉技术的应用。

对我国这样的发展中国家能否适用激光引导土地平整技术还有待分析和研究。激光平地技术适用于大面积土地平整，对于这种设备如何被我国个体农户小面积利用，仍有待探讨。

小　　结

本项目介绍了地面灌溉的定义及其节水技术的优缺点，并对灌水技术进行分类，阐述灌水质量评价方法。重点介绍了传统地面灌溉技术及改进的地面灌溉技术。

思　考　题

1. 什么是地面灌溉？
2. 传统地面灌溉技术有哪些？各自的定义分别是什么？
3. 什么是波涌灌溉？

项目九　节水灌溉自动化技术

教学基本要求

单元一：了解自动量水技术的基本原理及其在灌区管理中的应用。理解自动量水的分类。掌握渠道量水设施的分类，掌握应用较广泛的明渠流量计的技术特性和应用范围。明确 IC 卡灌溉管理系统的系统组成、特点及 IC 卡收费系统在井灌区的应用现状。

单元二：理解实行节水灌溉自动化控制的意义。了解节水灌溉常用的自动控制模式及基本原理。明确灌区常用的自动监测技术。

能力培养目标

（1）能根据具体情况选择常见的明渠流量计类型。

（2）能根据具体情况进行自动控制模式及自动监测系统的选择。

学习重点与难点

重点：渠道量水设施的分类，IC 卡灌溉管理系统的系统组成、特点及 IC 卡收费系统在井灌区的应用。灌溉工程自动控制技术的应用。

难点：根据具体情况选择自动控制模式及自动监测系统。

项目的专业定位

随着节水农业技术研究的不断深入和微电子技术、计算机技术、通信技术和自动控制技术的飞速发展，将计算机等高新技术与传统农业节水技术相结合成为现代高效节水农业技术的发展趋势，节水灌溉技术日益走向智能化、精准化、可控化，以满足现代农业对灌溉系统管理的灵活、准确和快捷的要求。只有通过信息化系统设施的建设，提高信息采集、传输的时效性和自动化水平，才能为实行水资源优化配置提供手段，为防汛抗旱决策提供依据，为灌区更好地服务经济社会发展创造条件。

单元一　节水灌溉自动量水技术

量水是灌溉管理的重要内容之一。用明渠测流、超声波测流、电磁测流等量水技术，对灌溉用水量进行优化配水和计量、收费，增强农民节水概念，提高灌区用水效率。自动量水分为两类：第一类是对传统量水设施安装自动化仪表，实现水量的自动计算；第二类是集成化的自动量水设备。本章将对与自动量水有关的技术进行介绍。

一、渠道量水设施

渠道量水设施按量水建筑物的结构形式与水流特点，一般可分为量水堰、量水槽、量水计和闸涵量水四大类。

1. 量水堰

量水堰有薄壁堰、平顶堰、复合断面堰。薄壁堰又有矩形、三角形（30°，60°，90°）、梯形、凹口矩形和复合型等。薄壁堰具有结构简单、量水精度高、流量计算简单等优点，仅能用于清水。薄壁堰水流如图9-1、图9-2所示。平顶堰又称量水槛，其上游进口有直角形、斜坡形和圆弧形。复合断面堰又有三角剖面堰和平坦V形堰，这种堰型能适应大小流量的变化，对小流量有较高的量测精度。

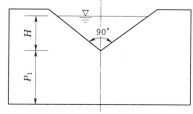

图9-1 90°三角形薄壁堰

2. 量水槽

量水槽是一种由明渠收缩段构成的量水设备。收缩段的作用是使水流通过量水槽时形成临界流，并具有不受下游水流条件影响的单一水位流量关系。收缩段既可以通过束窄横向宽度实现，又可以用束窄渠道宽度和抬高槽底板高度相结合的方式形成。量水槽根据渠道形式，通用的有用于梯形或矩形渠道的巴歇尔量水槽、无喉段量水槽，用于U形渠道的抛物线量水槽、长喉道量水槽、直壁式量水槽等。巴歇尔量水

图9-2 矩形薄壁堰

槽是田间渠道中应用较广泛的一种量水设备。它量水精度高、壅水低、观测方便，但结构复杂、造价较高。一般用混凝土、石料或木板等材料制成。巴歇尔量水槽由短直喉道、上游收缩段和下游扩散段组成。巴歇尔量水槽结构形式如图9-3、图9-4所示。

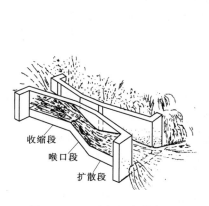
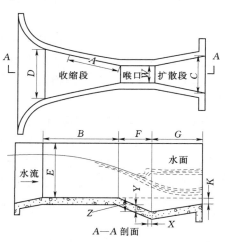

图9-3 巴歇尔量水槽水流　　　图9-4 巴歇尔量水槽结构图

3. 量水计

量水计主要有量水喷嘴、套管、分流计和配水装置等。具体介绍详见《灌区配套建筑物设计手册》及有关水力学文献。

4. 闸涵量水

这类量水设施主要是利用修建在渠道上的闸门、涵洞等渠系建筑物量水，具有经济、简便的优点，缺点是需进行流量率定，测流精度不高。具体介绍见《水力计算手册》及有关水力学文献。

二、水槽配套自动化仪表

根据量水槽的量水原理，研制与之配用的二次仪表，可以实现水位、流量及累积水量的计算，如图9－5所示。现介绍几种应用较广泛的明渠流量计。

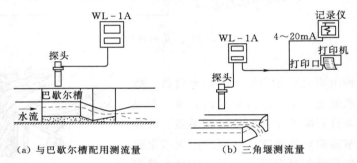

（a）与巴歇尔槽配用测流量　　　（b）三角堰测流量

图9－5　二次仪表与巴歇尔量水槽或三角堰配用自动量水系统

（一）HBML－Ⅲ型明渠流量计

HBML－Ⅲ型明渠流量计与各种标准量水堰槽配用，可以连续监测明渠中水的流量，累计水量，也可作非接触式液位计使用。该仪器采用超声波穿过空气，以完全非接触的方式测量明渠堰槽内的水位高度，再由微处理机自动算出对应的流量值。测流量时，液晶显示瞬时流量及累计流量；测液位时则显示液位及上下限报警指示。

该仪器适用于具有自流排水条件的河道、灌溉渠道、工厂城市污水排水沟及非满管管道流量的测量。

与国内其他明渠流量计相比，HBML－Ⅲ型流量计的主要特点是：①与液体非接触方式测量，尤其适用于腐蚀性液体；②交直流两用供电方式，适用于野外操作或作便携机使用；③具有较高的测量精度及工作稳定性；④选用防爆探头，可在防爆场合使用；⑤具有自动打印功能。

（二）WL－1A超声波明渠流量计

WL－1A型超声波明渠流量计与上述量水堰槽配用，对明渠流量实现连续自动检测，充分利用当今电子技术的最新成就，通过微处理机智能控制，可分别或同时与污水记录仪、打印机、水质采样器、计量泵及自动加药流水线装置连接，从而自动、安全、准确地测量、记录污水排放情况。也可与灌溉渠上的量水槽配用，实现流量或水量的自动化计量。

产品主要技术指标如下：流量量程：$10^{-4}\sim10\text{m}^3/\text{s}$；流量精度：$2\%\sim5\%$（与配用

量水堰槽类型有关）；测距精度：0.2%；交直流两用，环境温度在−20～70℃可将数据打印输出。

（三）DYML 型超声波明渠流量计

DYML 型超声波明渠流量计是用于实时明渠流量监测的一种计量仪器。产品分为 DYML-Ⅰ型超声波明渠流量计和 DYML-Ⅱ型超声波明渠流量计两种。

1. DYML-Ⅰ型超声波明渠流量计

（1）技术特点。除了可以用键盘在现场完成参数设置和查询功能外，还可用上位机在远程进行参数设置、参数查询和历史数据查询；128×64 的图形点阵液晶显示屏，可以同时显示多项内容，具有丰富的提示，用户界面更友好、方便；采用了方便、适用的超声波液位探头的补偿方法，从测量源提高超声波明渠流量计的测量精度。

（2）技术指标。流量测量范围：0.0001～10m³/s（与配用量水堰槽类型有关）；超声波测距范围：0.4～2m；探头盲区：0.4m；测距误差：0.2%；测位分辨率：<1mm；数据掉电保护时间：10 年；仪表精度：3%；累积测量范围：0～99999999（满 8 位后自动回零重计）；环境温度：−20～70℃；供电电源：AC220（1＋10%）V，（50±1）Hz。

（3）应用范围。不同水质的监测及明渠流量测量。

2. DYML-Ⅱ型超声波明渠流量计

（1）技术特点。稳定性更高；图形点阵液晶显示，中文界面，操作更方便；双 CPU 设计，探头可以独立安装使用；历史数据存储可达 2.5 年；支持网络传输，具有远程参数查询、历史数据查询和远程参数配置功能；上位机打印功能。

（2）应用范围。城市生活污水、工业废水排放；灌溉渠道；河流；给水排水。

三、IC 卡灌溉管理系统

IC 卡灌溉管理系统是将计算机、IC 卡自动控制技术应用于农业灌溉的系统。其工作原理是：利用 IC 卡，对每个用水户进行建档管理，配合计算机进行控制。具体做法是：每个用户一块 IC 卡，IC 卡写有用户的名字和密码，用户预缴水费写入卡中，在管理机上插卡开机提水，系统自动计时计费，从卡中扣除所需费用。若卡中水费用尽或卡取出或关机，则自动停机，无法提水灌溉。

（一）系统组成

系统硬件由中心控制系统和多台安装在泵房的分机组成。中心控制系统是指发卡机或内置读卡器的计算机（通常称为发卡计算机）。分机是指智能卡机井灌溉管理机。管理软件系统由系统维护、卡片管理、分机管理、综合统计、安全加密、辅助系统等子系统构成。系统可以完成对数十台、数百台智能卡灌溉管理机的综合管理。为适应农村计算机尚未普及的情况，设置配套了专用发卡机。

（二）系统特点

1. 管理功能强大

（1）计量功能。给某一灌溉用户供水，先将该用户的 IC 卡插入管理机，按下"开"键，自动启动柜控制水泵开机上水，同时，管理机自动计时，并按设定的流量计算实用水量。灌溉完毕，按下"关"键，管理机自动停止运行，从而中断供水。

（2）收费功能。管理机在计算水量的基础上，按定额计算出水费，并从预缴水费中扣除本次使用的费用，并显示卡中余额。

作为一个用水户，须申报用水计划，可分时分段申报。管水单位根据用水户的申报，预收水费，并写入 IC 卡，由灌溉管理机进行控制；水费接近用完发出警报，用水户再缴费，再写入，方可继续用水。水费的写入、读取可随时在管水单位控制中心进行。利用 IC 卡可实现季节性水价和超指标用水加价等目标。

（3）打印功能。系统可以对发卡数量、收入金额等进行统计并打印成报表。

（4）统计功能。系统对用水情况进行详细统计，不但可以加强用水管理，还为科学用水提供依据。

2．控制灵活

IC 卡可进行远距离联网控制，也可对不能联网的小范围应用系统提供单独服务。由于系统内部划分了子系统，能适应现在农村中的一个区域（如乡镇、自然村）划分为若干小区域的情况。

3．适应性强，使用寿命长

系统中的机井智能卡管理机配合相应的附属设备可以控制各种功率的机井，而且根据农村电网的实际情况做到宽电压设计，在 320～420V 交流电下仍可稳定工作。

系统均采用可靠性高的元器件，适应北方恶劣气候，分机适应温度为 253～313K，湿度为 20%～95% 的极端环境，具有防潮、防水、防尘的功能。该机内置非法卡保护电路，可以防止各种不同的卡片（如铁片、塑料片等）插入造成危害。智能卡及各分机（管理机）均符合 ISO7816 标准，可长久重复使用，设计使用寿命超过 10 万次。

4．系统安全性高

该系统使用的智能卡采用先进的系统加密技术，使用安全。运行过程中，自动启动柜能够配合机器，实现水泵的自动控制，并对水泵的缺相、欠压、过压、过流以及其他不正常运行随时检测，确保水泵安全运行。

（三）运行状况及效益分析

1．运行状况

某试验区安装了 16 台灌溉管理机，经过一年多的试验运行，取得了良好的效果。实践证明将计算机技术、智能卡技术和单片机的自动控制应用到灌溉中，提高了灌溉的自动化水平，有利于节水农业的发展。该系统的应用，也有利于农村灌溉方面的财务公开。

2．效益分析

（1）经济效益。实验区每眼机井安装智能卡灌溉管理系统投资为 1000 元，每眼机井控制灌溉面积 3.3～6.7hm²，与未安装该系统的灌区相比，1hm² 耕地年均节水 75m³、节电 30kW·h，每眼机井每年节水折合费用和增收的灌溉费用达上千元，当年就可将成本收回。

（2）社会效益。采用 IC 卡灌溉管理系统，具有预先收费、收费标准公开、减费过程动态可见、不需专人值守等特点，对减少水资源浪费、计量失真、收费经常发生纠纷等突出问题，对提高群众自觉节水意识具有重要的意义。

（四）IC 卡收费系统在井灌区的应用

节水灌溉尤其是井灌类型区节水灌溉是节水农业的重点。井灌区农民灌溉用水基本是福利水（一些地区对农业用地下水灌溉未收水资源费），在"集体投资水利，农民灌溉受益"的同时，出现了灌溉中跑水、漏水、浪费水严重等不良现象。在机井灌溉管理上采用IC卡收费系统，可用现代科技手段堵住用水浪费的漏洞，节水效果显著。

1. 系统简介

IC卡收费系统的实质就是利用IC卡作为用水信息传输媒介用来控制机井灌溉取水量的一种监控设施，由电脑管理中心、IC卡、机泵电路控制器三部分组成，以单位时间泵的出水量和机泵耗电量为主核定水价。

（1）电脑管理中心。电脑管理中心由电脑、监视器、键盘、打印输出组成。电脑装有写卡器和专用软件，并在电脑中建立要控制的井号、单位时间水价目、个人账号、单井账号。电脑通过IC卡访问控制器，实现价格控制、数据统计、机泵启闭。操作员可以在电脑上随时获取用水户的姓名、缴费卡号、缴费次数、缴费日期、每次缴费额、累计缴费额及各控制器的情况等，并打印成文字报表。

（2）IC卡。IC卡分为单价卡、统计卡和收费卡。每台机泵（或1条线路）写1张IC单价卡和IC统计卡，由管理人员掌管，在确定某机泵单位时间抽水价格和统计某机泵的开机时间及收费情况时使用。用水户每户购买1张收费卡，用于缴水费及开机灌溉。此卡可重复缴费使用，通用于该IC卡收费系统内的控制器。

（3）机泵电路控制器。控制器与机泵电路的接触器连接。控制器接到不同的IC卡有不同的响应。接到IC单价卡，控制器首先识别是否是自己的卡，如果不是，则拒绝接受指令；如果是，则根据IC单价卡指令，记忆并执行新的单位时间收费价格，同时覆盖上一次的收费价格。接到IC统计卡，控制器先识别卡，如果是自己的卡，则显示累计开机时间及收费额，同时写卡，否则不执行指令。接到IC收费卡，控制器先识别，若是无效卡（如卡损坏、非灌溉卡、卡上无资金），控制器不工作，并显示有关信息；若是有效卡，则接通电路接触器，机泵电路接通，开始正常工作，同时IC收费卡中的金额随时间不断减少，直到金额耗尽或抽出IC收费卡，接触器断开，机泵停止工作。

控制器有一定的显示功能。机泵正常启动后，控制器显示屏每隔1min依次显示卡号、时间、耗用金额、卡中余款。当接显示键时，上述内容重新显示一次。如操作有误或卡有问题时，可显示错误信息提示。

2. 使用情况

从实际的运行情况看，使用IC卡收费系统比较明显的成效有四个方面。一是节水节电。使用IC卡收费系统后，农民的灌溉节水意识提高了，跑水、漏水、浪费水的现象大大减少。二是杜绝了人情水、投机水，任何人无IC卡或卡中资金不足均无法开泵灌溉。三是拖欠水费变成了预缴水费。四是管理人员的负担减轻了，开泵灌溉管理人员可以不在现场守候，免去了收费劳作。

单元二　节水灌溉自动化技术

利用自动化监测仪器仪表，对灌区渠道水位、流量、含沙量、土壤墒情等技术参数，进行实时采集和处理，按照预先编制好的软件选择最优方案，用有线或无线传输方式，控制水泵运行台数或闸门开启度，配合田间节水技术，实现对作物的科学灌溉，提高灌溉用水利用效率。

一、实现节水灌溉自动化的目的

当前我国包括灌溉水和降水在内的农田利用率很低，单方水生产粮食的能力约为 0.84kg。而以色列已达到 2.32kg，一些发达国家大体都在 2kg 以上，差距很大。为了提高灌溉水的利用率，使单方水生产粮食的能力得到提高，保证 21 世纪中国的粮食安全，要实现这一目标，只有发展先进的灌溉系统，使灌溉过程达到自动控制才有可能。因此，在 21 世纪的节水灌溉中，实现灌溉系统的自动化，对节水用水、提高灌溉的利用效率对国家的粮食安全将起到极为重要的作用，具有重要的现实意义。

实现灌溉自动控制的目的可以总结为以下几方面。

1. 提高灌溉系统的管理水平

当前，各方面都已充分认识到，管理水平低是制约节水灌溉技术发展的重要环节。许多新的灌水技术，如喷灌技术、滴灌技术、微灌技术、渗灌技术、波涌灌溉技术、隔沟交替灌溉技术、水平畦灌技术等由于没有良好的技术管理措施，其灌溉节水效益不能得到充分发挥或根本无法大面积推广。应用比较多的喷灌技术和滴、微灌技术，除了个别节水灌溉示范基地配备了自动控制装置外，大部分灌溉过程仍然仅凭生产人员的经验操作，作物需水的科学规律和生产人员的实践经验得不到有效结合。自动化灌溉系统将会很好地按照作物的需水规律，结合气象数据和生产实践的经验，为作物适时适量灌水，以达到作物获得高产的最经济用水。

2. 提高灌溉系统的综合调度能力

灌溉系统的自动化不但包括田间灌水技术的自动化，也包括渠（管）道输配水系统的自动化。每一条支渠（支管）控制的灌溉面积不同，农田的种植种类也不相同，水源条件也有差异（如蓄水灌区、引水灌区、提水灌区、井灌区等）。在用水过程中，必须有一个合理调度、优化配水的问题。传统的人工开启闸门配水的方式不能及时地调整各渠（管）道的用水，采用自动控制技术以后，输配水过程既可以按照预定的方案进行分配水，又可以根据实际的运行情况及时高速调配用水计划，做到按需配水，减少浪费。

在田间灌水过程中，传统的方法大多由人为控制放进田间的流量和时间，喷灌或者滴灌系统，放水时间也是人为控制的。因此，进入田间的水量不是多于计划灌水量就是少于计划灌水量。采用自动控制灌溉以后，灌水流量、灌水时间完全可以根据作物的需要、土壤条件、生育阶段等指标合理计算，准确控制，减少了由于控制方法和计划结果无法有效落实而带来的水量浪费。

3. 使节水措施得到有效实施

灌溉工程自动化，可使先进的灌水技术管理理论和措施得到有效配合，使一些先进的管理工程措施在控制灌溉的过程中得到落实，可使强制性节水措施在控制灌溉过程中得到实施，进而达到提高用水效率和节约用水的目的。

我国农田灌溉用水的效率很低，全国综合灌溉水的利用系数不到 0.5，与发展国家相比，节水潜力很大。除了工程措施提高用水率外，先进的灌水技术配合先进的管理技术是节约农田灌溉用水、提高灌溉效益的重要方面。

二、节水灌溉常用的自动控制模式

在生产机器或设备中，常常要使其中某些物理量（如恒温箱的温度，发电机的输出电压或电动机的转速）保持恒定或者按照某一规律变化。要满足这种需要，应对生产机械和设备进行及时控制，以消除外界对它的影响。这种控制，除了由人操作外，也可以由其他设备代替人进行控制，即自动化。用来完成这种控制的设备称为控制器，被控制的机械和设备称为被控对象。被控对象和控制器一起，称为自动控制系统。自动进行操作或控制的过程称为自动化。

自动控制器通过操作而使被控变量回复至要求值。操作的方式称为控制模式。常见的控制模式有两点控制、三点控制、比例控制、积分控制、微分控制。各种控制模式常常组合使用以完成要求的控制操作。所有的自动控制器都将依据上述的一种或多种控制模式进行操作。现对各种控制模式进行简单讨论。

1. 两点控制

两点控制通过操作调节器使其处于两个极端位置之一，而对相应于设定值的偏离作出响应，但对任何中间位置则不进行控制。因为这两点处于完全断开或完全闭合状态，所以这种控制也称为开关控制。

两点控制器的示意图如图 9-6 所示。这是描述保持容器内恒定水位过程的例子。根据需要，不断地从容器中抽水，当容器中水位低于某个要求值或设定值时，供水阀门完全开启向容器充水；当容器中水位达到要求水位时，阀门完全关闭。在进行两点控制操作时，为了不发生过多的循环，必须设定一个静滞值。两点控制或开关控制适用于泵站、管道配水系统、污水泵及电磁阀的操作。

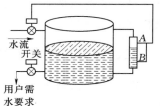

图 9-6　两点控制
A—关闭阀门；B—开启阀门

2. 三点控制

三点控制也称浮点控制或设定控制。对于一个有上下波动的渠道的水面的控制过程，选取一定宽度的静带以及选取适当的校正操作速度，可以减小或消除波动。系统反应严重滞后，或者供求变化太快将使水位波动情况恶化。而对于系统反应没有明显的滞后，并且通过平缓地改变运行状态即可满足供求变化的系统，应用三点控制模式较为合适。在需水计划较为复杂的渠系中，三点控制模式的应用受到限制。

3. 比例控制

比例控制利用控制变量的值与控制对象的位置间的某一线性关系对其设定值的偏差（误差）作出响应。对控制变量的某个值，比例控制器将被控对象移到某一特定位置。偏离设定点的量代表误差，该误差代表输出值的大小。控制过程的输入与输出可以建立某种关系从而进行耦合。

例如，在渠道控制中，比例控制模式可根据实测水位与设定值（目标值）之间的偏差（误差）的大小和某一比例系数对节制闸进行操作。调节器所进行的最终控制操作是根据误差大小按正比操作控制对象。

4. 积分控制

积分控制根据某一时段内的累积误差对相对于设定值的偏差（误差）作出响应。积分控制情况下，操作量的大小取决于校正操作的累积值，并依赖于误差的大小及历时。积分控制一般不单独使用，而与比例控制模式联合使用，称为比例积分控制模式。

在比例积分控制模式情况下，积分控制可以消除比例控制产生的调整偏差。误差一旦产生，该控制模式自动地逐渐进行调整，使输入变量值回复至设定值，消除调整误差。积分控制模式与比例控制模式联合应用，其目的就是消除比例控制模式单独使用时的调整误差。

5. 微分控制

微分控制响应误差的大小和方向随时间的变化率而变化，当误差变化率为零时，微分控制无效。而实际误差为零时，微分控制模式也可能进行控制操作。微分控制模式不单独使用，而是与其他控制模式联合使用。微分控制模式通常用于时间延迟较大的过程控制系统，渠道或管道输水系统具有这一特点。由于微分控制确定控制参数非常复杂，微分控制的应用还需要进一步研究。

在节水灌溉控制模式中，控制模式的选择取决于节水灌溉的操作特性及要求的操作目标，最好的选择是能满足要求的最简单的控制模式，通常根据操作方法选择适用于节水灌溉控制的控制模式。

三、灌区自动监测技术

灌区自动监测系统数据采集与自动化监测可分为农业气象、灌区水文、土壤墒情等几个方面。

1. 农业气象数据采集与自动化监测

气象部门的气象监测往往不能满足灌区系统管理区对农业气象数据的需要，因此在这些管理区通常都设有农业气象站。可移动式小型气象观测系统，可以将温度计、湿度计、风向—风速仪、雨量计、土壤温度计等各种测量仪表装置在一个组合架上，并将所收到的信息定时自动送入配套的仪器箱内，存入磁带机，然后通过接口传送到工作室，与计算机室连接，进行数据处理，构成一个田间小气候数据采集—传输—处理系统。

2. 水文数据采集与自动化监测

灌区水文数据监测方法和设备基本上与水文部门的监测方法和设备相同，主要包括水位、流速、流量、含沙量的监测。其中水位监测是较简单也是最普遍的，其次为流速自动化监测。泥沙监测主要用于北方多泥沙河流，而流量监测多半是间接进行的，通过水位或流速监测数据可以计算出相应的流量值。

3. 渠系水位流量自动监测系统简介

水位流量自动监测系统可随时向灌区配水中心提供可靠的渠系水位、流量参数，可选择价格较低，性能可靠且能满足测量精度要求的单片机、单板机、PC机及工业控制机等作为基础，配置适当的接口电路、传感元件、控制电路和控制机构，即可构成渠系水位、流量的自动监测系统。若配置通信接口，可通过有线的或无线的方式向灌区配水中心的高位微机定时传输测试数据，以便形成更大的渠系水情监控系统。

4. 土壤墒情数据采集与自动化监测

土壤墒情是最重要和最常用的土壤信息，它是科学地控制、调节土壤水分状况，进行节水灌溉，实现科学用水的基础。因此在各种农业水土工程管理区、农业试验区、农业气象部门、灌溉管理和旱情监测部门，通常都要设立土壤墒情监测点。

土壤墒情通常用土壤湿度（土壤含水量）或土壤水张力（负压）表示。因此土壤墒情的监测是通过监测土壤湿度或土壤负压方法进行的。测量土壤湿度和负压的方法很多，可以大致归纳为张力计法（负压计法）、各种电测法、各种放射性法、化学法和热法等。

土壤墒情自动监测系统由土壤湿度（或负压）监测器（传感器）、信号转换器、信号传输电路、微机系统等构成。其中电路系统可采用单板机系统或单片机系统。以袖珍机为主体构成土壤湿度自动监测系统如图9-7所示。

图9-7 土壤湿度自动监测系统示意图

5. 地下水数据采集与自动化监测

地下水位、水质的监测是合理利用地下水资源的依据。我国很多灌区都已建立了地下水观测网，进行定期观测，从而掌握地下水变化规律。地下水位监测可利用浮子式水位传感器或其他水位传感器。

地下水水质的监测，主要是含盐量的监测，因此多采用电导测量法。水中含盐量不同，电导性能不同。通过测定导电性即可确定水中的含盐量。常用测试设备为电导仪。

由于温度对电导率影响较大，因此，在进行地下水水质监测时，必须考虑温度对电导率的影响。在监测系统中应同时设置温度检测装置，以便通过计算机对测定值进行修正处理。

地下水观测可借助观测井进行。合理布设观测井，使之形成一个观测井网。测定井网中各井点水位，可以计算出网区地下水的流向和流速。

当井点较多或较分散时，可考虑自动化监测。地下水自动化监测系统如图9-8所示。

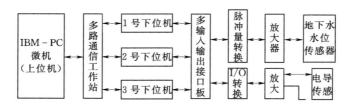

图9-8 地下水自动化监测系统

6. 渠系及建筑物数据采集与自动化监测

渠系及建筑物所要采集和检测的数据主要有水位、流速、闸门开启高度、含沙量等。渠道流量可由水位、流量计算而得。在进行闸门自动化控制时还需要设置专门用于监测和控制闸门开启高度的设备。渠道含沙量的监测，目前还主要采用手工方法。

小　结

本项目对灌区现代化管理中量水技术、IC卡灌溉管理系统、灌区自动控制技术的应用进行了详细的介绍。介绍了节水灌溉自动量水的分类，介绍了渠道量水设施的分类，工程较广泛应用的明渠流量计的技术特性和应用范围。讲解了IC卡灌溉管理系统的系统组成、特点，介绍了IC卡收费系统在某试验区的运行状况及效益分析。阐述了我国实行节水灌溉自动化的意义。介绍了节水灌溉常用的自动控制模式及基本原理，对灌区常用的自动监测技术进行了讲解。自动控制和计算机管理技术发展很快，例如多水源条件下的灌区智能决策支持系统等，可参阅有关文献。

思　考　题

1. 常见的渠道量水设施有哪些？
2. 工程较广泛应用的明渠流量计有哪些？简要介绍技术特性和应用范围。
3. IC卡收费系统由哪几部分组成？
4. 简要介绍IC卡收费系统及其应用情况。
5. 我国实行节水灌溉自动化有何意义？
6. 节水灌溉常用的自动控制模式有哪些？有何特点？
7. 土壤墒情监测的原理是什么？土壤墒情监测系统由哪几部分构成？

项目十　管道灌溉的施工和运行管理

教学基本要求

单元一：理解管道灌溉工程施工前的组织及准备工作。掌握管道施工放样及管槽开挖程序。明确管道安装的一般要求。理解管道水压及渗水量的试验目的及方法。明确工程竣工验收程序及所要提交的文件资料。

单元二：理解管道灌溉工程运行管理的基本知识。

能力培养目标

（1）能进行管道施工放样及管槽开挖。

（2）能进行管道工程施工的组织及准备工作。

（3）能明确工程竣工验收程序及所要提交的文件资料。

学习重点与难点

重点：管道安装的一般要求及方法。

难点：管道工程施工放样，管槽开挖、回填程序及要求。

项目的专业定位

管道灌溉是以低压管道代替明渠输水灌溉的一种工程形式。采用管道输水，可以大大减少输水过程中的渗漏和蒸发损失，使输水效率达 95％以上。同时管道输水灌溉技术的一次性投资较低，要求设备简单，管理方便，易于掌握，故特别适合我国当前的经济状况和土地经营管理模式，深受广大人民群众的欢迎。

单元一　管道灌溉工程的施工与安装

管道灌溉工程包括低压管道输水工程、喷灌工程、微灌工程等。不同形式的管道灌溉工程虽然内容不同，但其施工及设备安装的重点具有很多相同之处，它们均具有安装比较复杂等特点。这里主要介绍管道工程的施工与安装，水源工程、泵站工程施工可参考其他书籍。

一、管道工程施工的准备与管理

管道系统的施工必须严格按设计要求和施工程序（熟悉设计图纸和有关技术资料、测量放线、管槽开挖、管道铺设与安装、设备与首部工程安装、试压及冲洗、试运行、竣工验收）精心组织，严格执行规范和相应的技术标准，做好设备安装和工程验收工作。

1. 施工准备

管道工程施工前，应做好各项组织和准备工作。

（1）认真阅读设计文件，这些文件包括设计任务书、设计图纸、工程投资预算、施工及工程要求等，以便掌握本工程特点、关键技术和设备，明确工程重点和难点，为组织施工做好准备。

（2）进行施工现场踏勘，了解施工现场的具体情况和条件，为施工组织设计做好准备。

（3）进行施工组织设计，编制施工计划，建立施工组织，对施工队伍进行必要的技术培训，施工队伍应在施工前熟悉工程的设计图纸，设计说明以及施工技术要求，质量检验标准等技术文件，并应认真阅读工程所用设备的安装使用说明书，掌握其安装技术要求。同时注意校对设计是否与灌区地形、水源、作物种植及首部枢纽等位置相符，若发现问题，应与设计部门协商，提出合理的修改方案。

（4）施工队伍应根据工程特点和施工要求编制劳力、工种、材料、设备、工程进度计划，制定质量检查方法和安全措施以及施工管理办法。

（5）按设计要求检查工程设备器材，购置原材料和设备必须严格按制度进行质量检验，确保工程质量。

（6）准备好施工机具、临时供水、供电等设施，满足施工要求。

2. 施工管理

施工中应严格管理，设专职或兼职的质检人员监督每道工序的施工，工程规模较大时，应采用施工监理制，以确保工程质量。管道灌溉工程的管理人员或业主应参加施工管理，一方面监督施工质量，另一方面熟悉工程情况，便于今后的运行管理和工程维护。

二、施工放样及管槽开挖

1. 施工放样

施工放样是按设计图纸要求，将各级管道、建筑物的位置布置到地面上以便施工，它是落实设计方案的重要一步。小型工程可根据设计图纸直接测量管线纵断面，大型工程现场应设置施工测量控制网，并应保留到施工完毕。施工放样一般从首部枢纽开始，用经纬仪、水准仪定出建筑物主轴线，机房轮廓线及各级管道的中心线和宽度以及进水口位置，用石灰标出开挖线，并标明各建筑物的设计标高。在管道中心上每隔 30～50m 打一个木桩标记，并在管线的分支、转弯、变径及有建筑物和安装附属设备的地方加桩，地形起伏较大地段及其他需要标记的地方也要打桩，桩上应标注开挖深度。在微灌、喷灌等首部枢纽控制室内，应标出机泵及专用设备，如化肥罐、过滤器等的安装位置。

2. 管槽开挖

管槽开挖应按下列要求进行。

（1）确定管槽的断面形式。根据现场图纸、地下水位、管材种类和规格、开挖深度、施工方法等选择矩形、梯形或复式结构确定。一般情况下，土质松软、地下水位较高，宜采用梯形槽；图纸坚实、地下水位低，可采用矩形槽；管径大、沟槽深，宜采用梯形槽或复式结构，反之可采用矩形槽。

（2）确定管槽开挖宽度与深度。以利于施工和节约工程量为原则，一般为 0.5m 左右，管件安装部位应当适当加宽。管槽开挖深度应符合设计要求，管道埋深应在当地冻土层以下并能承受一定的外荷载，且埋深一般不小于 0.7m。毛管的开挖深度，一般为 0.3～0.4m，宽度为 0.2m 左右。

（3）管槽开挖后应清除管槽底部的石块杂物，并依此整平。管槽经过岩石、卵石等硬基础处，槽底超挖不应小于 10cm，清除砾石后再用细土回填夯实至设计高程。如果开挖后不能立即进行下道工序，应预留 15～30cm 土层，待下道工序开始前再挖至设计高程。

（4）开挖土料应堆放在管槽一侧 30cm 以外。固定墩、阀门井开挖宜与管槽开挖同时进行，管槽开挖完毕经检查合格后方可铺设管道。

三、管道安装

（一）管道安装的一般要求

（1）管道安装前应检查管材、管件外观，检查管材的质量、规格、工作压力是否符合设计要求，是否有材质检验合格证，管道是否有裂纹、扭折、接口崩缺等现象，禁止使用不合格的管道。

（2）管道安装宜按从首部到尾部、从低处向高处，先干管后支管的顺序进行，承插口管材的插口在上游，承口在下游，依次施工。

（3）管道中心线应平直，管底与管基应紧密接触，不得用水、砖或其他垫块。

（4）安装带有法兰的阀门和管件时，法兰应保持同轴、平行，保证螺栓自由穿入，不得用强紧螺栓的方法消除歪斜。

（5）管道安装应随时进行质量检查，分期安装或因故中断应用堵头封口，不得将杂物留在管内。

（6）管道穿越道路或其他建筑物时，应加套管或修涵洞加以保护。管道系统上的建筑物，必须按设计要求施工，出地竖管的底部和顶部应采取加固措施。

（二）塑料管的安装

管道灌溉系统所用管道按其材质一般有塑料管、钢管、铸铁管、钢筋混混凝土管、石棉水泥管、铝合金管等。常用的塑料管材有硬聚氯乙烯（PVC－U）管、聚乙烯（PE）管和聚丙烯（PP）管。

1. 硬塑料管的连接

硬塑料管的连接形式有承插连接、胶接黏接、热熔焊接等。

（1）扩口承插连接。扩口承插连接是目前应用最广的一种形式。其连接方法有热软化扩口承插连接和扩口加密封圈承插连接等。相同管径之间的连接一般不需要连接件，只是在分流、转弯、变径等情况下才使用管件。塑料管件一般带有承口，采用溶剂黏合或加密封圈承插连接即可。

热软化扩口承插连接法，是利用塑料管材对温度变化灵敏的热软化、冷硬缩的特点，在一定温度的热介质里（或用喷灯）加热，将管子的一端（承口）软化后与另一节管子的一端（插口）现场连接，使两节管子牢固地结合在一起。这种方法的特点是，承口不需预先制作、人工现场操作、方法简单、连接速度快、接头费用低。适用于管道系统设计压力不大于 0.15MPa，管壁厚度不大于 2.5mm 的同管径光滑管材的连接。热介质（多用甘油或机油）软化扩口安装时，将承口端长 1.2～1.6 倍的公称外径侵入温度为 130±5℃ 的热介质中软化 10～20s，再用两把螺丝刀（或其他合适的扩口工具）稍微扩口的同时插入被连接的管子的插口端。接头的适宜承插长度视系统设计工作压力和被连接管材的规格而定。

扩口加密封圈连接法，主要适用于双壁波纹管和用弹性密封圈连接的光滑管材。每节管长一般 5～6m，采用承插（子母口）连接。管材的承口是在工艺生产时直接形成或施工前用专用撑管工具软化管端加工而成。为承受一定的水压力，达到止水效果，插头处配有专用的密封橡胶圈，然后在要连接的母口内壁和子口内壁涂刷润滑剂（可采用肥皂液，禁止用黄油或其他油类作润滑剂），将子口和母口对齐，同心后，用力将子口端插入母口，直到子口端与母口内底端相接为止。管道与管件间的连接方法与管道连接相同。

（2）胶接黏接。这是利用黏合剂将管子或其他被连接物胶接成整体的一种应用较广泛的连接方法。可在管子承口端内壁和插头端外壁涂抹黏合材料承插连接管段，或用专用套管将两节（段）管子涂抹黏合剂后承插连接。其接头密封压力均较高。黏合剂的品种很多，除市场上出售的可供选择外还可自行配制，但必须根据被胶接管道的材料、系统设计压力、连接安装难易、固结时间长短等因素来选配合适的。几种常见管材连接时所适用的黏合剂见表 10-1。

表 10-1　　　　　　　　　几种常见管材连接时所适用的黏合剂

连　接　管　材	适　用　黏　合　剂
聚氯乙烯与聚氯乙烯	聚酯树脂、丁酯橡胶、聚氨酯橡胶
聚乙烯与聚乙烯、聚丙烯与聚丙烯	环氧树脂、苯醛甲醛聚乙烯醇缩丁树脂、天然橡胶或合成橡胶
聚氯乙烯与金属	聚酯树脂、氯丁橡胶、丁胶橡胶
聚乙烯与金属	天然橡胶

使用黏合剂连接管子时，应注意以下几点：①被胶接管子的端部要清洁，不能有水分、油污、尘砂；②合剂应用毛刷迅速均匀地涂刷在承口内壁和插口外壁；③承插口涂刷黏合剂后，应立即找正方向将管端插入承口，用力挤压，并稳定一段时间；④承插接口连接完毕后，应及时将挤出的黏合剂擦洗干净。黏接后，不得立即对接合部位强行加载。其静置固化时间不应低于 45min，且 24h 内不能移动管道。

（3）热熔焊接。热熔焊接是在两节管子的端面之间用一终电热金属片加热，使管端呈发黏状态，抽出加热片，再在一定的压力下对挤，自然冷却后即牢固结合在一起，用这种热熔对接方式需使用圆形电烙铁和碰焊机等专门的工具。其要求如下：①热熔对接的管子材质、直径和壁厚应相同，焊接前管端应锯平，并清除杂质、污物；②应按设计温度加热至充分塑化而不烧焦；③加热板应清洁、平整、光滑，加热板的抽出及合拢应迅速，两管端面应完全对齐，四周挤出树脂应均匀；④冷却时应保持清洁，自然冷却应防止尘埃侵入；水冷却应保持水质清洁，完全冷却前管道不应移动；⑤管道对接后，两管端面应熔接牢固，并按 10% 进行抽检；若两管端对接不齐应切开重新加工对接。

2. 软管连接

（1）揣袖法。揣袖法就是顺水流方向将前一节软管插入后一节软管内，插入长度视输水压力的大小而定，以不漏水为宜。该法多用于质地较软的聚乙烯软管的连接。特点是连接方便，不需专用接头或其他材料，但不能拖拉。连接时，接头处应避开地形起伏较大的地段和管路拐弯处。

（2）套管法。套管法一般用长 15～20cm 的硬塑料管作为连接管，将两节软管套接在硬塑料管上，用活动管箍固定，也可用铁丝或绳子绑扎。该法的特点是接头连接方便、承压能力高、拖拉时不易脱开。

（3）快速接头法。软管的两端分别连接快速接头，用快速接头对接快。接头密封压力大，使用寿命长，是目前地面移动软管灌溉系统应用最广的一种连接方法，但接头价格较高。

（三）水泥制品管道安装

1. 钢筋混凝土管安装

对于承受压力较大的钢筋混凝土管可采取承插式连接。连接方式有两种：一种可用橡胶圈密封做成柔性连接，另一种用石棉水泥和油麻填塞接口。后一种接口施工方法同铸铁管安装。钢筋混凝土管的柔性连接应符合下列要求：

（1）承口向上游，插口向下游。

（2）套胶圈前，承插口应刷干净，胶圈上不得粘有杂物，套在插口上的胶圈不得扭曲、偏斜。

（3）插口应均匀进入承口，回弹就位后，仍应保持对口间隙 10～17mm。

（4）在沟槽土壤或地下水对胶圈有腐蚀性的地段，管道覆土前应将接口封闭。

2. 混凝土管安装

对承受压力较小的混凝土管应按下列方法连接。

（1）平口（包括楔口）式接头宜采用纱布包裹水泥砂浆法连接，要求砂浆饱满，纱布和砂浆结合严密。严禁管道内残留砂浆。

（2）承插式接头，承口内应抹 1:1 水泥砂浆，插管后再用 1:3 水泥砂架封口。接管时应固定管身。

（3）与预制管连接后，接头部位应立即覆 20～30cm 厚的湿土。

（四）铸铁管的安装

铸铁管通常采用承插连接，其接头形式有刚性接头和柔性接头两种。安装前应首先检查管子有无裂纹、砂眼、结疤等缺陷，清除承口内部及插口外部的沥青及飞边毛刺，检查承口和插口尺寸是否符合要求。安装时，应在插口上做出插入深度的标记，以控制对口间隙在允许范围内。对口间隙、承插口环形间隙及接口转角，应符合表 10-2 的规定。

承插口的嵌缝材料为水泥类的接头称为刚性接头。刚性接头抗震动性能和抗冲击性能不高，但材料来源丰富，施工方法比较成熟，是最常用的方法。刚性接头的嵌缝材料主要为油麻、石棉水泥或膨胀水泥等。

表 10－2　　　　　　　　对口间隙、承插口环形间隙及接口转角值

项　目	对口最小间隙 /mm	对口最大间隙/mm		承插口标准环形间隙/mm				每个接口允许转角 /(°)
		DN100～DN250	DN300～DN350	DN100～DN200		DN250～DN350		
				标准	允许偏差	标准	允许偏差	
沿直线铺设安装	3	5	6	10	＋3 -2	11	-4 -2	—
沿曲线铺设安装	3	7～13	10～14	—	—	—	—	2

注　DN 为管道公称直径。

（1）采用油麻填塞时，油麻应拧成辫状，粗细应为接头缝隙的 1.5 倍，麻辫搭接长度应为 10～15cm，接头应分散，填塞时应打紧塞实，打紧后的麻辫填塞深度应为承插深度的 1/3～1/2。

（2）采用膨胀水泥填塞时，配合比一般为膨胀水泥∶砂∶水＝1∶1∶0.3，拌和膨胀水泥用的砂应为洁净的中砂，粒度为 1.0～1.5mm，洗净晾干后再与膨胀水泥拌和。

（3）采用石棉水泥填塞时，水泥一般选用 425 号硅酸盐水泥，石棉水泥材料的配合比为 3∶7（重量比），水与水泥加石棉重量和之比为 1∶10～1∶12，调匀后手捏成团，松手跌落后散开即为合适。填塞深度应为接口深度的 1/2～2/3，填塞应分层捣实、压平，并及时养护。

使用橡胶圈作为止水件的接头称为柔性接头。它能适应一定量的位移和震动。胶圈一般由管材生产厂家配套供应。柔性接头的施工程序为：①清除承插口工作面上的附着污物；②向承口斜形槽内放置胶圈；③在插口外侧和胶圈内侧涂抹肥皂液；④将插口引入承口，确认胶圈位置正常，承插口的间隙符合要求后，将管子插入到位，找正后即可在管身覆土以稳定管子。用柔性接头承插的管子，若沿直线铺设，承口和插口的安装间隙一般为 4～6mm，曲线铺设时为 7～14mm。

管道安装就位后，应在每节管子中部两侧填土，将管道稳固。

（五）管件和附属设备的安装

材质和管径均相同的管材、管件连接方法与管道连接方法相同；管径不同时由变径管来连接。材质不同的管材、管件连接需通过加工一段金属管来连接，接头方法与铸铁管连接方法相同。

附属设备的安装方法一般有螺纹连接、承插连接、法兰连接、管箍式连接、黏合连接等。其中法兰连接、管箍连接、螺纹连接拆卸比较方便，承插连接、黏合连接拆卸比较困难或不能拆卸，在工程设计时，应根据附属设备维修、运行等情况来选择连接方式。公称直径大于 50mm 的阀门、水表、安全阀、进（排）气阀等多选用法兰连接；给水栓则可根据其结构形式选用承插或法兰连接等方法；对于压力测量装置以及公称直径小于 50mm 的阀门、水表、安全阀，进（排）气阀等多选用螺纹连接。附属设备与不同材料管道连接时，需通过一段钢法兰管或一段带丝头的钢管与之连接，并应根据管材采用不同的方法。与塑料管道连接时，可直接将法兰管或钢管与管道承插连接后，再与附属设备连接。与混凝土管及其他材料管道连接时，可先将法兰管或带丝头的钢管与管道连接后，再将附属设备连接上。

（六）首部枢纽的安装

管道灌溉系统的首部枢纽主要包括水泵、动力机、阀门、压力表、过滤器等设备。泵房建成，经验收合格，即可在泵房内进行枢纽部分的组装。其安装顺序为：水泵—动力机—主阀门—压力表—过滤器—水表—压力表—各灌区阀门。化肥罐安装在主阀门和过滤器之间。枢纽部分的连接管件一般为金属件，多采用法兰或螺纹连接。各部件与管道连接，应保持同轴、平行、螺栓自由穿入，不得用强紧螺栓的方法消除歪斜。用法兰连接时，须安装止水胶垫。首部枢纽的各项设备除化肥罐、过滤器外，沿水泵出水管中心线安装，管道中心线距地面高度以 0.5m 左右为宜。

首部枢纽各种设备应按有关安装规范和产品说明书的要求进行安装。过滤器应按输入流向标记安装，不得反向。与人畜饮水联合使用的灌溉工程，严禁在首部枢纽和人畜饮水管道上安装施肥或施农药装置。量测仪表和保护设备安装前应清除封口和接头处的油污和杂物，压力表宜装在环形连接管上，如用直管连接，应在连接管与仪表之间装控制阀。水表应按设计要求和流向标记水平安装。

四、管道水压试验

管道灌溉工程施工安装期间，较大的喷灌工程应对管道进行分段水压试验，施工安装结束后应进行管网水压试验，对于较小的喷灌工程可不做分段水压试验；微灌管道工程一般只做渗水量试验，有条件的可进行水压试验；低压输水管道工程，只做充水试验。

管道水压试验的目的是检查管道安装的密封性是否符合规定，同时也对管材的耐压性能和抗渗性能进行全面复查。水压试验中发现的问题须进行妥善处理，否则将成为隐患。

水压试验的方法是先将待试管段上的排气阀和末端出水口处的闸阀打开，然后向管道内徐徐充水，当管道全部充满水后，关闭排气阀及出水阀，使其封闭。再用水泵等加压设备使管道内水压逐渐增至规定数值，并保持一定时间。如管道没有渗透和变形即为合格。

水压试验必须符合以下规定：①压力表应选用 0.35 级或 0.4 级的标准压力表，加压设备应能缓慢调节压力；②水压试验前应检查整个管网的设备状况，阀门启闭应灵活，开度应符合要求，排、进气装置应通畅；③检查地埋管道填土定位是否符合要求，管道应固定，接头处应显露并能观察清楚渗水情况；④通水冲洗管道时先冲洗干管，然后分轮灌组冲洗支、毛管，直到出水清澈为止；⑤冲洗后应使管道保持注满水的状态，金属管道和塑料管必须经 24h，水泥制品管必须经 48h 方可进行耐水压试验，否则会因空气析出影响试验结果，同时影响水泥制品管的机械性能；⑥试验管段长度不宜大于 1000m，试验压力不应低于系统设计压力的 1.25 倍，如管道系统按压力分区设计，则水压试验也应分区进行，试验压力不应小于各分区设计压力的 1.25 倍。压力操作必须边看压力表读数，边缓慢进行，压力接近试验压力时更应避免压力波动。水压试验时，保压时间应不少于 10min，并认真检查管材、管件、接口、阀门等，如未发生破坏或明显的渗漏水现象，则可同时进行渗漏试验。各种管道灌溉工程的试验压力及合格标准见表 10-3。

表 10-3　　　　　　　　　　各种管道灌溉工程水压及渗水量试验表

工程名称		试验压力	保压时间	合格要求	允许渗水量
喷灌		系统设计压力的 1.25 倍	10min	(1) 压力下降不大于 0.05MPa； (2) 无泄漏，无变形	$q_s < [q_s]$
微灌	一般情况	系统工作压力	试运行	无破裂，无脱落	$q_s < [q_s]$
	有条件的地方		10min	(1) 压力下降不大于 0.05MPa； (2) 无泄漏，无变形	
低压管灌	塑料管，水泥预制管	系统工作压力	1h	无集中渗漏，无破裂	符合管道水利用系数的要求
	现浇混凝土管	充水试压	8h		

五、管槽回填

管道水压试验（或试运行）合格后，可进行管槽回填。管槽回填应严格按设计要求和程序进行。回填的方法一般有水浸密实法和分层夯实法。

水浸密实法，是采用向沟槽充水，浸密回填土。当回填土料填至管沟深度一半时，可用横埂将沟槽分段（一般 10～20m）逐段充水。第一次充水 1～2d 后，可进行第二次回填、充水，使回填土密实后与地表齐平。分层夯实法，是向管沟分层回填土料，分层夯实，且分层厚度不宜大于 30cm。一般回填到管顶以上 15cm 后再进行最终回填。回填密实度应不低于最大密实度的 90%。考虑回填后的沉陷，回填土应略高于地面。

管槽回填前，应清除石块、杂物，排净积水。回填必须在管道两侧同时进行，严禁单侧回填。所填土料含水量要适中，管壁周围不得含有直径大于 2.5cm 的砖瓦碎片、石块和直径大于 5cm 的土块。塑料管道的沟槽回填前，应先使管道充水承受一定的内水压力，以防管材变形过大。回填应在地面和地下温度接近时进行，例如夏季，宜在早晨或傍晚时回填，以防填土前后管道温差过大，对连接处产生不利影响。水泥预制管的土料回填应先从管口槽开始，采用夯实法或水浸密实法；分层回填到略高出地表为止。对管道系统的关键部位，如镇墩、竖管周围及冲沙池周围等的回填，应分层夯实，严格控制施工质量。

六、工程验收

工程验收是对工程设计施工的全面审查，不论工程大小都应进行。工程验收由业主和水利主管部门按规定组织设计单位、施工单位和监理单位等参加的验收小组来进行。

工程验收分为施工期验收和竣工验收两步。

（一）施工期间验收

隐蔽工程必须在施工期间进行验收，合格后方可进行下道工序。对水源工程、泵站的基础尺寸和高程、预埋件和地脚螺丝的位置和深度、孔、洞、沟，沉陷缝、伸缩缝的位置和尺寸，地埋管道的管槽深度、底宽、坡向以及管床处理、施工安装质量等进行重点检查是否符合设计要求和有关规定；水压试验是否合格等。施工期间验收合格的项目应有检查、监测报告和验收报告。

（二）竣工验收

1. 工程竣工验收前应提交的文件资料

（1）全套设计图纸、报告以及上级主管部门的批复文件、变更设计报告等。

（2）施工期间的验收报告、水压试验报告和试运行报告。

（3）工程预算和工程决算。

（4）有关操作、管理规定和运行管理办法。

（5）竣工图纸和竣工报告。

对于较小的工程，验收前只需提交设计文件、竣工图纸和竣工报告以及管理要求。

2. 工程竣工验收应包括的内容

（1）审查技术文件是否齐全，技术数据是否正确、可靠。

（2）检查再建工程是否符合设计要求和有关规定。

（3）审查管道铺设长度、管道系统布置及田间工程配套是否合理。

（4）检查设备选择是否合理，安装质量是否达到技术规范的规定。

（5）对系统进行全面的试运行，对主要技术参数和技术指标进行实测。

（6）工程验收后，应编写竣工验收报告，对工程验收内容、验收结论、工程运用意见及建议等如实予以说明，形成文件后由验收组成员，共同签字，加盖设计、施工、监理、使用单位公章。

工程验收合格后，方可交付使用。

单元二　管道灌溉工程的运行管理

管道灌溉工程建成以后，为抵御干旱、促进作物增产提供了基础条件。要使工程充分发挥效益，就必须认真做好运行管理与维护工作，保证工程设施经常处于良好的状态，以最低的成本获得最高的经济效益。

一、管理组织、制度与人员

实施工程管理工作，首先必须建立、健全相应的管理组织，配备专管人员，制定完善的管理制度、实行管理责任制，调动管理人员的积极性，把管理工作落在实处。工程管理一般实行专业管理和群众管理相结合，统一管理和分级负责相结合的管理体制。对于较大的具有固定性的节水灌溉工程，不论是国家所有或集体所有，都应在上级（当地水利主管部门）统一领导下，实行分级管理；对于小型或具有移动性的管道灌溉工程系统，可在乡（村）统一领导下，实行专业承包。

1. 管理组织

管道灌溉工程的管理组织形式要因地制宜，以有利于工程管理和提高经济效益为原则。

（1）村级管理的工程，应成立村级管理组织。由村干部、2～3名管理人员组成灌溉专业队，包括专业电工、业务素质较好的机手等，村干部和机手任正副队长。

（2）对于规模较小的工程，可实行租赁或联户承包模式。此种模式是在灌溉工程国家或村集体产权不变的前提下（水源、工程设施及机电设备等归国家或村集体所有），将工程或设备的经营使用权转让给个人或联户看管、养护、使用，行政村或自然村应与承包户签订管理承包合同，通过契约方式来保障工程产权所有者与承包（租赁）方利益。

（3）农户自建的灌溉工程，一般面积较小，可由农户自行管理，管理农户虽具有责任心强的特点，但往往缺乏管理知识，可由专业技术人员帮助制定灌溉制度，传授管理维修知识。地（市）、县水利部门要对工程主管人员和专职管理人员进行技术培训，提高专职人员的素质，并指导他们对工程进行科学管理，及时解决管理上存在的问题，总结成功的管理经验，并予以推广。

（4）为提高土地的产出效益，可把一家一户分散经营的土地集中起来，由公司统一开发，采取公司加农户的管理组织。此种形式由具有法人资格的公司对管道灌溉工程区的土地以"反租转包"形式进行统一经营、分散管理，即通过与农户签订经济合同，获得土地长期有偿使用权，然后对土地进行集中开发、配套工程措施，再以适当的价格将部分土地包给农户，公司负责技术指导与产品销售服务。这和管理方式实现了土地合理流转、灌溉工程统一管理，达到了企业和农户双方受益的目的。

（5）为适应市场经济发展需要，实现所有权与经营权相分离、利于强化经营管理职能，可采取股份制管理形式。股份制是指两个或两个以上的利益主体，以集股经营的方式自愿结合的一种组织管理形式。它是以成立股东大会（或股东会）、董事会和工程管理小组，严格按股份制运行方式进行的管理，明确规定股东大会最高权力机构，主要职责是监督检查工程维修计划、用水调度方案和财务收支预算等重大事宜；董事会由股东大会选举产生，执行股东大会决议，是股东大会代理机构，代表股东大会行使管理权限，负责制定工程管理办法、用水调度方案及收费办法与财务管理制度、管理人员的岗位责任制等规章制度；工程管理小组负责工程的管理维修、调配水源及收取水费等具体工作。这种管理方式具有经营风险共担、利益共享的特点，能极大地调动入股群众管理工程的积极性，是管道灌溉工程今后主要的管理模式。

2. 管理制度

工程管理机构内部应建立和健全各项规章制度，明确管理范围和职责。如建立和健全工程管理制度、设备保管、使用、维修、养护制度、用水管理制度、水费征收办法、工程运行程序、机电设备操作规程、考核与奖惩制度等。要把工程运行管理、维修、保养与工程管理人员的经济利益挂钩，充分调动管理人员的积极性。

3. 管理人员

管理人员是实施工程管理与调度的具体执行者。管理人员应做到"三懂"（懂机械性能、懂操作规程、懂机械管理）和"四会"（会操作、会保养、会维修、会消除故障），对管理人员实行"一专"（固定专人）、"五定"（定任务、定设备、定质量、定维修消耗费用、定报酬）的奖惩责任制。管理人员的主要任务是：

（1）管理、使用节水灌溉系统及其设备和配套建筑物，保证完好能用。

（2）按编制好的用水计划及时开机，保证作物适时灌溉。

（3）按操作规程开机放水，保证安全运行。

（4）按时记录开、停机时间，灌水流量，能耗及浇地亩数等。

（5）合理核算灌水定额、灌水总量、浇地成本，按时计收水费。

二、用水管理

用水管理的主要任务，是通过对灌溉系统中各种工程设施的控制、调度、运用，合理分配与使用水资源，并在田间推行科学的灌溉制度和合理的技术措施，以达到充分发挥工程作用、促进农业高产稳产和获得较高经济效益的目的。用水管理的中心内容是制定和执行用水计划，其目的是保证对作物适时、适量灌水。

1. 科学编制用水计划

为了指导作物合理布局，实现供需水量平衡，提高水的利用效率，灌区应在灌溉季节前，根据当年的作物种植状况以及水源条件、气象条件和工程条件，参考历年的灌水经验，编制整个灌区的用水计划。用水计划的主要内容包括灌溉面积、灌溉制度、计划供水时间、供水流量及灌溉用水总量等。作物灌溉制度的拟定，要在工程设计灌溉制度的基础上，参照历年经验或试验成果，了解当年的天气预报情况予以确定。年用水计划应结合具体情况科学合理地编制，特别是在水资源紧张的情况下，应能指导水资源的合理分配和高效利用。

2. 合理确定灌水计划

每次灌水前，应根据年用水计划并结合当时的气象、作物等实际情况，制订灌水计划（作业计划）。灌水计划的内容包括灌水定额、灌水周期、灌水持续时间、各轮灌组的灌水量、灌水时间以及灌水次序等。对于喷灌系统，要确定同时工作的喷头数和同时工作的支管数；微灌系统要确定同时工作的毛管条数。轮灌组的划分一般维持原设计方案，不应变更，但轮灌方式则可根据田间作业及管理要求合理确定。每次灌水时，可根据当时作物生长及土壤墒情的实际情况，对灌水计划加以修正。

3. 建立用水技术档案

为了评价工程运行状况，提高灌溉用水管理水平，应建立灌溉用水和运行记录档案，及时填写灌水计划、机泵运行和田间灌水记录表。记录的内容应包括灌水计划、灌水时间（开、停机时间）、种植作物、灌溉面积、灌溉水量、机泵型号、水泵流量、施肥时间、肥料用量、畦田规格、改水成数、水费征收、作物产量等，对于喷灌应观测记录喷灌强度。每次灌水结束后，应观测土壤含水率、灌水均匀度、计划湿润层深度等指标。根据记录进行有关技术指标的统计分析，以便积累经验，改进用水管理工作。

三、工程管理

工程管理的基本任务是保证水源工程、机泵、输水管道及建筑物、喷头、滴头、过滤器等设备的正常运行，延长工程设备的使用年限，发挥工程最大的灌溉效益。

（一）水源工程的使用与维护

对水源工程除经常性的养护外，每年灌溉季节前后，都应及时清淤除障或整修。若水源为机井，在管理中，要注意配置井口保护设施，修建井房，加设井台、井盖，以防地面积水、杂物对井水的污染。在机井使用过程中，要注意观察水量和水质的变化，若发生异常现象，如出水量减少，水中含沙量增大，应立即查清原因采取相应的洗井、维修、改造及其他措施。若水源为蓄水池，应注意定期清理拦污栅、沉砂池；维护好各种设施，防止水质污染；应对防渗工程经常进行检查，对渗漏部位及时进行维修。

（二）机泵运行与维修

机泵运行前应进行一次全面、细致的检查，检查各固定部分是否牢固，水泵和动力机的底脚螺丝以及其他各部件螺丝是否松动，转动部分是否灵活，叶轮转动时有无摩阻的声音；各轴承中的润滑油是否充足、干净；填料压盖螺栓松紧是否合适，填料函内的盘根是否硬化变质，水封管路有无堵塞；机电设备是否正常等。

开机应按操作程序进行。开机后应观察出水量，轴承及电机的温度、机泵运转声音及各种仪表是否正常，如不正常或出现故障，应立即检修。水泵运行中应注意皮带、机组和管路的保养。运行中的传动带不要过松或过紧，过松会跳动或打滑，增加磨损，降低效率；过紧轴承要发热。同时，要注意清洁，防止油污，妥善保养。停机后，应把机泵表面的水迹擦净以防锈蚀。长期停机或冬季使用水泵后，应把水泵（打开泵壳下面的放水塞）、水管中的水放空，以防冻坏或锈蚀。油漆剥落的要进行补油漆。停灌期间，应把地面可拆卸的设备收回，妥善保管和养护。为了延长机泵的使用寿命除正常操作外，还要对机泵进行经常的和定期的检查维修。机泵运行一年在冬闲季节要进行一次彻底检修，清洗、除锈去垢、修复或更换损坏的零部件。

运行中要注意安全，要有安全防护设施禁止对正在运转的水泵进行校正和修理，禁止在转动着的部件上或有压力的管路上拧紧螺栓。

（三）管道的运行与维修

1. 固定管道运行与维修

管道灌溉系统中的固定管道在初次投入使用或每年灌溉季节开始前，应全面进行检查、试水或冲洗，保证管道通畅，无渗水漏水现象；裸露在地面的管道部分应完整无损；闸阀及安全保护设备应启动自如；量测仪表要盘面清晰，指示灵敏。每年灌溉季节结束，对管道应进行冲洗、排放余水，进行维修；阀门井加盖保护，在寒冷地区阀门井与干支管接头处应采取防冻措施。

管道放水和停水时，常会产生涌浪和水击，很易发生管道爆裂。为防止产生水击，保证管道安全运行，应采取以下具体措施：

（1）严禁先开机或先打开进水闸门再打开出水口（或给水栓）。应该先打开排气阀和计划放水的出水口（或给水栓），必要时再打开管道上其他出水口排气，然后开机供水充水。当管道充满水后，缓慢地关闭作为排气用的其他出水口。

（2）管道为单孔出流运行时，当第一个出水口完成输水灌溉任务，需要改用第二个出水口时，应先缓慢打开第二个出水口，再缓慢关闭第一个出水口。

（3）管道运行时，严禁突然关闭闸阀、给水栓等出水口，以防爆管和毁泵。

（4）灌水结束、管道停止运行时，应先停机或先缓慢关闭进水闸门、闸阀，然后再缓慢关闭出水口（或给水栓），有多个出水口停止运行时，应自下而上逐渐关闭。有多条管道停止运行时，也应自下而上逐渐关闭闸门或闸阀，同时借助进气阀、安全阀或逆止阀向管内补气，防止产生水锤或负压破坏管道。

管道运行时，若发现渗水漏水，应在停机后进行检查维修。

（1）硬质塑料管，材质硬脆，易老化。运行时应注意接口和局部管段是否损坏漏水，若发现漏水，可采用专用黏结剂堵漏；若管道产生纵向裂缝而漏水，则需更换新管道。

（2）双壁波纹管多在接口处发生漏水现象。处理方法是调整或更换止水橡胶环或用专用黏结剂堵漏。

（3）水泥制品管一般容易在接口处漏水。处理方法：一是用纱布包裹水泥砂浆或用混凝土加固；二是用柔性连接修补。现浇混凝土管由于管材的质量或地面不均匀沉降造成局部裂缝漏水现象的处理方法：一是用砂浆或混凝土加固，二是用高标号水泥膏堵漏。

（4）石棉水泥管、灰土管材质脆，不耐碰撞和冲击，宜深埋，通常管顶距地面至少0.6m，其漏水处理方法同前。

（5）地埋塑料软管，一般在软管折线处和"砂眼点"漏水。处理的方法是用硬塑料管或软管予以更换，衔接处管段要有一定长度。更换后充满水回填灰土。

2. 移动塑料软管的使用与维修

田间使用的软管，由于管壁薄，经常移动，故使用时应注意。使用前，要认真检查管子的质量，并铺平整好铺管路线，以防作物茬或石块等尖状物扎破软管，使用时，软管要铺放平顺，严禁拖拉，以防破裂。软管输水过沟时，要用架托方法保护；跨路时应挖小沟或垫土保护；转弯时要缓慢，切忌拐直角弯。使用后，要清洗干净，卷好存放在空气干燥、温度适中的地方，不得露天存放；且应平放，防止重压和磨坏软管折边；不要将软管与化肥、农药等放在一起，以防软管黏结。

软管在使用中易损坏，应及时修补。若出现漏水，可用塑料薄膜贴补，或用专用黏合剂修补。若管壁破裂过于严重，可从破裂处剪断，然后顺水流方向把软管两端套接起来（套袖法），或剪一段长约0.5m相同管径的软管套在破裂漏水部位，充水后用细绳绑紧（即用管补管）。

（四）管路附件与附属设备的运行管理与维护

管道灌溉系统的管路附件与附属设备主要有分、给水装置，控制闸阀，保护装置，测量仪表，过滤设备和施肥设备等。

（1）给水装置。多为金属结构，要防止锈蚀，每年要涂防锈漆两次。对螺杆和丝扣，要经常涂黄油，防止锈固，便于开关。

（2）分水池。起防冲、分水和保护出水口及给水栓的作用，若发现损坏应及时修复，水池外壁应涂上红、白色涂料，以引人注目，防止碰坏。

（3）控制闸阀。闸阀、蝶阀应定期补充填料，螺纹和齿轮处应定期加油润滑防止锈死。逆止阀应定期检查动作是否灵活。

（4）保护装置。如安全阀、进排气阀等，要经常检查维修，保证其动作灵活，进排气畅通。阀门井应具有良好的排水或渗水条件，如有积水应及时查明原因予以解决。阀门井应加盖保护，冬季应有防冻措施。

（5）测量仪表。灌溉季节结束后，压力表、水表应卸下排空积水后存放在室内，防止冻胀破坏。电气仪表应保持清洁干燥。

（6）过滤设备。过滤器是微灌系统的关键设备之一，主要用以滤除灌溉水中的悬浮物，以防滴头（微喷头）堵塞。对滤网式过滤器，通常当过滤器上、下游水压差超过一定限度（2～5m，用压力表量测）时，即应进行冲洗。一般打开冲洗排污阀门，冲洗20～30s后关闭，即可恢复正常运行，否则应重复几次冲洗，直至正常为止。必要时用手工清洗：扳动手柄，放松螺杆，拆开压盖，取出滤芯刷洗滤网上的污物，并用清水冲洗干净。对于砂过滤器，当运行一段时间，进出口压力表超过30～50kPa时，就必须进行反冲洗。反冲洗时注意控制反冲洗水流的速度，以防冲走作为过滤用的砂砾料，必要时应及时补充砂砾滤料。

（7）施肥设备。微灌系统在施肥（或农药）中，化肥或农药的注入一定要放在水源与过滤器之间，肥（药）液必须先经过过滤器过滤后方可进入管道；施肥（农药）后必须用清水把残留液冲洗干净；在化肥（农药）输液管出口处与水源间必须安装逆止阀，以防溶液流入水源，污染环境。

（五）喷头、滴头（微喷头）的管理与维护

1. 喷头

（1）喷头安装前应进行检查，要求零件齐全，连接牢固；喷嘴规格无误；流道通畅；转动灵活；弹簧松紧适度。

（2）喷头运转中应巡回监视，发现进口连接部位和密封部位严重漏水，不转或转速过慢，换向失灵，喷嘴堵塞或脱落，支架歪斜或倾倒嘴全射流式喷头的负压切换失效等故障，应及时处理。

（3）喷头运转一定时期后应对各转动部分加注润滑油，通常每运转100h后应拆检。

（4）每次喷灌作业完毕后应将喷头清洗干净，更换损坏部件。每年喷灌季节结束应进行保养。

（5）喷头存放时宜松弛可调弹簧，并按不同规格、型号顺序排列，不得堆压。

2. 滴头（微喷头）

（1）滴头（微喷头）安装前应严格检查、挑选。要求滴头（微喷头）制造精度高，偏差系数应在0.03～0.07；出水量小，均匀稳定；抗堵塞性能好；结构简单，易于拆装。

（2）预防滴头（微喷头）堵塞的措施：①经常检查滴头（微喷头）的工作状况并测定其流量，如发现滴头（微喷头）出流有异应及早采取措施或更换；②加强水质检测，定期进行化验分析，注意水中污物的性质，以便采取有针对性的处理和预防措施；③经常对滴头冲洗清污。

（3）滴头（微喷头）堵塞处理的方法主要有加氯处理法和酸处理法两种。

1）加氯处理法常使用次氯酸钠（漂白粉）和次氯酸钙。它们具有很强的氧化作用，对处理因藻类、真菌和细菌等微生物所引起的滴头（微喷头一）堵塞，很经济有效。同时，自由有效氯易于同水中的铁、锰、硫元素及其氯化物进行化学反应而生成不溶于水的物质，然后再清除掉。在处理藻类及有机物沉淀时，连续加氯处理的浓度一般为：2～5mg/L；间断加氯处理的浓度一般为10～20mg/L（每次加氯持续30min左右）。遇有严重堵塞或污染的水质，有时可采用更高的浓度，如100～500mg/L。对于细菌性沉淀一般使用2～5mg/L的浓度即可。

2）酸处理法常使用磷酸、盐酸或硫酸。加酸处理可防止和消除因碳酸盐（如碳酸钙、碳酸镁）等沉淀或微生物生长而产生的灌水器堵塞，从而保护系统的正常运行。由于酸具有一定的腐蚀性，使用时应根据计算要求严格控制酸液的浓度，同时应注意加强管理，以防使用不当造成对整个系统的腐蚀危害。

小　结

管道灌溉工程的施工必须严格按设计要求和施工程序精心组织，严格执行规范和相应的技术标准，做好设备安装和工程验收工作。

管道工程施工前，应做好各项组织和准备工作。包括认真阅读设计文件，进行施工现场踏勘，进行施工组织设计，做好临时供水、供电、施工机具等设施的准备工作，制定质量检查方法和安全措施等。

施工中应严格管理，设专职或兼职的质检人员监督每道工序的施工，工程规模较大时应采用施工监理制，以确保工程质量。

施工放样是落实设计方案的重要一步。小型工程可根据设计图纸直接测量管线纵断面，大型工程现场应设置施工测量控制网，并应保留到施工完毕。放样结束后，应进行管槽开挖和管道安装。安装前应检查管材质量、管件外观、规格、工作压力是否符合设计要求，是否有材质检验合格证，管道是否有裂纹、扭折、接口崩缺等损坏现象，禁止使用不合格的管道。

管道管带系统所用管道按其材质，一般有塑料管、钢管、铸铁管、钢筋混凝土管、石棉水泥管、铝合金管等。材质不同，管道连接形式不同。硬塑料管的连接形式有承插连接、胶结黏结、热熔焊接等；对于承受压力较大的钢筋混凝土管可采取承插连接；铸铁管通常采用承插连接，其接头形式有刚性接头和柔性接头两种。

管道灌溉系统的首部枢纽主要包括水泵、动力机、阀门、压力表、过滤器等设备。泵房建成，经验收合格，即可在泵房内进行枢纽部分的组装。其安装顺序为：水泵—动力机—主阀门—压力表—过滤器—水表—压力表—各灌区阀门。

管道灌溉工程施工安装期间，较大的喷灌工程应对管道进行分段水压试验，施工安装结束后应进行管网水压试验，对于较小的喷灌工程可不做分段水压试验；微灌管道工程一般只做渗水量试验，有条件的可进行水压试验；低压输水管道工程只做充水试验。

管道水压试验（或试运行）合格后，可进行管槽回填。管槽回填应严格按设计要求和程序进行。回填的方法一般有水浸密实法和分层夯实法。

工程验收是对工程设计、施工的全面审查，不论工程大小都应进行。工程验收由业主和水利主管部门按规定组织设计单位、施工单位和监理单位等参加的验收小组来进行。验收分为施工期验收和竣工验收两步进行。

工程管理的基本任务是保证水源工程、机泵、输水管道及建筑物、喷头、滴头、过滤器等设备的正常运行，延长工程设备的使用年限，发挥工程最大的灌溉效益。

思　考　题

1. 管道灌溉工程施工前需要做哪些准备工作？
2. 灌溉工程施工放样及管槽开挖程序是什么？
3. 管道安装的一般要求有哪些？
4. 管道水压试验及渗水量试验目的及方法如何？
5. 竣工验收需提交哪些文件资料？
6. 管道灌溉工程运行管理包括哪些基本内容？

项目十一　灌溉水源和取水方式

教学基本要求

单元一：了解灌溉水源的类型及特点。理解灌溉对水源水质的要求，理解灌溉水源污染途径及常见的防治措施。掌握扩大灌溉水源的措施。

单元二：了解灌溉水源取水方式的类型、特点。掌握地下水取水建筑物类型及其构造和工作原理。

单元三：理解灌溉设计保证率和抗旱天数的概念。掌握设计灌溉面积、设计引水流量、闸前设计水位、闸后设计水位和进水闸尺寸的确定方法。确定设计灌溉面积和设计引水流量、拦河坝高度、拦河坝上游防护设施及进水闸尺寸等。无坝引水工程水利计算的任务，主要是根据河流天然来水情况，确定经济合理的灌溉面积以及进水建筑物的相应尺寸。

单元四：了解地下水的类型，掌握地下水允许开采量的确定方法。了解井灌区规划的原则，能根据实际工程进行井灌区规划设计。

能力培养目标

（1）能根据实际工程情况，选择对应的灌溉取水方式。

（2）能根据实际工程资料，进行简单的无坝引水工程和有坝引水工程的水利计算。

（3）能根据井灌区规划设计原则和实际工程资料进行简单的井灌区规划设计。

学习重点与难点

重点：灌溉取水方式的选择和引水灌溉工程的水利计算。

难点：无坝引水工程水利计算中，根据实际河流来水情况，确定经济合理的灌溉面积以及进水建筑物尺寸。

项目的专业定位

水土资源分布的不平衡是中国农业生产发展的一个重要制约因素。为充分利用水土资源，经济而有效地开发灌区，必须正确地选择灌溉水源和灌溉取水方式，合理选定灌溉设计标准并进行水利计算。随着人类社会的发展，各种资源流失及资源污染层出不穷。地下水作为人们日常生活用水的主要来源，其资源量、质量如何直接影响到人类日常生活。为了合理开发利用地下水资源，必须根据井灌区的水文地质条件、气象条件以及作物的用水等，在可靠的地下水资源评价的基础上，进行井灌区规划。

单元一　灌　溉　水　源

灌溉水源是指天然资源中可用于灌溉的水体，有地面水和地下水两种形式，其中地面水是主要形式。

地面水包括河川、湖泊径流，以及在汇流过程中拦蓄起来的地面径流。

地下水一般是指潜水和层间水，前者又称浅层地下水，其补给来源主要是大气降雨，由于补给容易、埋藏较浅，便于开采，是灌溉水源之一。

灌溉回归水和城市污水用于灌溉，是水源的重复利用。海水和高矿化度地下水经淡化处理后也可用于灌溉，但由于费用昂贵，很少采用。

开发灌区，首先要选择好水源。选择水源时，除考虑水源的位置尽可能靠近灌区和附近具备便于引水的地形条件外，还应对水源的水量、水质以及水位条件进行分析研究，以便制订利用水源的可行方案。

一、灌溉水源的水量及特点

地球上水的总储量约为 13.86 亿 km³，其中与人类生活和生产密切相关的淡水资源占总量约 2.5%。它处于逐年不断往复的水文循环中，是灌溉事业得以维持和发展的物质基础。我国多年平均河川径流量为 2.71 万亿 m³，多年平均地下水补给量为 0.83 万亿 m³，扣除重复水量 0.72 万亿 m³，中国多年平均水资源总量约为 2.81 万亿 m³。我国每亩耕地占有水资源量仅为 1770m³，约相当于世界平均值的一半，灌溉水源并不丰富。必须节约使用。

我国灌溉水源可利用的水量在时程上的分布很不均匀，年内径流量一般有 50%～70% 集中在夏秋四个月份，其他时期则水量不足；径流量的年际变化也较剧烈，我国代表性河流最大与最小年径流量倍比数变化于 1.8～8.0，长江以南各河流量倍比小于 3，长江以北各河流量倍比一般为 3～8，且时常出现连续枯水年或连续丰水年的现象，调蓄径流以丰补缺是非常必要的。

我国可用作灌溉水源的水量，在地区分布上与耕地面积的分布很不适应。南方水多，北方水少；沿海地区水量较充裕，内陆地区则水量不足。中国长江流域和长江以南各河流域，年径流量占全国总量的 81%，但耕地只占全国总耕地面积的 35.9%；而北方黄河、淮河和海河流域，年径流量只占全国总量的 6.6%，但耕地却占全国的 40%，亩均占有地表水资源量只有 250m³，为全国亩均占有地表水资源量的 1/7。水土资源分布的不平衡是中国农业生产发展的一个重要制约因素。水资源和土地资源在地域上分布不协调，利用灌溉水源时，在较小范围以至在很大区域之间实行跨地区的调水是有实际意义的。

开发利用灌溉水源，或进行灌区规划选择灌溉水源，需要分析灌溉水源的总量及其变化过程。对于地面水源来说，主要是分析研究年径流总量及其年际变化，年径流量的年内分布过程以及径流量的统计规律等。对于地下水源来说，主要是分析其储量及补给来源、埋藏深度、可能出水量以及开采条件等。

天然条件下灌溉水源的具体情况，一般均与灌溉用水的要求存在一定差距，无论是总量或对时程分配都会出现这种现象。利用选择灌溉水源时，要根据工程实际情况，确定必要的工程技术设施。

二、灌溉水源类型

灌溉水源有地表水和地下水两种形式，地表水包括河川径流、湖泊以及在汇流过程中由水库、塘坝、洼淀等拦蓄起来的地面径流。目前，大量利用的是河川径流及当地地面径流。地下径流正在被广泛开发利用。随着现代工业的发展与城镇建设的加快，污水的利用也有广阔的发展前景。

1. 河川径流

河川径流是指河流、湖泊的来水。水源的集水面积主要在灌区以外，它的来水量大，不仅可作灌溉水源，而且也可满足发电、航运、供水等部门的用水要求。一般大中型灌区都是以河流或湖泊作为灌溉水源。河川水源的含盐量一般很低，但含有一定量的泥沙。

2. 当地地面径流

当地地面径流指当地降雨所产生的径流，如小河、沟溪和塘坝中的水。它的集雨面积主要在灌区附近，受当地条件的影响较大，是小型灌区的主要水源。我国南方地区降雨量大，利用当地地面径流发展灌溉十分普遍；北方地区降雨量小，时空分布不均，采用工程措施拦蓄当地地面径流用于灌溉非常广泛。如我国北方一些城市，为充分利用雨水，修建了一些蓄水设施。在干旱缺水的甘肃、宁夏等省（自治区），还因地制宜地推出了"121"雨水集流工程，即农村每户建 $100m^2$ 集水面积，挖两个集水坑，建一亩水浇地。

3. 地下径流

埋藏在地面以下的地层（如砂、砾石、砂砾土及岩层）裂隙、孔洞等空隙中的重力水，一般称为地下水，地下水是小型灌溉工程的主要水源之一。我国对地下水的开发利用有着悠久的历史。特别是西北、华北及黄淮平原地区，地表水缺乏，地下水丰富，开发利用地下水更为必要。

4. 城市污水

城市污水一般指工业废水和生活污水。城市污水肥分高，水量稳定，经过处理用于灌溉增产显著，已被城市郊区农田广泛利用。这不仅是解决灌溉水源的重要途径，而且也是防止水资源污染的有效措施。但是，城市污水用于灌溉，必须经过处理后符合农田灌溉水质标准才能利用。

为了扩大灌溉面积和提高灌溉保证率，必须充分利用各种水资源，将地面水、地下水、降水和城市污水统筹规划，全面开发，综合利用，为发展农业生产提供可靠的保障。

三、灌溉对水源的要求

开发灌区，首先要选择好水源。选择水源时，应对水源的水质、水量以及水位条件进行分析研究，制订利用水源的可行性方案。

（一）水质要求

灌溉水质是指灌溉水的化学、物理性状，水中含有物的成分及数量。主要包括含沙量、含盐量、有害物质含量及水温等。

1. 灌溉水中的泥沙

我国河流的含沙量较高，特别是西北黄土高原和华北平原的河流含沙量更高。从多泥沙河流上引水，必须分析泥沙的含量和组成，以便采取有效措施，防止有害泥沙入渠。粒径大于 0.15mm 的泥沙，容易淤积渠道，恶化土壤，危害作物，应禁止引入渠道和送入田间。粒径 0.005～0.1mm 的泥沙，可少量输入农田，以减少土壤的黏结性，改善土壤的物理性状。粒径小于 0.001mm 的泥沙，具有一定的肥分，应适量输入田间，但如引入过多，会降低土壤的透水性和通气性，恶化土壤的物理性质。一般情况下，灌溉水中允许的含沙粒径为 0.005～0.01mm，允许的含沙量应小于渠道的输沙能力。

2. 灌溉水的含盐量

灌溉水中一般都含有一定的盐分，地下水的含盐量较高。如果灌溉水含盐过多，就会提高土壤溶液的浓度和渗透压力，增加作物根系吸收水分的阻力，使作物吸收水分困难，轻则影响作物正常生长，重则造成作物死亡，甚至引起土壤次生盐碱化。一般要求是，含盐量小于 0.15%，对作物生长基本无害。

3. 灌溉水的温度

灌溉水的水温对农作物的生长影响较大。水温偏低，对作物的生长起抑制作用；水温过高，会降低水中溶解氧的含量并提高水中有毒物质的毒性，妨碍或破坏作物的正常生长。因此，灌溉水要有适宜的水温，一般在作物生育期内，灌溉时的灌溉水温与农田地温之差宜小于 10℃。水稻田灌溉水温宜为 15～35℃。

4. 灌溉水中的有害物质及病菌

灌溉水中常含有某些重金属（汞、镉、铬）和非金属砷以及氰、氟的化合物等，其含量若超过一定数量，就会产生毒害作用，使作物直接中毒，或残留在作物体内，使人畜食用后产生慢性中毒。因此，对灌溉用水中的有害物质含量，应该严格限制。此外，污水中如含有大量病原菌及寄生虫卵等，未经消除和消毒以前，不得直接灌入农田，更不允许用于生食蔬菜的灌溉。对于含有霍乱、伤寒、痢疾、炭疽等流行性传染病菌的污水，更要严格禁止直接灌溉农田。

总之，对水源的水质，必须进行化验分析，要求符合我国的《农田灌溉水质标准》（见表 11-1 和表 11-2）。不符合上述标准时，应设立沉淀池或氧化池等，经过沉淀、氧化和消毒处理，符合农田灌溉水质要求后，才能用于灌溉。

表 11-1　　　　　农田灌溉用水水质基本控制项目标准值（GB 5084—2005）

序号	项目类别		作物种类		
			水作	旱作	蔬菜
1	五日生化需氧量/(mg·L^{-1})	≤	60	100	40[a]，15[b]
2	化学需氧量/(mg·L^{-1})	≤	150	200	100[a]，60[b]
3	悬浮物/(mg·L^{-1})	≤	80	100	60[a]，15[b]
4	阴离子表面活性剂/(mg·L^{-1})	≤	5	8	6
5	水温/℃		35		
6	pH 值		5.5～8.5		
7	全盐量/(mg·L^{-1})	≤	1000[c]（非盐碱土地区），2000[c]（盐碱土地区）		
8	氯化物/(mg·L^{-1})	≤	350		
9	硫化物/(mg·L^{-1})	≤	1		
10	总汞/(mg·L^{-1})	≤	0.001		
11	镉/(mg·L^{-1})	≤	0.01		
12	总砷/(mg·L^{-1})	≤	0.05	0.1	0.05

续表

序号	项目类别		作物种类		
			水作	旱作	蔬菜
13	铬（六价）/(mg·L⁻¹)	≤		0.1	
14	铅/(mg·L⁻¹)	≤		0.2	
15	粪大肠菌群数/[个·(100mL)⁻¹]	≤	4000	4000	2000ᵃ，1000ᵇ
16	蛔虫卵数/(个·L⁻¹)	≤		2	2ᵃ，1ᵇ

注 a指加工、烹调及去皮蔬菜；b指生食类蔬菜、瓜类和草本水果；c指具有一定的水利灌排设施，能保证一定的排水和地下水径流条件的地区，或有一定淡水资源能满足冲洗土体中盐分的地区，农田灌溉水质含盐量指标可以适当放宽。

表 11-2 农田灌溉用水水质选择性控制项目标准值（GB 5084—2005）

序号	项目类别		作物种类		
			水作	旱作	蔬菜
1	铜/(mg·L⁻¹)	≤	0.5	1	
2	锌/(mg·L⁻¹)	≤		2	
3	硒/(mg·L⁻¹)	≤		0.02	
4	氟化物/(mg·L⁻¹)	≤		2（一般地区），3（高氟区）	
5	氧化物/(mg·L⁻¹)	≤		0.5	
6	石油类/(mg·L⁻¹)	≤	5	10	1
7	挥发酚/(mg·L⁻¹)	≤		1	
8	苯/(mg·L⁻¹)	≤		2.5	
9	三氯乙醛/(mg·L⁻¹)	≤	1	0.5	0.5
10	丙烯醛/(mg·L⁻¹)	≤		0.5	
11	硼/(mg·L⁻¹)	≤	1ᵃ（对硼敏感作物），2ᵇ（对硼耐受性较强的作物），3ᶜ（对硼耐受性强的作物）		

注 a指对硼敏感作物，如黄瓜、豆类、马铃薯、笋瓜、韭菜、洋葱、柑橘等；b指对硼耐受性较强的作物，如小麦、玉米、青椒、小白菜、葱等；c指对硼耐受性强的作物，如水稻、萝卜、油菜、甘蓝等。

（二）灌溉对水源水位和水量的要求

灌溉要求水源有足够高的水位，以便能够自流引水或使壅水高度和提水扬程最小。在水量方面，水源的来水过程应满足灌溉用水过程，以便尽量减少蓄水量。当水源的天然状况不能满足灌溉用水要求时，应采取工程措施，调节水源的水位和水量，使之满足灌溉用水的需要。

四、灌溉水源的污染与防治

灌溉水源的污染，是指由于人类的生产或生活活动向水体排入的污染物的数量，超过了水体的自净能力，从而改变了水体的物理、化学或生物学的性质和组成，使水质发生恶化，以至于不适用于灌溉农田。随着工业的发展，工厂排放的废水日益增多，已使越来越多的灌溉水源受到污染，给农业生产带来了严重的威胁。因此，消除污染，保护好水源，已成为当前发展农业生产的一项不可忽视的工作。

（一）灌溉水源的污染

工业废水是灌溉水体中污染物的最主要来源。特别是冶金、机械、矿山、炼油、化工、造纸、皮革、印染、食品等工业，不仅排放的废水量大，而且所含的有毒成分十分复杂，对农业危害最大。

城市生活污水也是重要污染源之一。城市生活污水是指从家庭、机关、学校、医院、服务行业及其他非工业部门排出的污水，污水中除含有各种有机、无机物质外，还有对人体健康有害的传染病菌和放射性物质，用这种污水灌溉农田后，有害物质也会污染粮食和蔬菜。

大量施用的农药和化肥（主要是氮肥），通过下渗或地表径流，也可以污染地下或地表水源。

此外，工业废渣中的有害物质，还会通过雨水冲刷，渗入浅层地下水或流入河流。工业废气中的各种污染物质也会随降雨（酸雨）进入地面水体。

（二）灌溉水源污染的防治

为防治灌溉水污染及减轻因灌溉水污染对农业造成的危害，可采取下列措施。

1. 控制污染源，减少污水的排放量

工厂要改革生产工艺，尽量节约用水，不用或少用易产生污染的原料及工艺流程。要采用重复用水及循环用水系统，使废水的排放量减至最少。要从废水中回收有用产品，降低废水中污染物的含量。特别是对含重金属的废水，由于重金属能在环境中积累，为了确保灌溉水不被污染，必须要强调工厂对重金属废水的处理和回收。

应严格监测施用农药及化肥后的回归水对水源的污染，尤其是对地下水的污染，测定危害物的浓度，利用生物降解作用，减少农药及化肥的有害成分，禁止使用某些有明显副作用的农药及化肥。

2. 加强监测管理，执行灌溉水质标准

对重复灌溉水源要进行水质监测，同时要加强灌溉管理，这是保护农业环境不受污染，作物不受危害的重要环节。在监测和管理过程中，应严格执行 GB5084—2005《农田灌溉水质标准》，凡超过标准规定时，应慎重使用。

3. 合理进行污水灌溉

随着工业的发展和城市的扩大，工业废水和城市生活污水的排放量日益增多。由于这些污水中含有一定的作物营养成分，因此常被农业上用作灌溉水源和肥源。特别是我国北方干旱和缺水地区，大部分污水被用来灌溉农田，这对增加农业产量和减轻江河污染起到了一定作用。但用于灌溉的污水一般为工业废水和生活污水的混合体。这些污水如果未经处理或处理得不符合标准，其中含有的各种有害物质进入农田，造成作物受害、农产品被污染，以致污染土壤和地下水。因此，进行污水灌溉时，要慎重使用。

五、增加灌溉水源的措施

目前，我国农田灌溉总用水量约占全国各国民经济部门总用水量的 69% 左右，而我国水资源总量折算成每亩耕地占有水量却又很低，因此，在水环境承载力允许的条件下，尽量利用各种可以利用的水源，减少废弃，对于灌溉水源的利用十分重要。

1. 强化节水，杜绝浪费

无论当前或今后，水资源利用的重点应该是减少浪费、增加回用。华北平原农业灌溉输水损失达到 50% 以上，大部分灌溉水量没有到达田间就蒸发渗漏掉了。黄河中上游的水浇地的净灌溉定额 300 m³/亩，而同类地区毛灌溉定额达到 600 m³/亩或更大，如果农田灌溉的渠系水利用系数提高 5～10 个百分点，即可节约大量的灌溉用水。

2. 废水利用和环境保护

地表水和地下水的水质恶化，导致水资源可利用量的减少，在我国也是常见不鲜的。所以，保护水资源是扩大灌溉水源的又一重要措施。专家估计用于稀释废污水的水量相当于全部用水量百分之六七十。我国的大江大河，虽水量丰富，具有一定的自然稀释和净化能力，但近年来的过量排污，已造成江河普遍污染，且呈发展趋势。因此，对于使用过的水，必须坚持处理后排放或处理后回用的原则，以保证天然水域中有可供利用的稳定水流。水资源的保护既包括水质也包括水源的调蓄能力，它对增加水的稳定流量起着十分重要的作用，流域范围内的林草覆盖和水土保持对此有着颇为显著的成效。专家们分析得知，每公顷的有林地比无林地可多蓄滞 300 m³ 的水。严禁破坏林草，防止水土流失是保护稳定水源的又一重要方面。

3. 兴建和利用好蓄水设施，提高灌溉水源的利用程度

兴建和利用好蓄水设施，协调供水时序，可提高水源的利用程度。由于河川径流的年际分布和年内分布与灌溉用水要求之间有着较大的差距，需要用工程设施对水源加以调蓄，以丰补缺，既满足灌溉要求，又提高水源的利用程度。新中国成立以来，全国共兴建不同规模的水库 8.5 万余座，总库容约 4 900 亿 m³，是主要的供水设施。但是，目前全国河川径流利用率仅为 17.5%，还需要进一步兴建新的蓄水工程，以满足农业和国民经济发展的需要，同时要使用好现有的蓄水工程，为农业增产发挥更大的作用。

4. 搞好供水地区间的协调，实行区域之间的水量调剂

实行区域之间水量调剂，解决好水资源与土地资源的分布不相协调的问题是十分重要的。我国水量在地区间分布不均，东南浙闽沿海年均径流深达 1200mm 以上，而西北蒙新沙漠边缘年均径流深不足 5mm。南方西南诸河人均水量 38000m³，北方海滦河流域人均水量大致有 400m³，相差悬殊，跨流域调水是解决这一问题的有效措施。从丰水地区调水到缺水地区，常需兴建比较复杂和比较艰巨的工程，输水距离长、输送水量大、跨越障碍多、施工难度大而且工程造价高，此外，还须认真分析和研究调水前后地区生态环境可能产生的变化，以防出现环境恶化的后果。

5. 实施地下水和地面水的联合运用

实施地面水和地下水的联合运用，对于充分利用水资源，是十分有效的。在两种水资源联合运用的情况下，地面水库和地下水库的配合使用，收效更好。多余的地面水除存蓄在地面水库外，也可储存在地下水库，特别是在汛期地面水库废弃的洪水储存在地下水库，到灌溉季节，两水并用，则可大大提高水资源的利用程度。此外，实行地面水与地下水联合运用，还可有效控制地下水位及土壤次生盐碱化，达到最佳的经济效益及环境效应。

单元二　灌溉取水方式

不同的灌溉水源，相对应的灌溉取水方式也不相同。灌溉取水方式，随水源类型、水位和水量的状况而定。利用地面径流灌溉，可以有各种不同的取水方式，如无坝引水、有坝引水、抽水取水、水库取水等；利用地下水灌溉，需要打井或修建其他集水工程。

一、地表水取水方式

（一）引水取水

当河流水量丰富，不经调蓄即能满足灌溉用水要求时，在河道适当地点修建引水建筑物，引水自流灌溉。引水取水分为无坝引水和有坝引水两种（图 11-1）。

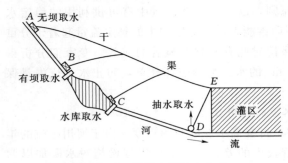

图 11-1　河流水源取水方式

1. 无坝引水

灌区附近河流水位、流量均能满足自流灌溉要求时，即可选择适宜的位置作为取水口，修建进水闸引水自流灌溉，形成无坝引水。在丘陵山区，灌区位置较高，可自河流上游水位较高的地点 A 引水（图 11-1），借修筑较长的引水渠，取得自流灌溉的水头。无坝取水具有工程简单、投资较少、施工容易、工期较短等优点，但不能控制河流的水位和流量，枯水期引水保证率低，且取水口往往距灌区较远，需要修建较长的干渠和较多的渠系建筑物，还可能引入大量泥沙，淤积取水口和渠道，影响正常引水。

无坝引水口位置选择应符合在河、湖枯水期水位能满足引取设计流量的要求；应避免靠近有支流汇入处；尽量将取水口布置在河岸坚实、河槽较稳定、断面较匀称的顺直河段，或主流靠岸、河道冲淤变化幅度较小的弯道凹岸顶点偏下游处，以便利用弯道横向环流的作用，使主流靠近取水口，引取表层较清的水，防止泥沙淤积渠口和进入渠道。弯道取水口具体位置可按式（11-1）计算：

$$L = KB\sqrt{4\frac{R}{B}+1} \qquad\qquad (11-1)$$

式中　　L——引水口至弯道段凹岸起点的弧长，m；

$\qquad K$——系数，其值为 0.6～1.0，一般可取 0.8；

$\qquad B$——弯道段水面宽度，m；

$\qquad R$——弯道段河槽中心线的弯曲直径，m。

无坝引水渠首一般由进水闸、冲沙闸和导流堤三部分组成。进水闸控制入渠流量，冲沙闸冲走淤积在进水闸前的泥沙，而导流堤一般修建在中小河流中，平时发挥导流引水和防沙作用，枯水期可以截断河流，保证引水。渠首工程各部分的位置应相互协调，以有利于防沙取水为原则，图 11-2 所示是历史悠久、闻名中外的四川都江堰工程。它的进水口正好位于岷江凹岸顶点的下游，整个枢纽包括用于分水的鱼咀，用于导流的金刚堤，用于排沙、溢洪的飞沙堰等。它在各方面的布局都很成功，已经运行了2200多年，是无坝引水的典范。

2. 有坝引水

当河流水源虽较丰富，但水位较低时，可在河道上修建壅水建筑物（坝或闸），抬高水位，自流引水灌溉，形成有坝引水的方式。如图 11-1 中的 B 点，在灌区位置已定的情况下，此种型式与有引渠的无坝引水相比较，虽然增加拦河坝（闸）工程，但引水口一般距灌区较近，可缩短干渠线路长度，减少工程量。在某些山区丘陵地区洪水季节

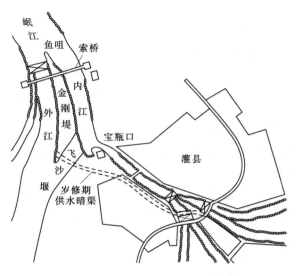

图 11-2　四川都江堰工程示意图

虽流量较大，水位也够，但洪、枯季节变化较大，为了便于枯水期引水也需修建临时性低坝。

有坝引水枢纽主要由拦河坝（闸），进水闸、冲沙闸及防洪堤等建筑物组成，如图 11-3 所示。

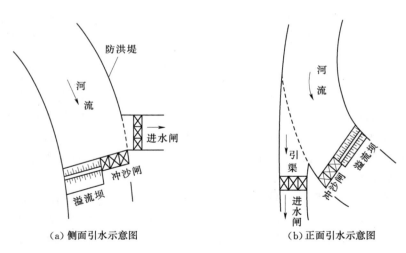

（a）侧面引水示意图　　　　　（b）正面引水示意图

图 11-3　有坝引水

（1）拦河坝。拦河坝主要拦截河流，抬高水位，以满足灌溉引水的要求，汛期则在溢流坝顶溢流，宣泄河道洪水。因此，坝顶应有足够的溢洪宽度，在宽度增长受到限制或上游不允许壅水过高时，可降低坝顶高程，改为带闸门的溢流坝或拦河闸，以增加泄洪能力。

（2）进水闸。进水闸用以引水灌溉。主要有两种型式：

1) 侧面引水。进水闸过闸水流方向与河流方向正交，如图 11-3（a）所示。这种取水方式，由于在进水闸前不能形成有力的横向环流，因此防止泥沙入渠的效果较差，一般只用于含沙量较小的河道。

2) 正面引水。这是一种较好的取水方式。进水闸过闸水流方向与河流方向一致或斜交，如图 11-3（b）所示。这种取水方式，能在引水口前激起横向环流，促使水流分层，表层清水进入进水闸，而底层含沙水流则涌向冲沙闸而被排掉。

（3）冲沙闸。冲沙闸是多沙河流低坝引水枢纽中不可缺少的组成部分，它的过水能力一般应高于进水闸的过水能力，冲沙闸底板高程应低于进水闸底板高程，以保证较好的冲沙效果。

（4）防洪堤。为减少拦河坝上游的淹没损失，在洪水期保护上游城镇、交通的安全，可在拦河坝上游沿河修筑防洪堤。

此外，若有通航、过鱼、过木和发电等综合利用要求，尚需设置船闸、鱼道、筏道及电站等建筑。

（二）蓄水取水

蓄水灌溉是利用蓄水设施调节河川径流灌溉农田。当河流的天然来水过程不能满足灌区的灌溉用水过程时，可在河流的适当地点（如图 11-1 中 C 处）修建水库等蓄水工程，调节河流的水位和流量，以解决来水和用水之间的矛盾。

水库蓄水一般可兼顾防洪、发电、航运、供水和养殖等方面的要求，为综合利用河流水资源创造了条件，水库枢纽一般由挡水建筑物、泄水建筑物和取水建筑物组成。水库枢纽工程量大，库区淹没损失较大，对库区和坝址处的地形、地质条件要求较高。因此，必须认真选择好坝址。在管理运用中，应合理进行调度，积极开展多种经营，以充分发挥单位水体的效益。

塘堰是小型蓄水工程，主要拦蓄当地地面径流，一般有山塘和平塘两类，在坡地上或山冲间筑坝蓄水所形成的塘叫山塘；在平缓地带挖坑筑堤蓄水所形成的塘叫平塘。塘堰工程规模小，技术简单，对地形地质条件要求较低。虽然单个塘堰的蓄水能力不大，但由于数量众多，总蓄水能力还是很大的。为了提高塘堰的复蓄次数及调蓄能力，可将塘堰用输水渠道与其他水源工程联结起来，形成大中小、蓄引提相结合的灌溉系统。

（三）抽水取水

河流水量丰富，而灌区位置较高，河流水位和灌溉要求水位相差较大，修建自流引水工程困难或不经济时，可在灌区附近的河流岸边修建抽水站，提水灌溉农田（如图 11-1 中 D 处）。由于它无须修建大型挡水或引水建筑物，受水源、地形、地质等条件的限制较小，具有机动灵活、一次投资少、成本回收快等特点，特别适用于喷灌、滴灌和低压管道输水灌溉等节水灌溉系统，但增加了机电设备和厂房、管道等建筑物，需要消耗能源，运行管理费用较高。

为了充分利用地表水资源，最大限度地发挥各种取水工程的作用，常将蓄水、引水和提水结合使用，这就是蓄引提结合的农田灌溉方式，如图 11-4 所示。蓄引提结合灌溉系统主要由渠首工程、输配水渠道系统、灌区内部的中小型水库和塘堰以及提水设施等几部分组成。由于渠首似根，渠道似藤，塘库似瓜，故又称此为长藤结瓜式灌溉系统。它是一种以小型工程为基础，大中型工程为骨干，大、中、小结合，蓄引提结合的灌溉系统，是山区、丘陵地区比较理想的灌溉系统。

蓄引提结合的灌溉系统有一河取水、单一渠首的灌溉系统和多河取水、多渠首的灌溉系统等几种类型。

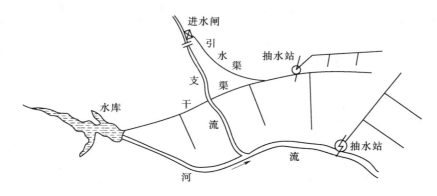

图 11-4 蓄引提结合灌溉系统示意图

二、地下水取水建筑物

我国是世界上农业发展最早的国家之一，也是最早利用地下水的国家之一。由于不同地区地下水的埋藏条件、补给条件、开采条件、地质、地貌和水文地质条件不同，地下水开采利用的方式和取水建筑物也不相同。大致如下：

（1）垂直取水建筑物，如管井、筒井等。

（2）水平取水建筑物，坎儿井、卧管井、截潜流工程等。

（3）双向取水建筑物，如辐射井等。

（一）垂直取水建筑物

1. 管井

管井是在开采利用地下水中应用最广泛的取水建筑物，它不仅适用于开采深层承压水，也是开采浅层水的有效形式。由于水井结构主要由一系列井管组成，故称为管井。当管井穿透整个含水层时，称为完整井，穿透部分含水层时，称为非完整井。根据我国北方一些地区农田的用水经验，井深在 60m 以内，井径以 700～10000mm 为宜；60～150m 的中探井，井径可采用 300～400mm；150m 以上的探井，井径可取 200～300mm。由于管井出水量较大，一般采用机械提水，通常也称为机井。

管井的一般结构如图 11-5 所示，把井壁管（亦称实管）和滤水管（亦称花管）连接起来，形成一个管柱，垂直安装在打成的井孔中，井壁管安装在隔水层处和不拟开采的含水层处，滤水管安装在开采的含水层处，管井最下一段为沉淀管（4～8m），以沉淀流入井中的泥沙。在取水的含水层段，井管与井孔的环状间隙中，填入经过筛选的砾石（人工填料），以起滤水阻砂的作用；在填砾顶部的隔水层或不开采的含水层段，用黏土球止水，以防止水质不好的水渗入含水层，破坏水源。此外在井管上端井口处，应用砖石砌筑或用混凝土浇筑，便于安装抽水机和保护井口。

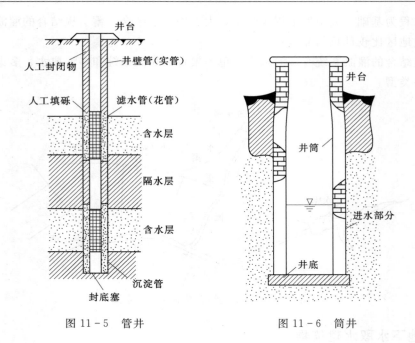

图 11-5　管井　　　　　　　　图 11-6　筒井

2. 筒井

筒井是一种大口径的取水建筑物（图 11-6），由于其直径较大（一般为 1～2m）形似圆筒而得名，有的地区筒井直径达到 3～4m，最大者至 12m，这种筒井称为大口井，筒井多用砖石等材料衬砌，有的采用预制混凝土管作井筒。筒井具有结构简单、检修容易、就地取材等优点，但由于口径太大，不宜过深，因而筒井多用于开采浅层地下水，深度一般为 6～20m，深者达 30m 左右。

（二）水平取水建筑物

1. 坎儿井

这种井主要分布在我国新疆地区山前洪积冲积扇下部和冲积平原的耕地上。高山融雪水经过洪积冲积扇上部的漂砾卵石地带时，大量渗漏变为潜流，采取开挖廊道的形式，引取地下水。当地称这种引水廊道为坎儿井，如图 11-7 所示。

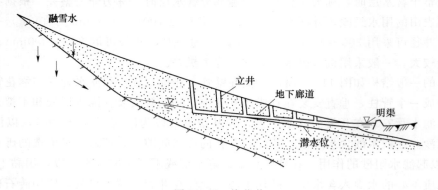

图 11-7　坎儿井

坎儿井工程由地下廊道和立井组成，地下廊道是截取地下潜流和输水的通道。廊道的比降小于潜流的水力坡降，为 1‰～8‰，廊道出口处底部与地面平，向上游开挖，逐渐低于地下水位，于是潜流就可以顺廊道流出地面，进入引水渠。廊道底部高于地下水位的部分，起输水作用，顺水流方向开挖，廊道底部低于地下水位的部分起集水作用，可垂直地下水流向开挖。廊道断面为矩形，拱顶用木料和块石砌成。立井与地面垂直，是廊道开挖过程中出土和通风用的，又称工作井。立井间距 15～30m，上游较稀，下游较密，每个坎儿井的立井由十到百余个组成。坎儿井的下游与引水渠相接，可自流灌溉。

2. 卧管井

卧管井即埋设在地下水较低水位以下的水平集水管道。集水管道与提水竖井相通，地下水渗入水平集水管，流到竖井，可用水泵提取灌溉。为了增加卧管井的出水量，集水管埋置深度应在地下水位最低水位以下 2～3m。集水管长度 100m 左右，间距 300～400m，可用普通井管或水泥砾石管。为了防淤，周围应填砂砾料。

卧管井在地下水位高的沼泽化和盐渍化地块上，可起暗管排水作用。但用在抗旱上有一定局限性，因为旱季随着地下水位的降低，卧管井的出水量将显著减少。另外，卧管埋置较深，施工和检修工作量都很大。

3. 截潜流工程

在山麓地区，有许多中、小河流，由于砂砾、卵石的长期沉积，河床渗漏严重，除洪水季节外，平时河中水量很小，大部分水量经地下沙石层潜伏流走，特别是在干旱季节，河床往往处于干涸状态。在这些河床中筑地下坝（截水墙），拦截地下潜流，即称截潜流工程，通常也称"干河取水"或"地下拦河坝"工程，如图 11－8 所示。

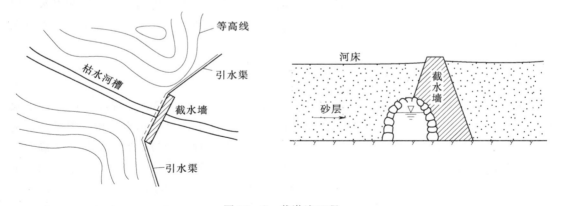

图 11－8　截潜流工程

（三）双向取水建筑物

为了增加地下水的出水量，有时采用水平和垂直两个方向相结合的取水形式，称为双向取水建筑物，例如辐射井。

在大口井动水位以下，穿透井壁，按径向沿四周含水层安设水平集水管道，以扩大井的进水面积，提高井的出水量。由于这些水平集水管呈辐射状，因此称为辐射井，如图 11－9 所示。

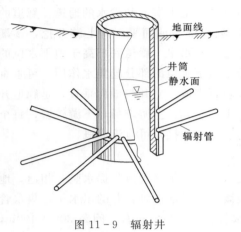

图 11-9　辐射井

辐射管的作用在于集取地下水。大口竖井除具有较好的集水作用外，主要是为打辐射管提供施工场所，并把从辐射管流出的水汇集起来供水泵抽取，因此又把辐射井中的大口竖井叫作"集水井"。

辐射管沿井管周长均匀分布，其数量一般为3～8个，长度视要求的水量和土质而定。集水井直径应根据辐射井施工要求而定，一般以3m为宜。在黄土和裂隙黏土、亚黏土等黏土层中钻成的辐射孔，一般不需要下水平滤水管，只需要在辐射孔的出口处打进1m左右长的护筒。在沙性土层中钻孔则需安装滤水管，以防止孔壁坍塌。

为了增加水头和出水量，辐射孔的位置应布设在集水井下部。为了便于施工操作，并使集水井发生淤积时不致堵塞孔口，集水井的最下部应留一定沉沙段。

单元三　引水灌溉工程的水利计算

灌溉工程的水利计算是灌区规划工作的主要组成部分。通过水利计算可以揭示灌区天然来水情况和灌区需水要求之间的矛盾，并确定协调这些矛盾的工程措施及其规模，如灌区面积、坝的高度、进水闸尺寸、抽水站装机容量和水库库容等。

灌溉工程的水利计算，一般有蓄水工程的水利计算、引水工程的水利计算和提水工程的水利计算等。不同情况下的水利计算，虽目的及要求相同，但计算内容有差异。本单元主要介绍引水灌溉工程的水利计算。

一、灌溉设计标准与设计年的选择

灌区水量平衡计算是根据水源来水过程和灌区用水过程进行的。所以，在进行来水量、用水量配合计算之前，必须首先确定水源的来水过程和灌区的用水过程。但是，这两个过程都是逐年变化的，年年各不相同。因此，在灌溉工程规划设计时，必须首先确定用哪个年份的来水过程和用水过程作为设计的依据。工程实践中，中小型灌溉工程多用一个特定水文年份的来水过程和用水过程进行配合计算，这个特定的水文年份叫作设计典型年，简称设计年。而设计年又是根据灌溉设计标准确定的。下面介绍灌溉设计标准的表示方法和设计年的选择方法。

（一）灌溉设计标准

进行灌溉工程的水利计算前，必须首先确定灌溉工程的设计标准。实际工作中，多采用灌溉设计保证率作为灌溉工程的设计标准，有些地区亦有采用"抗旱天数"的。灌溉设计标准反映了灌溉水源对灌区用水的保证程度，灌溉设计标准越高，灌溉用水得到水源供水的保证程度越高，因此，灌溉设计标准是关系到灌溉工程的规模、投资和效益的重要指标。

1. 灌溉设计保证率

灌溉设计保证率是指灌区用水量在多年期间能够得到充分满足的概率，一般以正常供水的年数或供水不破坏的年数占总年效的百分数表示，例如设计保证率 $P=80\%$ 表示灌溉设施在长期运用过程中，平均每 100 年可保证 80 年正常供水。

灌溉设计保证率常用下式进行计算，即

$$P=\frac{m}{n+1}\times100\% \tag{11-2}$$

式中　　P——灌溉设计保证率，%；

　　　　m——灌溉设施能保证正常供水的年数；

　　　　n——灌溉设施供水的总年数。

灌溉设计保证率是一项在经济分析基础上产生的指标，由于它综合反映了灌区用水和水源供水两方面的影响，因此能较好地表达灌溉工程的设计标准。灌溉设计保证率因各地自然条件、经济条件的不同而有所不同。选定时，不仅要考虑水源供水的可能性，还要考虑作物的需水要求。具体根据灌区水文气象、水土资源、作物组成、灌区规模、生态经济效益等因素，参考《灌溉与排水工程设计规范》（GB 50288—99）所规定的数值，见表11-3。

表 11-3　　　　　　　　　　　　　灌 溉 设 计 保 证 率 表

灌水方法	地区	作物种类	灌溉设计保证率/%
地面灌溉	干旱地区或水资源紧缺地区	以旱作为主	50~75
		以水稻为主	70~80
	半干旱、半湿润地区或水资源不稳定地区	以旱作为主	70~80
		以水稻为主	75~85
	湿润地区或水资源丰富地区	以旱作为主	75~85
		以水稻为主	80~95
喷灌、微灌	各类地区	各类作物	85~95

注　1. 作物经济价值较高的地区，宜选用表中较大值，作物经济价值不高的地区，可选用表中较小值。
　　2. 引洪淤灌系统的灌溉设计保证率可取 30%~50%。

2. 抗旱天数

抗旱天数是指灌溉设施在无降雨情况下能满足作物需水要求的天数，它反映了灌溉设施的抗旱能力，是灌溉设计标准的一种表达方式。例如，某灌溉设施的供水能够满足连续 50d 干旱所灌面积上的作物灌溉用水，则该灌溉设施的抗旱天数为 50d。用抗旱天数作为灌溉设计标准，适用于以当地水源为主的小型灌区。

选定抗旱天数时，应根据当地水资源条件、作物种类及经济状况等，全面考虑和分析论证，选取切合实际、经济效益较高的抗旱天数。《灌溉与排水工程设计规范》（GB 50288—99）规定，以抗旱天数为标准设计灌溉工程时，单季稻灌区可用 30~50d，双季稻灌区可用 50~70d。经济较发达地区，可按上述标准提高 10~20d。

我国小型灌区和农田基本建设规划设计，多以抗旱天数作为设计标准，而在大中型灌溉工程及综合利用工程的规划设计工作中，主要以灌溉设计保证率作为灌溉设计标准。

（二）设计年的选择

1. 灌溉用水设计年的选择

灌溉设计标准确定后，就可根据这个标准对某一水文气象要素进行分析计算来选择灌溉用水设计年。常用的选择方法有以下几种。

（1）按年雨量选择。把历年的降雨量从大到小加以排列，进行频率计算，选择降雨频率和灌溉设计保证率相同或相近的年份，作为灌溉用水设计典型年。这种方法只考虑了年雨量的大小，而没有考虑年雨量的年内分配情况及其对作物灌溉用水的影响。按此年份计算出来的灌溉用水量和作物实际要求的灌溉用水量往往差别较大。

（2）按主要作物生长期的降雨量选择。统计历年主要作物生长期的降雨量，进行频率计算，选定设计年。主要作物是指灌区内种植面积较多、经济价值较高、灌溉用水量较大的作物。这种方法能反映主要作物的用水要求，较第一种方法有所改进，但仍未能解决作物生长期内降雨量的分配及其对作物用水的影响这个根本问题，所以，计算结果和作物实际需要仍有一定差别。

（3）按干旱年份的雨量分配选择。对历史上曾经出现的、旱情较严重的一些年份的年雨量年内分配情况进行分析研究，选择对作物生长最不利的雨量分配作为设计雨型。再按第一种方法确定设计年降雨量。然后把设计年雨量按设计雨型进行分配，以此作为设计年的降雨过程。这种方法采用了真实干旱年的雨量分配和符合灌溉设计保证率的年雨量，是一种比较好的方法。

灌溉用水设计年确定后，即可根据该年的降雨量、蒸发量等气象资料制定作物灌溉制度，绘制灌水模数图和灌溉用水流量过程线，计算灌溉用水量。这样，设计年的灌溉用水过程就完全确定了。

2. 水源来水设计年的选择

根据灌溉设计标准选择水源来水设计年的方法有以下两种：

（1）和灌溉用水设计年同年份。这种方法是采用和灌溉用水设计年同一年份的河流来水过程作为设计年的水源来水过程。对于以中小河流为水源的灌区，影响灌溉用水和水源来水的水文气象条件相近，灌溉用水量和河流来水量之间存在一定的相关关系。因此，可以采用同一年份的两个过程进行配合计算。

（2）和灌溉用水设计年同频率。和选择灌溉用水设计年的方法一样，把历年灌溉用水期的河流平均流量（或水位）从大到小排列，进行频率计算。选择和灌溉用水保证率（即灌溉设计保证率）相等或相近的年份作为河流来水设计年，以这一年的河流流量、水位过程作为设计年的来水过程。

以大江大河作为灌溉水源时，影响河流来水和灌区用水的水文气象因素一般没有相关关系，宜采用这种方法。有时为了简便，亦可采用多年平均值作为设计来水过程。

二、无坝引水工程的水利计算

无坝引水工程水利计算的任务，主要是根据河流天然来水情况，确定经济合理的灌溉面积以及进水建筑物的相应尺寸。有时是在灌区面积已定的情况下，依灌溉设计保证率要求，确定进水建筑物尺寸；有时是进水建筑物的尺寸已定，根据河流来水情况，确定满足灌溉设计保证率下的灌溉面积；有些情况下，则是根据灌溉设计保证率的要求，同时确定灌溉面积和进水建筑物尺寸。具体计算内容主要包括确定设计灌溉面积、设计引水流量、闸前设计水位、闸后设计水位和进水闸尺寸等。

（一）设计灌溉面积的确定

首先根据实际需要，初步拟定一个灌溉面积，用此面积分别乘以设计灌水模数图上各时段的毛灌水模数值，求出设计年灌溉用水流量过程线。由于无坝引水时，灌溉引水流量不得大于河道枯水流量的30%，所以把设计年的河道流量过程线乘以30%，即为设计年的河道供水流量过程线。然后进行供需过程配合计算，可能出现三种情况。

（1）过程远大于用水过程，说明初定的灌溉面积小了，尚可扩大灌溉面积。

（2）过程能够满足用水过程，且两个过程比较接近，说明初定的灌溉面积比较合适，就以此作为设计灌溉面积。

（3）水过程不能满足用水过程，说明初定灌溉面积大了，应减小灌溉面积，并按河道供水流量过程确定设计灌溉面积。

方法是：依据设计年供水流量过程线和灌水模数图，找出供水流量与灌水模数商值最小的时段，以此时段的供水 $Q_{供}$ 除以毛灌水模数 $q_{毛}$，即为设计灌溉面积 $A_{设}$。这种方法也可直接用来计算设计灌溉面积。计算公式为

$$A_{设}=[Q_{供}/q_{毛}]\min \tag{11-3}$$

（二）设计引水流量的确定

对大型灌溉工程，灌溉设计引水流量的确定应根据长系列来水量和灌溉用水量资料，采用长系列计算。对中性灌溉工程，如缺乏来水量资料，可采用设计代表年计算。

1. 长系列法

（1）选择有代表性的系列年组。

（2）计算历年（或历年灌溉临界期）的河流可能供水和灌区用水过程。在计算河流可能供水和灌区用水过程中，一般可采用5日或旬作为计算时段。

（3）逐年进行引水水量平衡计算（可采用表格形式计算，见表11-4），将表中同一时间段可以引取的河流来水量与灌溉用水量进行比较，取两者中较小的数字作为实际引水量，填入第（6）列。当同一时段的实际引水量小于灌溉用水量时，即表示该时段的灌溉引水量不能保证需要，就出现灌溉遭到破坏的情况。

表 11-4　　　　　　　　　　××灌区历年引水量平衡计算表

年	月	旬	可以引取河流来水量 /$10^4 m^3$	毛灌溉用水量 /$10^4 m^3$	实际引水量 /$10^4 m^3$	引水保证情况 （＋或－）
(1)	(2)	(3)	(4)	(5)	(6)	(7)=(6)-(5)
××	4	中	1000	400	400	＋
		下	1200	700	700	＋
	5	上	500	800	500	－
		—	—	—	—	—

（4）统计系列年组 n 中河流来水满足灌溉用水的保证年数 m，按式（11-2）计算灌

灌溉保证率。

（5）如按式（11-2）计算得到的灌溉保证率与灌区设计所要求的灌溉设计保证率相一致，则可在引水量平衡计算表内实际引水量一栏中，选取其中最大的实际引水量W（10^4m^3），按式（11-4）计算设计引水流量：

$$Q = \frac{W \times 10^4}{86400t} \quad (\text{m}^3/\text{s}) \tag{11-4}$$

式中　t——采用的计算时段，d。

长系列法考虑了历年的引水流量与灌溉用水量的实际变化及配合，只要所选取的系列年组有足够的代表性，其成果一般比较可靠，但工作量比较大。

2. 设计代表年法

（1）选择设计代表年，由于仅选择一个年份作为代表，具有很大的偶然性，故可按下面方式选择一个代表年组：

a. 对渠首河流历年（或历年灌溉临界期）的来水量，进行频率分析，按灌区所要求的灌溉设计保证率，选出 2～3 年，作为设计代表年，并求出相应年份灌溉用水过程；

b. 灌区历年作物生长期降雨量或灌溉定额进行频率分析，选择频率接近灌区所要求的灌溉设计保证率的年份 2～3 年，作为设计代表年，并根据水文资料，查得相应年份渠首河流的来水过程；

c. 上述一种或两种方法所选得的设计代表年中，选出 2～6 年，组成一个设计代表年组。

（2）对设计代表年组中的每一年，进行引水量平衡计算与分析（具体计算方法同长系列法），如在引、用水量平衡计算中，发生破坏情况，则应采取缩小灌溉面积、改变作物组成或降低设计标准等措施，并重新计算。

（3）选择设计代表年组中实际引水流量最大的年份作为设计代表年，并以该年最大引水流量作为设计流量。

对于小型灌区，由于资料缺乏，没有绘制灌水模数图时，可根据已成灌区的灌水模数经验值和水源供水流量来计算设计灌溉面积和设计引水流量。也可根据作物需水高峰期的最大灌水定额和灌水延续时间来确定设计引水流量。

（三）进水闸闸孔尺寸的确定

1. 闸前设计水位的确定

为了确定闸前设计水位，如图 11-10 所示，首先应确定外河设计水位 x_1。外河设计水位一般可以按设计引水流量的相应水位确定。对于大江大河的引水工程，则可根据历年灌溉临界期的最低旬（或月）平均水位进行频率分析，选取相当于灌溉设计保证率的水位作为外河设计水位。如果大江大河枯水位比较稳定，也可以选取历年灌溉临界期的最低水位，加以平均，作为外河设计水位。

在外河设计水位确定之后，便可根据与外河设计水位相应的河流平均流量 Q_1，减去设计引水流量 $Q_{引}$ 得到引水后的河流流量 Q_2，并根据 Q_2 查河流水位流量关系曲线得引水后河流相应的水位 x_2。此外，还应考虑引水时闸前有一定流速引起的水面降落 z（图 11-10），则闸前设计水位为

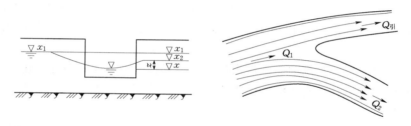

图 11-10　闸前设计水位示意图

$$x = x_2 - z \tag{11-5}$$

式中　　x——闸前设计水位，m；

x_2——与 Q_2 相对应的外河水位，由水位流量关系曲线查得，m；

z——引水时部分位能转化为动能后所形成的闸前水位降落。

z 值可按经验公式（11-6）计算：

$$z = \frac{3}{2} \times \frac{K}{1-K} \times \frac{v_2^2}{2g} \tag{11-6}$$

$$v_2 = \frac{Q_1 - Q_{引}}{A_2} = \frac{Q_2}{A_2}$$

式中　　K——取水系数，为引水流量 Q 引与引水前河流流量 Q_1 之比值，即 $K = Q_{引}/Q_1$；

v_2——与 x_2 相应的河流平均流速，m/s；

A_2——相应于水位 x_2 时下游河道的过水断面面积，m²。

由式（11-6）可以看出，z 值的大小与取水系数 K 直接有关。自大江大河中引水时，K 值往往很小，z 值更小，设计时可以忽略不计，以 x_2 为闸前设计水位。若闸前引水渠较长，则闸前水位还应减去引水渠中的水头损失。

2. 闸后设计水位的确定

闸后设计水位一般是根据灌溉渠系水位要求确定干渠渠首水位，但这一水位还应根据闸前设计水位扣除过闸水头损失加以校核。如果不足，则应以闸前水位减过闸水头损失（一般取 0.1～0.3m）作为闸后设计水位，而将灌区范围适当缩小，或者向上游重新选择新的取水地点。

3. 进水闸闸孔尺寸的确定及校核

进水闸闸孔尺寸，主要指闸底板高程和闸孔净宽，闸底板高程和闸孔净宽之间是互为前提、互相影响的，在满足灌区高程控制要求的前提下，对于同一设计流量，闸底板高程定得低些，闸孔净宽可小一些；相反，闸底板高程定得高些，闸孔净宽就需要大些。一般情况下，闸底板高程和总干渠渠底同高或稍高，设计时必须根据建闸处地形、地质条件，河流挟沙情况等综合考虑，反复计算比较，以求得经济合理的闸孔尺寸。

如闸底板高程已经确定，根据过闸设计流量、闸前及闸后设计水位，可按水力学的方法判别过闸水流状态，采用相应的计算公式计算闸孔净宽，如果过闸水流为宽顶堰淹没出流，则闸孔宽度可按式（11-7）计算。

$$B = \frac{Q_{设}}{\sigma_s \varepsilon m \sqrt{2g} H_0^{3/2}} \tag{11-7}$$

式中 B——闸孔净宽（m），若为多孔闸，则 $B=nb$（n 为孔数，b 为每孔净宽）；

  $Q_设$——过闸设计流量，相当于某一灌溉设计保证率的灌溉临界期最大引水流量，m^3/s；

  σ_s——淹没系数，与闸前\闸后水位有关，可查《水力计算手册》确定；

  ε——侧收缩系数，与边墩和中墩形状、个数及闸孔净宽有关，可查《水力计算手册》确定；

  m——宽顶堰流量系数，与进口底坎形式等有关，可查《水力计算手册》确定；

  H_0——包括行近流速水头的闸前堰上总水头，m。

在进行闸孔净宽计算时，侧收缩系数与闸孔净宽有关，因此需要采用试算法进行计算。可以先不考虑侧收缩影响，计算闸孔总净宽 B，再结合分孔情况，计入侧收缩影响，校核闸孔的过水能力。

大型工程在设计计算后，必要时还应通过模型试验，加以验证。

在实际工程设计中，设计条件有时比较复杂，灌溉临界期往往不止一个，如按某一灌溉临界期设计进水闸尺寸，还应按另一个灌溉临界期的引水流量进行校核，以满足保证年份内各个时期的灌溉用水要求。

三、有坝引水工程的水利计算

有坝引水工程的水利计算与无坝引水工程类似，不同之处在于增加了壅水建筑物的影响，有坝引水可能引取的流量，不但与河流天然来水流量有关，而且与壅水建筑物抬高后河流水位有关。有坝引水工程水利计算的内容主要是在已给灌区面积情况下，确定设计灌溉面积和设计引水流量、拦河坝高度、拦河坝上游防护设施及进水闸尺寸等。

（一）设计灌溉面积和设计引水流量的确定

有坝引水设计灌溉面积和设计引水流量的确定方法和无坝引水基本相同，区别之处在于有坝引水时渠首可以引入河道的全部枯水流量。因此，设计年的河道来水流量过程就是河道的供水流量过程，用这个供水过程和灌溉用水过程进行配合计算，就可确定设计灌溉面积和设计引水流量。

（二）拦河坝高度的确定

根据灌区规划设计经验，拦河坝高应满足三方面的要求。

（1）应满足灌区要求的引水高程。

（2）在满足灌溉引水要求的前提下，使筑坝后上游淹没损失最小，即在宣泄一定设计频率洪水的条件下，使溢流坝的壅水高度最小。

（3）适当考虑综合利用的要求，如发电、通航、过鱼等。

对灌溉和发电效益而言，拦河坝高些好，但拦河坝愈高，上游淹没损失愈大，防洪工程造价愈高，因此，确定拦河坝高必须通过多方面的调查研究和反复比较。为减少工程投资，拦河坝通常由溢流坝段和非溢流坝段两部分组成，溢流坝段用于泄洪，非溢流坝段用于挡水。

1. 溢洪坝段的坝顶高程（图 11-11）的计算

坝顶高程可按式（11-8）计算：

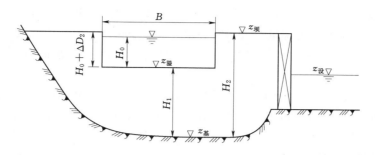

图 11 - 11　拦河坝坝顶高程计算示意图

$$z_溢 = z_设 + \Delta z + \Delta D_1 \qquad (11-8)$$

式中　$z_溢$——拦河坝溢流段坝顶高程，m；

$\quad\quad z_设$——相应于设计引水流量的干渠渠首水位，m；

$\quad\quad \Delta z$——渠首进水闸过闸水头损失，一般为 $0.15\sim0.3m$；

$\quad\quad \Delta D_1$——安全超高，一般中、小型工程取 $0.2\sim0.3m$。

溢流坝的高度计算公式为

$$H_1 = z_溢 - z_基 \qquad (11-9)$$

式中　H_1——溢流坝的高度；

$\quad\quad z_溢$——溢流坝坝顶高程。

2. 非溢流坝段的坝顶高程计算

$$Z_坝 = z_溢 + H_0 + \Delta D_2 \qquad (11-10)$$

$$H_0 = \left(\frac{Q_M}{\varepsilon m B \sqrt{2g}} \right)^{\frac{2}{3}} \qquad (11-11)$$

式中　ΔD_2——安全超高，一般可取 $0.4\sim1.0m$；

$\quad\quad H_0$——溢流坝段溢洪时的壅水高度，m；

$\quad\quad Q_M$——对应某一设计标准的洪峰流量，m^3/s；

$\quad\quad B$——拦河坝溢流坝段宽度，m，若是分孔，$B=nb$（n 为孔数，b 为每孔净宽）；

$\quad\quad m$——溢流坝流量系数；

$\quad\quad \varepsilon$——溢流坝侧收缩系数。

非溢流坝段的坝高 H_2 为

$$H_2 = z_坝 - z_基 \qquad (11-12)$$

（三）拦河坝的防洪校核及上游防护措施的确定

河道中修筑拦河坝后，抬高了上游水位，扩大了淹没范围，必须采取防护措施，确保上游城镇、交通等的安全。进行防洪校核，首先要确定防洪设计标准，中小型引水工程的防洪设计标准，一般采用 $10\sim20$ 年一遇洪水设计，$100\sim200$ 年一遇洪水校核。根据一定标准的设计洪水和初步拟定的坝高，便可根据河床情况，选取一个溢流宽度，根据式（11-11）计算坝上的壅水高度 H_0。此项计算往往与溢流段坝高的计算交叉进行。

壅水高度 H_0 求出后，可按恒定非均匀流推求出上游回水曲线，计算方法详见《水利计算手册》，根据回水范围，可调查统计筑坝后的淹没面积及搬迁等淹没情况。对于一些重要的城镇和交通要道，要增设防洪堤和抽水排涝工程等进行防护。若坝上游的淹没情况严重，且所需防护工程的工程量过大，则必须考虑改变拦河坝的结构型式，如增长溢流坝段的宽度，降低固定坝高，加设泄洪闸或活动坝等，以降低回水高度，减少上游回水淹没。

拦河坝的尺寸、形式及上游防护工程受多方面的影响。在规划设计时，应根据具体情况，对各种可能采取的坝高和坝型及其造成的淹没损失和需要的防护工程做多方案比较，从中选取最优方案。

（四）进水闸尺寸的确定

进水闸的尺寸取决于过闸水流状态，设计引水流量、闸前及闸后设计水位等。

1. 当设计时段河流来水流量等于引水流量时

$$z_前 = z_溢 - \Delta D_1 \tag{11-13}$$

式中　$z_前$——闸前设计水位；

　　　$z_溢$——溢流坝坝顶高程；

　　　ΔD_1——安全超高。

2. 当设计时段来水流量大于引水流量时

$$z_前 = z_溢 + h_2 \tag{11-14}$$

式中　h_2——相应于设计年份灌溉临界期河流流量减去引水流量后的河流流量的溢流水深。当 h_2 很小时，可略去不计。

如有引水渠，式（11-13）与式（11-14）中还需考虑引水渠中水头损失。

闸后设计水位的确定和闸孔尺寸的具体计算方法，与无坝引水工程中有关部分相同，这里不再赘述。

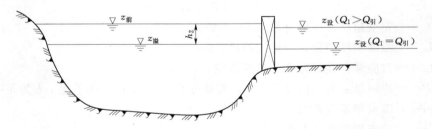

图 11-12　有坝引水闸前设计水位计算示意图

单元四　地下水资源评价与开发利用

地下水资源评价是对一个地区地下水资源的质量、数量、时空分布特征和开发利用技术要求做出科学的分析，合理调配使用地下水资源。

一、地下水资源评价

（一）地下水的主要类型

地下水资源指水文循环过程中，可以恢复的、有利用价值的地下水量。地下水资源有可恢复性、调蓄性和转化性的特点。地下水资源在开采后能得到补给，具有可恢复性，合理开采不会造成资源枯竭，但得不到相应的补给，就会出现亏损。地下水可利用含水层进行调蓄，在丰水年把多余的水储存在含水层，在枯水年可适当加大开采量以满足生产与生活的用水需要。在一定条件下，地下水可与土壤水、地表水相互转化。

地面以下的土层，以地下水位为界面，分为包气带和饱水带两部分。包气带指地面以下，地下水位以上的土层，包气带中，土壤的孔隙没有被水充满，含有空气。包气带是地表水与地下水相互转化的过渡带。包气带中的水称为土壤水。饱水带是指地下水位以下的土层，含水量达到饱和，不含空气。饱水带中的水是地下水。隔水层是指含水层周围的不透水地层，又称不透水层。

地下水按其埋藏条件通常可分为上层滞水、潜水和承压水。

1. 上层滞水

上层滞水是埋藏于包气带中局部隔水层之上的地下水。它是由于下渗水流受到局部不透水层截留积聚而形成的，其主要特征是：分布面积不大，埋藏较浅；具有自由表面；水位、水量、水质易受当地气候和水文条件的影响；补给区与分布区基本一致；水量较少，具有明显的季节性。

2. 潜水

埋藏于地面以下，第一个稳定的隔水层以上岩层或土层中的具有自由表面的地下水称为潜水。潜水的自由表面叫潜水面，潜水面到隔水层的垂直距离为潜水含水层厚度，潜水面到地面的垂直距离为潜水埋深，潜水面的绝对高程称为潜水位。潜水主要特征是：潜水具有自由表面；潜水的补给区与分布区通常是一致的，因此补给条件较好。潜水的补给来源主要为大气降水，在靠近河流、湖泊、人工渠道的地方，潜水也可以从附近的地表水得到补给；潜水分布广泛，埋藏较浅，开采、补给均较容易，是农田灌溉的主要水源；潜水易受当地气候和水文条件的影响，水位、水量、水质等动态变化较大。

3. 层间水

层间水是指埋藏于两个隔水层之间的地下水，层间水又分无压层间水和有压层间水两种类型。在两个隔水层之间的含水层内，如重力水未完全充满，地下水仍具有与潜水相同的自由水面，地下水运动的性质与潜水完全相同，称为无压层间水。在含水层完全充满水，在压力水头作用下，使上下隔水层都承受压力的层间水，称有压层间水或简称承压水。

承压水主要特征是：承压水承受着静水压力，无自由表面。由于受静水压力的作用，所以当钻孔穿透含水层上面的隔水层时，承压水会沿钻孔上升一定高度，上升高度的大小取决于所受静水压力的大小。承压水面的深度并不反映承压水的实际水位。承压水埋藏较深，开采与补给较困难。一般在地面以下呈多层分布，储存量大，水质较好。由于承压水开采后补给较困难，开采过量时，可能会引起地面下沉、水位持续下降、水质变坏等一系列问题。承压水受当地气候、水文条件影响较小。水位、水量、水质等较稳定，随季节变化不明显。承压水的分布区与补给区一般不一致。补给区一般远离分布区，且小于分布区，不易得到当地地表水的补给。

承压含水层的压力水头，取决于补给区的地面高程（或水面高程）与排泄区的高程，如图 11-13 虚线所示。在承压水地区打井，当钻孔穿透上隔水层后，地下水压力水位便能自动上升至一定的高度。压力水头超出地面者称为自流井，如图 11-13 中 1# 井；如地势较高，压力水头升不到地面者，称为非自流井，如图 11-13 的 2#、3# 井。

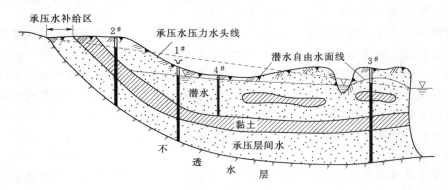

图 11-13　平原地区地下水分布情况示意图

（二）地下水资源评价的主要任务

地下水资源评价是地下水资源合理开发与科学管理的基础。地下水资源评价的主要任务包括水质评价和水量评价。

水质评价指必须根据用水部门对水质的要求，进行水质分析，评价其可用性并提出开采区水质监测与防护措施。地下水的水质评价主要考虑水温、矿化度及地下水中溶解的盐类。用于灌溉的地下水应符合《农田灌溉水质标准》（GB 5084—2005）。

水量评价的任务是通过计算，分析不同的资源量，而后确定允许开采量，并对能否满足用水部门需要以及有多大保证率做出科学评价。目前，常用的区域大面积浅层地下水资源分析计算方法有：区域均衡法、非稳定流计算法和相关分析法。均衡法是以一定均衡区或均衡段作为一个整体进行分析计算的方法，实质上是用"水量守恒"原理分析计算地下水允许开采量的通用性方法，也是计算地下水允许开采量的其他许多方法的指导思想。它具有概念清楚、方法简便等优点，是目前生产实践中应用最广的一种方法。

（三）区域均衡法计算的原理与步骤

1. 基本原理

对一个均衡区的含水层来说，在任一时段 Δt 内的补给量和消耗量之差，等于含水层中水体积的变化量，可建立如下水均衡方程式：

$$Q_\text{补} - Q_\text{消} = \pm \mu A \frac{\Delta h}{\Delta t}（潜水）\tag{11-15}$$

$$Q_\text{补} - Q_\text{消} = \pm \mu^* A \frac{\Delta H}{\Delta t}（承压水）\tag{11-16}$$

式中　$Q_\text{补}$——各种补给的总量，m^3/a；

　　　$Q_\text{消}$——各种消耗的总量，m^3/a；

　　　μ——给水度，以小数计；

　　　μ^*——弹性释水（储水）系数，无因次；

　　　A——均衡区的面积，m^2；

Δh——均衡期 Δt 内的潜水位变化，m；

ΔH——均衡期 Δt 内承压水头的变化，m；

Δt——均衡期，a。

地下水在人工开采以前，在天然补给和消耗的作用下，形成一个不稳定的天然流场。雨季补给量大于消耗量，含水层内储存量增加、水位上升；雨季过后（特别是旱季）消耗量大于补给量，储存量减少，水位下降。补给与消耗总是这样不平衡地发展着，但这种不平衡的发展过程具有一定的周期性（年周期和多年周期），从一个周期来看，这段时间的总补给量和总消耗量是接近相等的，否则，要么含水层中的水被逐步疏干，要么水会储满含水层而溢出地表，形成泉、沼泽等。所以，在天然条件下地下水的补给和消耗总是处在动平衡状态。人工开采等于增加了一个地下水消耗项，它改变了地下水的天然补给和消耗条件，使地下水运动发生变化，即在天然流场上叠加了一个人工流场。人工开采在破坏原来补给与消耗之间天然动平衡的同时，建立新的开采状态的动平衡。人工开采形成降落漏斗，使天然流场发生变化，令天然消耗量减小而天然补给量增大。因此，开采状态下的水均衡方程式（11-15）可改写为

$$(Q_{补} + \Delta Q_{补}) - (Q_{消} - \Delta Q_{消}) - Q_{开} = -\mu A \frac{\Delta h}{\Delta t} \qquad (11-17)$$

式中　$Q_{补}$——开采前的天然补给总量，m^3/a；

$\Delta Q_{补}$——开采时的补给总量，m^3/a；

$Q_{消}$——开采前的天然消耗总量，m^3/a；

$\Delta Q_{消}$——开采时天然消耗量的减少量总值，m^3/a；

$Q_{开}$——人工开采量，m^3/a；

μ——含水层的给水度，以小数计；

A——开采时引起水位下降的面积，m^2/a；

Δh——在 Δt 时段，开采影响范围内的平均水位下降值，m；

Δt——开采的时段，a。

由于开采前的天然补给总量与消耗总量在一个周期内是接近相等的，即 $Q_{补} \approx Q_{消}$，所以式（11-17）可简化为

$$Q_{开} = \Delta Q_{补} + \Delta Q_{消} + \mu A \frac{\Delta h}{\Delta t} \qquad (11-18)$$

式（11-18）表明开采量是由下列三部分组成的：

（1）增加的补给总量（$\Delta Q_{补}$），也就是由于开采而夺取的额外补给总量，可称为开采补给量。

（2）减少的消耗量总值（$\Delta Q_{消}$）。如由于开采而引起的蒸发消耗减少、泉流量减小甚至消失、侧向流出减少等，这部分水量实质上是取水建筑物截取的天然消耗量的总值，可称为开采截取量，它的最大极限等于天然消耗总量，即接近于天然补给总量。

（3）可动用的储存量 $\left(\mu A \dfrac{\Delta h}{\Delta t}\right)$，是含水层中永久储存量所提供的一部分。

开采量中 $\Delta Q_{补}$ 只能合理地夺取，不能影响已建水源地的开采和已经开采含水层的水量，地表水的补给增量也应考虑是否允许利用。开采量中的 $\Delta Q_{消}$ 应尽可能地截取，但应

考虑已经被利用的天然消耗量，例如天然消耗量中的泉水如果已经被利用，由于增加开采量而使泉的流量可能减少甚至枯竭，就是不允许的。截取天然消耗量的多少与取水建筑物的种类、布置地点、布置方案及开采强度有关，只有选择最佳开采方案才能最大限度地截取，开采截取量的最大极限就是天然消耗总量，接近于天然补给总量。开采量中可动用的储存量应慎重确定，首先要看永久储量是否足够大，再看所用抽水设备的最大允许降深是多少，然后算出从天然低水位至最大允许降深动水位这段含水层中的储存量，按需要的开采年数（T）平均分配到每年的开采量中，作为允许开采量的一个组成部分。当开采量为允许开采量时，式（11-18）可改写为允许开采量的计算公式：

$$Q_{允开} = \Delta Q_{允补} + \Delta Q_{允消} + \mu A \frac{S_{max}}{T} \tag{11-19}$$

式中　$\mu A \dfrac{S_{max}}{T}$——慎重确定的可动用储存量，S_{max} 为最大允许降深（m），即天然低水位

至最大允许降深动水位这段含水层的厚度；

　　　　T——开采年限，a；

　　$\Delta Q_{允补}$——合理的开采夺取量；

　　$\Delta Q_{允消}$——合理的开采截取量。

通常将式（11-19）表示的开采动态称为合理的消耗型开采动态，因为这种开采动态类型要消耗永久储量。当不消耗永久储量时，$S_{max}=0$，式（11-19）变为

$$Q_{允开} = \Delta Q_{允补} + \Delta Q_{允消} \tag{11-20}$$

式（11-20）表示的开采动态通常称为稳定型开采动态。

在多年的运用过程中，地下含水层相当于一个地下水库，它的范围与开采区的范围基本相同，而它的库容则取决于所使用的提水机械的吸水扬程（相当于地面水库的坝高）。和地面水库一样，地下水库有最高潜水位（汛期蓄滞渗入地下的渍水允许短期内达到的最高水位，与地面水库的最高洪水位相当）、正常高水位（根据保证作物高产和防止土壤盐碱化所允许长期保持的最高水位，一般防潜要求的地下水埋深为 1.5m，防碱要求的地下水埋深为 2.5～3.0m，这一水位与地面水库的正常高水位相当）和最低静水位（提水机械吸水扬程所允许选到的最低水位，相当于地面水库的死水位）三个特征水位。

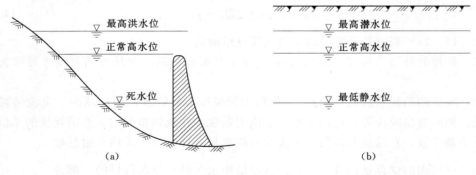

图 11-14　地下水库和地面水库水位库容对照图

多年均衡法的基本思想是将地下水含水层作为一个多年调节的地下水库，根据水量平

衡原理按照与地面水库相似的方法进行多年调节计算，确定地下水库的库容和最低静水位。地下水库的调节计算可从正常高水位开始，根据各年（或月）的补给量和开采量，逐年（或月）推算时段末的地下水埋深（或降深），经过多年调节计算，分析满足一定用水条件（例如满足一定灌溉保证率等）多年达到的最大降深和干旱年份动用的地下水储存量（即兴利库容）能否在丰水年份得到完全的回补。

2. 计算步骤

区域均衡法是以某一划定的区域作为一个整体进行分析，因此，首先应将计算区域划分为若干均衡区，在均衡区确定之后，再确定各均衡区的均衡要素，最后计算和评价允许开采量。

（1）划分均衡区、确定均衡期、建立均衡方程式。因为各个均衡要素是随区域的水文地质条件不同而变化的，当计算面积较大时，不同地方的均衡要素差别较大。所以，应将均衡要素大体一致的地区划为一个小区，将全部计算面积划分为若干小区。在平衡地区多以一独立水文地质单元为一均衡区。均衡期一般取 1 年。分析各均衡小区在均衡期内的均衡要素，建立相应的均衡方程式。

（2）测定各个均衡小区和各个均衡要素。

（3）计算和评价允许开采量。将各均衡要素代入均衡方程式，计算各均衡小区的允许开采量；将各均衡小区的允许开采量相加即得全区的允许开采量。对已求出的允许开采量应指明其灌溉保证率，这样就可对所求允许开采量予以评价。

用水均衡法求地下水允许开采量，概念明确，易于理解；但要正确列出均衡方程式并把各个均衡要素准确测出却并非易事。因此，深入调查研究，全面掌握资料，具体地区具体分析，略去次要因素、抓住主要因素，就成为列均衡方程式的关键，而要把各均衡要素准确测出，还需要改进测试方法、提高观测质量才能做到。

（四）地下水资源合理利用与保护

地下水资源开发利用量一旦超过期限量，将导致一系列环境问题的产生，从而直接影响人们的生产和生活活动，因此，必须加强地下水资源的合理利用和保护。

（1）做好地下水资源的调查工作，查清地下水埋藏分布情况及水质特征，确定地下水的开采量，做好地下水开发利用规划。

（2）进行地下水资源预测、预报，制订科学的地下水调度方案，充分发挥地下水资源的综合效益。

（3）水源地的选择要考虑水文地质条件，易造成污染的厂矿应设在远离水源地的下游，根据生态农业的要求，严格控制化肥、农药对地下水资源的污染。严格控制工业废水的排放浓度。

（4）建立地下水监测网。

二、井灌区规划设计

为了合理开发利用地下水资源，必须根据井灌区的水文地质条件、气象条件以及作物的用水等，在可靠的地下水资源评价的基础上，进行井灌区规划。

1. 井灌区规划的原则

（1）充分利用地表水，合理开发地下水，地表水和地下水统一调配，实行多水源联合运用。应兼顾农业、工业、生活以及生态用水，优化配置水资源。

（2）开发利用地下水，还必须与旱、涝、洪、渍、碱的治理统一规划，做到兴利和除害相结合。在地下水位较高地区，利用浅层地下水灌溉，同时降低了地下水位，起到了防渍治碱的作用。在地下水超采地区，充分利用洪涝水进行回灌，即可减轻洪涝灾害，又可保持地下水稳定，保证灌溉用水。

（3）为防止机井抽水时相互干扰，影响井的出水量和井的使用寿命，应根据灌溉用水要求，考虑浅、中、深地下水结合利用，做到分层取水、合理布局。当然，在条件允许的情况下，应优先开采浅层水。

（4）规划时，应做出不同方案，进行经济效益分析，选定最优方案。规划中应考虑布设管理与监测地下水位的观测网。

2. 井灌区规划需要的基本资料

井灌区规划是在综合分析与归纳区内各种基本资料的基础上，根据规划原则，结合规划任务的需要所得出来的成果。

通常井灌区规划需要的基本资料，主要包括以下几个方面。

（1）自然地理概况。主要包括地理和地貌特征；地表水的分布和特征；规划区总面积和耕地面积特点；土壤的类别、性质和分布情况。

（2）水文和气候。主要包括历年降雨量和蒸发量；地表水体的水文变化；历年旱涝灾害；历年气温和霜期；冰冻层深度等情况。

（3）地质与水文地质条件。主要包括地质构造和地层岩性特征；地下水的补给、径流和排泄条件；地下水水质评价；地下水的动态；主要的水文地质参数；地下水资源评价和可开采量评价；环境水文地质情况等。

（4）农业生产情况。用水对象的用水情况和水利现状，主要包括农作物的种类、种植面积、复种指数和单位面积的产量等；农业生产需水量和其他用水对象对水质的要求与需水量；当地和附近灌溉、排水等经验；现有渠灌和井灌的情况等。

（5）社会经济和技术经济条件。主要包括专业和技术设备、能源供应、建筑材料等情况。

（6）对井灌区规划所需的图件和图表。最基本的有：①第四纪地质地貌图；②水文地质分区图（附各区典型钻孔柱状图和主要地质剖面图）；③典型年和季节地下水等水位线或等埋深线图；④承压水等水压线图；⑤分区典型观测孔潜水动态图；⑥分区抽水试验和有关水文地质参数汇总表。

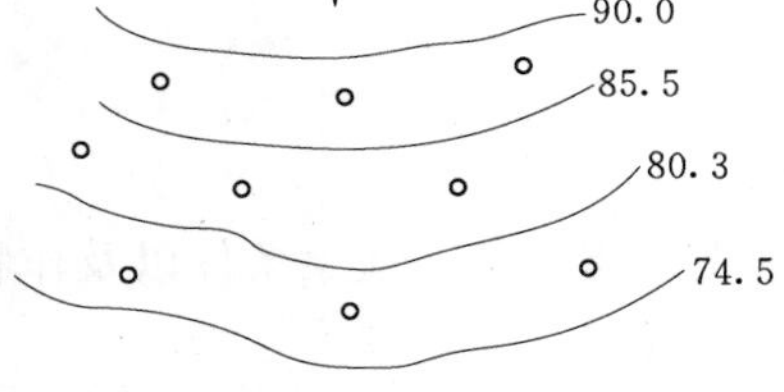

3. 井位和井网的布置

井位和井网的布置直接关系到灌溉效益，布置时应注意以下几点。

（1）井位应根据具体条件选定，水力坡度较大地区，沿等高线交错布井，如图 11-15 所示；水力坡度较小地区，应采用梅花形或网格布井，如图 11-16、

图 11-15　沿等水位线布井图

图 11-17 所示。

（2）地面坡度大或起伏不平，井位应布置在高处；地势平坦，井位应布置在田块中间；沿河地带，平行河流布井。

（3）布井井行应与地下水流向垂直。

（4）布井时应注意与输变电线路、道路、林地、排灌渠系相互结合，统筹安排。

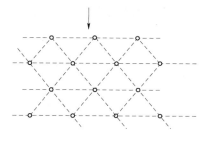

图 11-16　梅花形布井图

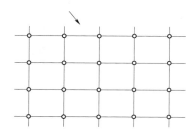

图 11-17　网格形布井示意图

4．单井灌溉面积确定

在大面积水文地质条件基本一致，地下水比较丰富，能满足灌溉要求时，井的间距主要取决于井的出水量和所能灌溉的面积。单井灌溉面积可用式（11-21）计算：

$$A = \frac{QTt\eta(1-a)}{m} \qquad (11-21)$$

式中　A——单井灌溉面积，亩；

　　　Q——单井出水量，m^3/h；

　　　t——每天抽水时间，h，一般为 16~20h/d；

　　　T——抽水天数，h/d；如以伏天抗旱为标准，一般取 7~10d；

　　　η——灌溉水利用系数；

　　　a——井群干扰抽水时出水量削减系数，北方旱作物区一般采用 0.1~0.3；

　　　m——灌水定额，$m^3/$亩。

计算出单井灌溉面积后，即可根据井网的布置形式确定井距。

5．井距的确定

在井灌区规划中，井距是一个重要的技术指标。井距过小，便会引起机井之间的强烈干扰，不仅增加了投资，而且不能充分发挥机井的灌溉效益；井距过大，会使作物灌溉得不到充分保证。影响井距的因素很多，主要取决于单井出水量、单井灌溉面积，还与地形、地面建筑物灌区的渠系分布等有关。

在大面积水文地质条件基本一致，地下水比较丰富，能满足灌溉要求时，地下水利用量与补给量基本平衡的情况下，机井之间一般不受干扰或干扰较小，井的间距主要取决于井的出水量和所灌溉的面积。

当正方形布井时，单井控制面积应为 $A = D^2$，则：

$$D = \sqrt{667A} \qquad (11-22)$$

当梅花形布井时（图 11-18），$A = Db = \frac{\sqrt{3}}{2}D^2$，$b = \frac{\sqrt{3}}{2}D$，则：

$$D=\sqrt{770A} \tag{11-23}$$

式中 D——井的间距，m；

b——井的排距，m。

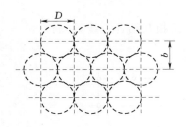

图 11-18 梅花形
网状布井示意图

【例 11-1】 某井灌区采用梅花形布井，单井出水量 $40 \text{m}^3/\text{h}$，每天抽水 16h，轮灌期 10d，灌水定额 $40 \text{m}^3/亩$，灌溉水利用系数 0.85，削减系数 0.1，试求单井灌溉面积和井距。

解：

（1）单井灌溉面积。

$$A=\frac{QTt\eta(1-a)}{m}=\frac{40\times16\times10\times0.85\times(1-0.1)}{40}$$
$$=122（亩）$$

（2）井的间距。

$$D=\sqrt{770A}=\sqrt{770\times122}=307（\text{m}）$$

井的排距

$$b=\frac{\sqrt{3}}{2}D=\frac{\sqrt{3}}{2}\times307=266（\text{m}）$$

当地下水不足，不能满足作物需水要求时，如按作物需水要求布井，地下水将会超采，这是不允许的，这时需按允许开采量进行布井，按平均收益的原则，大面积内均匀布井，井数可按式（11-24）计算：

$$N=\frac{\varepsilon}{QTt} \tag{11-24}$$

式中 N——每平方公里井数，眼$/\text{km}^2$；

ε——地下水可开采模数，$\text{m}^3/(\text{km}^2\cdot\text{a})$，是指 1 年内单位面积允许开采量；

Q——单井出水量，m^3/h；

T——水井每年抽水天数，d/a；

t——水井每天抽水时数，h/d。

单井控制灌溉面积可用式（11-25）计算：

$$A=\frac{1500}{N} \tag{11-25}$$

根据井的布置形式，井距可用式（11-22）、式（11-23）计算。

6. 井灌区渠系布置

井灌区大多各井自成独立灌溉系统，控制的灌溉面积较小，因此，井灌区渠系布置基本上与渠灌区的田间渠系布置相同，要同时考虑灌溉、田间交通、机械耕作等方面要求。一般井的位置设在田块中央或一侧，以减少渠道长度。单井控制面积较大时，单井控制灌溉面积为 200～500 亩，甚至更大时，可布置三级渠道。单井控制面积较小时，单井控制灌溉面积为 200 亩以下时，可布置两级渠道。

当灌区地形坡度比较平缓，在 1/300～1/1000 时，一般多采用纵向布置形式（最末一级固定渠道走向与灌水方向一致）。如果地面相当平坦，为了减少输水渠道，可采用双向输水和灌水。当灌区地形坡度较陡,甚至达 1/300 以上时,则多用横向布置形式(最末一级固定渠道走向与灌水方向垂直)。

小　　结

本项目介绍了灌溉水源的类型、特点及其要求,灌溉取水方式的类型、特点和确定方法。讲解引水灌溉工程的水利计算,详细介绍了无坝、有坝引水工程的水利计算方法。介绍了地下水的类型。讲解了地下水资源评价、井灌区规划设计的基本理论和方法。

思　考　题

1. 灌溉水源主要有哪些类型?

2. 灌溉对水源有哪些要求?如何保护灌溉水源?

3. 简述灌溉取水方式类型及适用条件。

4. 有坝引水枢纽由几部分组成?各组成部分有什么作用?

5. 灌溉设计标准有几种表示方法?如何确定灌溉设计标准?

6. 地下水取水建筑物包含哪些类型?

7. 地下水有哪些主要类型?各种类型地下水有何特征?

8. 地下水允许开采量如何确定?

9. 井灌区规划的原则是什么?井网的布置有什么要求?

10. 某井灌区拟采用梅花形布井,单井设计出水量 $45m^3/h$,每天抽水 18h,每次灌水延续时间为 10d,设计灌水定额 $45m^3/$亩,灌溉时采用管道输水,灌溉水利用系数 0.95,削减系数 0.1,确定单井灌溉面积和井距。

参 考 文 献

［1］ 高传昌，吴平．灌溉工程节水理论与技术．郑州：黄河水利出版社，2005.
［2］ 中华人民共和国水利部农村水利司，中国灌溉排水发展中心编．中国节水灌溉．北京：中国水利水电出版社，2009.
［3］ 徐建新．灌溉排水新技术．北京：中国广播电视大学出版社，2005.
［4］ 杨邦柱．水工建筑物．北京：中国水利水电出版社，2000.
［5］ 刘纯义，熊宜福．水力学．北京：中国水利水电出版社，2005.
［6］ 于纪玉．节水灌溉技术．郑州：黄河水利出版社，2007.
［7］ 李炜．水力计算手册（第2版）．北京：中国水利水电出版社，2006.
［8］ 国家质量技术监督局、中华人民共和国建设部联合发布．灌溉与排水工程设计规范．中华人民共和国国家标准（GB 50288—99）．1999.
［9］ 中华人民共和国国家质量监督检验检疫总局．农田灌溉水质标准．中华人民共和国国家标准（GB 5084—2005）．2005.
［10］ 李宗尧，于纪玉．农田灌溉与排水．北京：中国水利水电出版社，2003.
［11］ 樊惠芳．农田水利学．郑州：黄河水利出版社，2005.
［12］ 孙晓梅，徐吉海．浅谈防渗技术在灌溉渠系中的应用．农业科技与信息，2012（22）：49-51.
［13］ 宋祖诏，等．渠首工程（灌区水工建筑物丛书）．北京：水利电力出版社，1983.
［14］ 郭元裕．农田水力学．北京：水利电力出版社，1986.